Brände löschen

Effiziente Löschtechniken und Löschmittel

Herausgegeben von

Dr.-Ing. Wolfgang J. Friedl
Beratender Ingenieur für Sicherheitstechnik

unter Mitwirkung von

Giovanni Aichele
Peter Bachmeier
Liam Rojan Dogan
Jacobus Eeman
Andreas Hofem
Günter Knopf
Dieter Olinewitsch
Klaus-Michael Pasewald
Gerhard Petschat
Stefan Pröbstl
Dr. Hans-Jochen Rodner
David-Neil Strube
Dr. Lukas Weber
Bernd Weißhaupt

BOORBERG

Bibliografische Information der Deutschen Nationalbibliothek |
Die Deutsche Nationalbibliothek verzeichnet diese Publikation in der Deutschen Nationalbibliografie; detaillierte bibliografische Daten sind im Internet über www.dnb.de abrufbar.

ISBN 978-3-415-07588-7

Titelfoto: © engel.ac – stock.adobe.com | Satz: abavo GmbH, Nebelhornstraße 8, 86807 Buchloe | Druck und Bindung: CPI books GmbH, Eberhard-Finckh-Straße 61, D-89075 Ulm

Richard Boorberg Verlag GmbH & Co KG | Scharrstraße 2 | 70563 Stuttgart
Stuttgart | München | Hannover | Berlin | Weimar | Dresden
www.boorberg.de

Herausgeber

Dr.-Ing. **Wolfgang J. Friedl** ist vielfacher Buchautor und Initiator dieses Projekts. Die meisten seiner Fachbücher beschäftigen sich mit dem Brandschutz. Als von der Bayerischen Ingenieurekammer zugelassener „Beratender Ingenieur“ arbeitet er als Inhaber im Münchner „Ingenieurbüro für Sicherheitstechnik“, von dem aus er Unternehmen weltweit in Richtung „Sicherheit“ firmen- und produktneutral berät. Seit 1986 ist Dr. Friedl beruflich aktiv – zunächst in Portland/Oregon (USA), dann zehn Jahre lang bei den beiden weltweit größten industriellen Feuerversicherungen im Industriebereich und seit fast 30 Jahren freiberuflich. Als Brandschutzingenieur arbeitet Dr. Friedl eher auf der präventiven als auf der kurativen Seite – ein Grund für die vielen Co-Autoren bei diesem Buchprojekt.

Autoren

Hinweis des Herausgebers: Die Beiträge stammen von unterschiedlichen Autoren und sind nicht, wie etwa mathematischer Schulunterricht, in einem aufeinander aufbauenden, logischen Zusammenhang zu sehen. Vielmehr steht jedes Kapitel für sich und behandelt eine eigene Thematik. Natürlich sind die Texte so zusammengestellt worden, dass sie sachgemäß in die Kapitel eingebunden sind; auch wurden einige redaktionelle (also keine inhaltlichen) Veränderungen vorgenommen, damit sich die Texte stilgleich, verständlich und objektiv lesen lassen. Keine der mitwirkenden Personen wusste vorab, wer sonst noch an diesem Buch mitschreiben und was von anderen geschrieben werden würde. Dieser Hinweis ist deshalb wichtig, weil es bei dieser Thematik – wie bei jeder anderen – verständlicherweise unterschiedliche Meinungen und ebenfalls unterschiedliche wirtschaftliche Interessen gibt. Die Objektivität der Informationen hat jedoch durchgehend Vorrang.

Wichtig war mir deshalb, dass – wie Sie es von einem soliden Fachbuch erwarten dürfen – nicht wirtschaftliche oder auch politische Interessen im Vordergrund stehen, sondern neutrale, fachliche Tatsachen. Es ist logisch, dass eine bei Firma X angestellte Person über die Produktideen von X besser berichten kann als andere, außenstehende wie z. B. ich als Beratender Ingenieur. Und eben aus diesem Grund sind fähige Personen von ebensolchen Unternehmen von mir gebeten worden, mitzuschreiben. Ebenso natürlich ist, dass hier im Buch ehrlich, offen und objektiv berichtet wird. Und es liegt in der Natur der Sache, dass es dabei fast immer unterschiedliche Blickrichtungen, Vorlieben, Ziele und Schwerpunkte geben wird.

Folgende Persönlichkeiten haben in diesem Buch ihr Fachwissen zur Verfügung gestellt:

Giovanni Aichele, Lautrach. Seit über 40 Jahren bei der Feuerwehr, heute als Kommandant und Kreisbrandmeister. Ausgezeichnet vom Bayerischen Ministerpräsidenten für besondere Verdienste im Brandschutz.

Dipl.-Ing. (FH) **Peter Bachmeier**, Leitender Branddirektor der Branddirektion München. Vorsitzender des Fachausschusses Vorbeugender Brand- und Gefahrenschutz der deutschen Feuerwehren.

Liam Dogan, Brandschutzsachverständiger, IHK-Ausbilder, Miterfinder von BREITZ, BRENIE und BRABOX, beschäftigt bei Kordial Media GmbH, Darmstadt, und ROMEDO GmbH (Möbel- und Displaygehäuse nach A1).

Jacobus Eeman, ist u. a. Feuerwehrmann und Spürhundeführer. Nach einem für viele seiner Kameraden tödlich endenden Löscheinsatz (aufgrund kriminellen Verschuldens des brennenden Unternehmens) ist er besonders leidenschaftlich und ernsthaft engagiert tätig im präventiven und kurativen Brandschutz.

Andreas Hofem übernimmt als Betriebsleiter des Familienunternehmens Chem-Tools GmbH, sowohl innerbetrieblich wie auch beratend für Kunden, die Aufgaben des industriellen Brandschutzes. Hofem ist staatlich geprüfter Assistent für Informatik, ausgebildet zum Kaufmann für Büromanagement, und hat ein Master-Studium in Wirtschaftswissenschaften absolviert. Er arbeitet auch als IHK-Ausbilder und als Lead-Auditor für ISO 9001, 14001, 45001 u. a. m. Sein Fachwissen hat er auch als ausgebildeter Beauftragter für Brandschutz, Gefahrgut, Gewässerschutz, Abfall, Störfall, Immissionsschutz und Fachkraft für Arbeitssicherheit.

Dipl.-Wirt.-Ing. (FH) **Günter Knopf**, selbständiger Fachplaner für Sonderlöschsysteme, seit 45 Jahren Erfahrung im Umgang mit automatischen Feuerlöschanlagen jeglicher Art. Als Fachplaner innovativer brandschutztechnischer Systemlösungen werden Investoren von ihm in die Lage versetzt, sichere und kostengünstige Feuerlöscheinrichtungen einzusetzen.

Dipl.-Ing. **Dieter Olinewitsch**, lernte technischer Zeichner, studierte danach Maschinenbau und war als Konstrukteur bei den Firmen BWG für den Bereich Optik/Bewaffnung sowie bei Thyssen Henschel tätig. Anschließend war er als Produkt- und Logistikmanager für unterschiedliche Fahrzeuge (Leopard, Fennek) bei der Firma KMW verantwortlich. Auch als Produktmanager, im Vertrieb und im Marketing für Brandschutzsysteme arbeitete er bei verschiedenen Unternehmen. Seit 2016 ist er freiberuflich beratend tätig mit BSS (BeratungSchutzSysteme).

Klaus-Michael Pasewald, Mitbegründer, langjähriger Geschäftsführer und Mitglied im wissenschaftlichen Beirat der Genius Entwicklungsgesellschaft mbH.

Gerhard Petschat ist im Team 4TY-Preventive Safety bzw. EXO IT SOLUTIONS GmbH verantwortlich für den Kontakt zu den Nutzern und die inhaltliche Steuerung der Weiterentwicklung. 4TY wird auf Basis der Rückmeldung aus dem Markt „agile" gestaltet. Die Erweiterung in den Bereich Brandschutz war einer der Schritte in neue Fachthemen.

Stefan Pröbstl, freiberuflicher Spezialist für Arbeitssicherheit und Brandschutz, Dozent in der Ausbildung für Brandschutzbeauftragte sowie Personalberater für die Bereiche Arbeitssicherheit, Brandschutz und Facility Management.

Dr. rer. nat. **Hans-Jochen Rodner**, Mitglied im wissenschaftlichen Beirat der Genius Entwicklungsgesellschaft mbH.

David-Neil Strube, Fachdozent für präklinische Notfallmedizin & Einsatztraining; staatlich geprüfter Pyrotechniker für Schadensdarstellung, Befähigung gem. § 20 SprengG und Brandschutzbeauftragter.

Dr. **Lukas Weber**, bis 2022 fest angestellter Redakteur im Ressort Technik und Motor der *Frankfurter Allgemeinen Zeitung*, schreibt heute als freier Autor und hat eine beratende Tätigkeit für die Prymos GmbH.

Bernd Weißhaupt, Einheitsführer/Zugführer, stellv. Wehrleiter, Einsatzleiter für Großschadenslagen, Ausbilder am Institut der Feuerwehr NRW, Brandschutz-Fachausbilder.

Präambel

Manche Fachthemen werden in diesem Buch an unterschiedlichen Stellen unterschiedlich beleuchtet und diskutiert, sind also mit Bedacht mehrfach gesetzt und dabei nicht etwa widersprüchlich, sondern vielmehr komplementär abgehandelt. Es gibt nicht immer die eine absolut richtige Meinung, weder im Brandschutz noch bei wirtschaftlichen, gesellschaftlichen oder politischen Themen: Meinungsvielfalt, Toleranz und Diversität sind Begriffe, die selbstverständlich sein sollten oder es (wieder) werden müssen. Zudem gibt es nicht die eine „Wahrheit" – so kann man Löschanlagen, Fahrzeuge, Urlaubsziele, Handfeuerlöscher oder Brandschutzlösungen immer aus unterschiedlichen Blickrichtungen auch unterschiedlich bewerten und beurteilen.

An diesem Werk haben viele Personen mit verschiedenen Blickwinkeln auf den Brandschutz mitgewirkt. Jede davon ist ein ausgewiesener Experte auf seinem Gebiet des Brandschutzes. Es handelt sich um von mir persönlich und beruflich sehr geschätzte Persönlichkeiten mit unterschiedlichen Hintergründen – und genau deshalb sind viele der hier dargebotenen Informationen auch schlicht unumstößliche Fakten. Natürlich mag es bei unterschiedlichen Schwerpunkten, Perspektiven, Wertungen und Interessen dennoch voneinander abweichende Meinungen geben: dies ist in demokratischen Ländern bei politischen, fachlichen und gesellschaftlichen Themen verständlicherweise die Regel und nicht die Ausnahme. Das heißt auch, dass es in einigen Zusammenhängen nicht möglich ist, ausschließlich eine einzige objektive Information abzugeben. Somit steht hier jeder zu seinem Wort, doch es kann – noch einmal – in der Demokratie und auch in allen Fachgebieten niemals die eine absolute Wahrheit geben. Manches liegt eben im Auge des Betrachters und kann unter unterschiedlichen Betrachtungskriterien so oder auch mehrfach anders eingestuft werden. Manches unterliegt auch dem Zeitgeist sowie den aktuell geforderten gesetzlichen Vorgaben oder bestimmten Verboten (etwa Halon oder Schaummittel). Ich schreibe diese Worte bewusst, weil auch hier im Buch nicht alle Autoren harmonisch nur eine Sicht der Dinge vertreten – doch wer wäre ich, würde ich mich mit meinem Wissen und meinen Auffassungen über andere, ebenfalls fähige Kollegen stellen? Bilden Sie sich bitte eine eigene Meinung, fundiert auf vielen Informationen und Ihrem Fachwissen, dann wird das vorliegende Buch für Sie und Ihr Unternehmen einen echten Mehrwert bieten.

Manche Neuerungen brauchen bis zu 30 Jahre, bis sie sich durchgesetzt haben – und nicht immer steht die Wissenschaft an erster Stelle, wenn um etwas gekämpft wird (sondern wirtschaftliche Vor-, respektive Nachteile für andere). Das erfuhr auch der erste Hersteller von Löschspraydosen, der 1998 insolvent geklagt wurde; heute sind diese Löschhilfen behördlich erlaubt. Wahrscheinlich wird auch das heute neue und bereits nahezu weltweit zugelassene Löschmittel F 500 eines Tages bei uns als Stand und Regel der Technik geführt werden.

Wieder anderes wird in fünf oder auch in 15 Jahren aufgrund von mehr Erfahrung sowie technischen Neuerungen und gesetzlichen Auflagen bereits wieder anders einzustufen sein. Wichtig ist jedoch, noch einmal das Selbstverständliche zu betonen – und zwar, dass alle an diesem Buch Beteiligten nach bestem Wissen und Gewissen geschrieben haben und dass – auch wenn viele der Autoren selbst bei Brandschutzunternehmen tätig sind – niemand die Wirtschaftlichkeit oder gar den Verkauf von Produkten in den Fokus stellte. Dafür stehe ich mit meinem Wort als firmen- und produktneutraler Beratender Ingenieur ein: Mein Ziel ist es, Sie umfassend zu informieren. Bleiben Sie informiert und kritisch – auch diesem Buch gegenüber.

Ich wünsche Ihnen viel Spaß beim Lesen des Buchs und Erfolg bei der Umsetzung der Tipps und Hinweise. Möge es bei Ihnen nie zu einem verheerenden Brand kommen!

Herzlichst im Namen aller Co-Autoren,

Dr.-Ing. Wolfgang J. Friedl, München

Vorwort: Präventives und kuratives Verhalten

Sie wollen bzw. müssen sich über Brandschutz informieren? Dann war es die richtige Entscheidung, dieses Buch zu erwerben. Darüber hinaus bitte ich Sie, sofern Sie im Brandschutz eher wenig fachliches Vorwissen haben sollten, im nächsten Schritt zunächst einmal die DGUV Vorschrift 1, die ASR A2.2 in ihrer aktuellen Fassung sowie die VdS 2038 zu lesen (und umzusetzen). In einem zweiten Schritt folgen dann die ArbStättV, die VdS 2259 sowie die jeweils gültigen Landesbauordnungen (Gebäude, Verkaufsstätten, Garagen, Versammlungsstätten, Industriebauten, Hochhäuser, Feuerungsstätten, ...) und im dritten Schritt die DGUV Vorschrift 3, die DGUV Information 100–500 und die VdS 3602. Danach verfügen Sie über ein solides Grundwissen im Brandschutz – und mit weiterer Literatur und entsprechender Berufserfahrung werden Sie sich eine eigene fachliche Meinung bilden und diese auch anderen gegenüber vertreten können.

Wer dieses Buch sowie die eben genannten mindestens neun Brandschutzvorschriften kennt, der verfügt bereits über ausreichend Fachwissen, um Brandschutz auch in der Praxis umsetzen zu können. Es spricht natürlich nichts dagegen, sich im vierten Schritt noch Relevantes aus der bayerischen VVB zu holen (auch wenn anderswo nicht gefordert) sowie aus den drei TRGS 400, 800 und 510 dem VVG, dem KonTraG, dem BGB, dem StGB und den beiden Verordnungen für Gefahrstoffe und Betriebssicherheit (GefStoffV, BetrSichV) sowie aus deren zahlreichen, sie konkretisierenden Technischen Regeln. Im fünften Schritt entscheiden Sie dann selbst, welche weiteren Seminare oder Fachbücher über dieses Grundlagen- und Aufbauwissen hinaus nötig und passend sein mögen, um den abwehrenden Brandschutz in Ihrem Unternehmen optimal umzusetzen – wobei „optimal" die intelligente Vermischung aus effektiv und effizient darstellt!

Auch im Brandschutz gilt: Besser agieren als reagieren, denn Prävention kostet deutlich weniger als kuratives Verhalten – laut VBG ca. zwei Drittel bis sogar drei Viertel weniger. Doch dieses Buch beschäftigt sich mit der Situation, in der das Kind sozusagen schon in den Brunnen gefallen ist und ein „Bewahren vor dem Hineinfallen" nicht funktioniert hat. Nun gilt es, das Kind schnell und möglichst wenig verletzt herauszubekommen. Und genau hier hilft dieses Buch: Es brennt gerade bei Ihnen und das Feuer soll zügig gelöscht werden; wie, von wem und womit, das sollten Sie sich allerdings tunlichst *vorab* überlegt haben. Es gilt darüber hinaus, den Gesamtschaden möglichst niedrig zu halten – und auch versicherungsrechtlich gibt es nach Bränden eine sogenannte Schadenminimierungspflicht. (Der „Gesamtschaden" setzt sich zusammen aus den Feuerschäden am Gebäude, den Feuerschäden an dessen Inhalten sowie den Kosten durch die Betriebsunterbrechung.)

Die industriellen Feuerversicherungen sagen übrigens, dass die zunächst nicht sichtbaren Schäden der Betriebsunterbrechung – stark abhängig von der Unternehmensart – zwischen 55 und 65 % liegen und die beiden zuerst genannten Sachschäden (Gebäude und deren Inhalte) eben „nur" vielleicht 40 % ausmachen. Und dann gibt es Beispiele, bei denen das Löschmittel oder die Löschmethode den Gesamtschaden um das Zehnfache (!) vergrößerte – in diesem Fall sind ernsthafte und langjährige juristische Probleme vorprogrammiert: bei Sachschäden mit den Feuerversicherungen, bei Verletzung oder Tötung von Personen der Belegschaft u. a. mit der Berufsgenossenschaft, sowie bei Personenverletzungen oder gar Tötungen immer mit der zuständigen Staatsanwaltschaft. Damit all das bei Ihnen nicht oder nicht mehr passiert, haben viele Profis ihr Fachwissen in dieses Werk einfließen lassen.

Einer der besten BG-Referenten Deutschlands, Stefan W. aus dem bayerischen Teising, sagte auf der Münchner SicherheitsEXPO bei meiner Veranstaltung:

> *„Unsere Vorschriften sind mit Blut geschrieben. Erst muss viel menschliches Leid geschehen, bis der Staat mit schützenden Veränderungen reagiert!"*

Soll heißen, die Lehren aus Schäden und Bränden sind für andere teuer und schmerzhaft – für uns sind sie jedoch auch wertvoll bzw. informativ und Anlass dafür, Maßnahmen zu treffen, dass diese Schäden sich nicht wiederholen. Mit der zunehmend beschleunigten Veränderung der brandvermeidenden Vorgaben, Verhaltensweisen, Erfindungen und Technologien wird es auch nötig, dass die Löschtechniken verändert, angepasst und optimiert werden. Dazu im Folgenden eine Reihe von Beispielen, die zeigen, wie wichtig es ist, dass man Bestehendes kritisch hinterfragt und ggf. langjährig anhaltende Situationen abändert (oder auch nicht, vgl. Punkte 18 und 19!) – auch bzw. gerade, wenn noch nichts Negatives eingetreten ist (denn wir müssen die Regeln der Technik umsetzen und diese verändern sich):

1. Verbot des Löschmittels Halon: Gut für die Umwelt, schlecht für den Brandschutz. Das soll keine Aufforderung zur Umkehr sein. Fakt ist aber, dass Halon für Menschen und Gegenstände folgenlos ist, aber

großartig und rückstandsfrei löschen kann. Ein vergleichbares „Nachfolgemittel" gibt es bis heute nicht. Bis kurz vor dem nahezu weltweitem Halon-Verbot wurde dieses Löschmittel von vielen Unternehmen noch verkauft, um es kurz darauf für die (hoffentlich) umweltgerechte Entsorgung zurückzukaufen.

2. Waren in den 1990er-Jahren noch – primär in den USA – vermeintliche Witze darüber üblich, ob denn das Feuer oder das eingesetzte Löschmittel den größeren Schaden angerichtet habe, so gehört diese Thematik heute weitgehend der Vergangenheit an: Feuerwehrleute löschen heute fast überall so filigran und rücksichtsvoll, wie es nur machbar ist.
3. Forderte der Vorgänger der ASR A2.2 (BGR 133) noch bei erhöhten Brandlasten lediglich eine deutliche und oftmals sinnlose (weil kontraproduktive) Erhöhung der Handfeuerlöscher, so muss man sich heute individuelle zusätzliche Maßnahmen unterschiedlichster Art überlegen, die brauchbar sind und brandschadenmindernd wirken.
4. Waren bei der ersten und zweiten Fassung der ASR A2.2 für jeden einzelnen, zuzurechnenden Handfeuerlöscher noch mindestens 6 Löschmitteleinheiten (LE) gefordert – Anmerkung: selbst mit 1 LE kann man Entstehungsbrände bereits gut löschen; soll heißen, die Löschleistung selbst von kleinen und kleinsten Handfeuerlöschern würde meist schon ausreichen, um Entstehungsbrände zu löschen! –, so darf man davon heute unter fünf eng definierten Voraussetzungen nach unten abweichen und mittlerweile in Unternehmen sogar Löschspraydosen als teilweisen Ersatz von Handfeuerlöschern einsetzen.
5. Es gab in den letzten 70 Jahren einige Tote durch Pfannen- und Fritteusenbrände sowie auch schwer verletzte und dauerhaft entstellte Menschen. Dann wurde ein spezielles Fettbrandlöschmittel kreiert und im Jahr 2001 die eigene Brandklasse „F" entworfen. Alle anderen Löschmittel (CO_2, AB, ABC, Löschdecken) sind jetzt aus Küchen zu entfernen.
6. Abschaffung der Brandklasse „E" (elektrische und elektronische Geräte und Anlagen bis 1.000 Volt). Natürlich brennen elektrische Geräte nach wie vor, aber außer direkt in der VdS 2046, auf den Aufklebern der Handfeuerlöscher sowie indirekt in der ASR A2.2 findet man nirgendwo einen Hinweis, dass CO_2 nach wie vor optimal zum Löschen geeignet ist, wenn man sich dabei korrekt und sicher verhält.
7. (Sinnvolle und berechtigte!) Abschaffung der Löschdecken für Küchen, einem Verbot gleichkommend, bereits im Jahr 2000 durch die BGN mit deren wichtiger Mitteilung Nr. 9.14.

8. Favorisierung von ABC-Pulverlöschmitteln in den 1980er- und 90er-Jahren, ohne Rücksicht auf die dabei entstehenden materiellen Verluste durch die großflächige Verteilung des hoch korrosiven, salzhaltigen Pulvers.
9. Zunehmender Einsatz von sogenannten „Bengalischen Feuern" bei Fußballspielen; nur ein neu entwickeltes und hier im Buch vorgestelltes Löschmittel kann hierfür sofortiges Löschen garantieren, während alle konventionellen Löschmethoden versagen.
10. Zunehmender Einsatz von Li-Akkus für Autos, Smartphones, E-Bikes, Pedelecs oder E-Rollern; die Brände ihrer Akkus sind praktisch nicht löschbar und dabei ist es weitgehend unerheblich, welches Löschmittel man einsetzt. (Manche, wie z. B. F-500 EA, wären schon geeignet – jedoch gelingt es beim Akkubrand manchmal nicht, diese Löschmittel allseitig an- bzw. aufzubringen.)
11. AB-Schaumlöschmittel war – unabhängig davon, ob fluorhaltig oder nicht – früher ein Gemisch, das man problemlos auch auf Pfannen und Fritteusen spritzen konnte, um den Löscherfolg einzuleiten; und dies ging, das richtige Verhalten vorausgesetzt, auch ohne Personengefährdung. Doch seit vielen Jahren hängen aus Gründen des Umweltschutzes meist kleine Schaum-Konzentrat-Kartuschen im Wasser des Löschers; und bis nach der Aktivierung der Schaum austritt und sich mit dem Wasser vermischt, dauert es mehrere Sekunden – so lange spritzt reines Wasser aus dem Löscher. Bei Pfannen- oder Fritteusenbränden kann das tödlich enden. Achtung, dieser Kritikpunkt geht nicht – wie der nachfolgende Punkt 16 – auf die fluorhaltigen Löschmittel ein, sondern auf die Umstellung von einem fertigen Gemisch zu einer Schaumkartusche in Wasser und die daraus resultierende Lebensgefahr bei Speisefettbränden.
12. Automatische Löschanlagen und tragbare Profi-Löschgeräte mit Wassernebeltechnik wurden schon Anfang der 1990er-Jahre erfunden. Sie verbrauchen über 90 % weniger Wasser bei gleichem oder gar schnellerem Löscheffekt, wodurch einige Probleme gar nicht erst entstehen oder gelöst sind.
13. Löschspraydosen für kleine Entstehungsbrände sind seit 1998 auf dem Markt. Nach anfänglichem aggressivem Bekämpfen dieser grundlegend großartigen Technik dauerte es fast 25 Jahre, bis ein ministerielles Schreiben (BMAS vom 12.09.2022) diese Technik in Unternehmen offiziell zuließ und ihre Löschmöglichkeiten auch in der ASR A2.2 berücksichtigt werden konnten.

14. KLT-Behälter (KLT = Kleinladungsträger) aus doppelwandigem Kunststoff wurden in den 1980er-Jahren von bzw. für die Automobilindustrie kreiert. Erst als ca. sechs Millionen Stück auf dem Markt waren, stellte man bei Brandversuchen fest, dass ein Löschen mit konventionellen Sprinklern nicht mehr möglich war. Nachbesserungen bei der Düsentechnik, die Zumischung von Benetzungsmitteln und ein Senken des Schutzziels (Begrenzen anstatt Löschen) führten dazu, dass man einen mehr oder weniger akzeptablen Kompromiss fand.
15. Askarel-Öl-Transformatoren hatten einen deutlich höheren Flamm- und Brennpunkt als alle anderen ölgetränkten Transformatoren. Erst bei zwei üblen Bränden in den 1980er-Jahren mit jeweils Milliardenschäden in Italien (Industriebrand in Seveso) und den Vereinigten Staaten (Hochhausbrand in Binghamton im Bundesstaat New York) stellte man fest, dass dabei in Temperaturbereichen oberhalb 300 °C und unterhalb 800 °C Ultragifte wie Dioxine und Furane freigesetzt wurden, woraufhin diese Trafos weltweit verboten wurden (eine klassische Fehlentwicklung).
16. Abschaffung respektive Verbot des AFFF-Löschschaums für Handfeuerlöscher und auch für die Feuerwehren und die Einführung von fluorfreien Löschschäumen (Zeitpunkt des Verbots bei Fertigstellung des Buchs noch nicht bekannt mit jahrelangem Duldungszeitraum umweltkritischer Schäume).
17. Durch die Zugabe von geringen Mengen an Zuschlagstoffen in das Löschwasser sowie durch eine Optimierung der Sprühköpfe von Handfeuerlöschern kann das Löschmittel effizienter löschen sowie feiner und damit effektiver ausgebracht werden, mit dem Erfolg, dass man mehr Löschleistung hat und damit mehr Löschmitteleinheiten bei gleichem Volumen erzeugt – oder eben, dass man mit weniger Löschmittel und damit weniger Gewicht das zuvor erreichte LE-Niveau erreicht.
18. Ein Beispiel dafür, dass nicht jede Veränderung auch Verbesserung bedeuten muss: Während in der DDR über 40 Jahre hinweg ein Symbol für einen Handfeuerlöscher ausgereicht hatte, mussten diese fünf Bundesländer es nach 1990 gegen ein F-Zeichen austauschen. Unter dem Vorwand der EU-Harmonisierung musste nun dieses „F“ wenige Jahre später wieder gegen ein leicht anderes Symbol ausgetauscht werden, das einen Löscher andeutete; nach wenigen Jahren wurde dieses Symbol dann erneut gegen ein nahezu identisches ausgetauscht. Doch die Posse ist noch nicht zu Ende: Schließlich akzeptierte man in der ersten Fassung der ASR A2.2 einen Verzicht auf jegliche Ausschilderung, so-

fern die Löscher nur offen einsehbar angebracht sind – um in der zweiten ASR-Fassung nach wenigen Jahren doch wieder die Beschilderung der auch sichtbaren Löscher einzufordern! Man kann die Meinung vertreten, dass selbst unterdurchschnittlich intelligente Menschen oder auch Personen ohne deutsche Sprachkenntnisse sowohl das F-Zeichen als auch den Löscher an sich oder die drei rot-weißen, quadratischen Symbolbilder im Brandfall richtig zu interpretieren wissen werden.

19. Gleiches ist auch anzumerken, wenn mehrfach unbedeutende Marginalien bei Fluchtweg-Piktogrammen verändert werden, um anschließend mit Heerscharen von BG-Beratern eine Abänderung/Aktualisierung an der Ausgangsbeschilderung, in den Flucht- und Rettungswegeplänen und den drei Brandschutzordnungen vorzunehmen. Das erzeugt hohe Kosten, ohne sicherheitstechnisch eine Veränderung oder gar eine Verbesserung zu bewirken. Es entsteht höchstens Verwirrung durch unterschiedliche Symbole in unterschiedlichen Gebäuden. Es sorgt leider auch für Verunsicherung, so z. B. die letzte Idee, die Fluchtweg-Pfeile oberhalb von Türen nicht mehr auf die Tür (also nach unten) weisen zu lassen, sondern um 180 Grad gedreht (also nach oben). Nicht Wenige interpretieren diese Schilder im Erdgeschoss als Aufforderung, die oberen Ebenen aufzusuchen. Die falsche Begründung lautet, man müsse sich diese Zeichen um 90° nach hinten umgelegt (analog zu Fluchtwegeplänen) vorstellen. Das ergibt vielleicht bei lagerichtig montierten Plänen Sinn, jedoch hier natürlich nicht, denn die Tür ist ja vertikal an der Wand schon lagerichtig!

Wenn man die beiden letzten Punkte liest und darüber weiter nachdenkt, erkennt man, dass die Erfinder sinnentleerter Ideen a) für sich selbst eine weitere berufliche Daseinsberechtigung schaffen (müssen) und b) ihre Mitmenschen für ziemlich wenig intelligent halten. Wie sonst ließe es sich erklären, dass wir eine sogenannte Mischbeschilderung nicht begreifen könnten oder gar ein weiß geschriebenes Wort wie „NOTAUSGANG“ vor RAL-grünem Hintergrund als (englisch) „not ausgang“ interpretieren würden. Jeder USA-Tourist versteht die weiße Schrift „EXIT“ vor rotem Grund in dortigen Gebäuden, auch ohne Englischkenntnisse. Nachdem sich Schilder eher nicht abnutzen, können sie über Jahrzehnte unverändert an unveränderten Fluchtwegen bleiben; dies gilt auch für unterschiedliche Hinweisschilder für Handfeuerlöscher. Doch wenn man sie alle wenige Jahre gegen andere austauscht, so wird erkennbar, wer von diesem Aktionismus profitiert. Richtig wäre es, sich hier kritisch und mutig zu zeigen und nicht jeden derartigen Unsinn mitzumachen.

Fazit ist jedoch, zumindest, was die anderen Punkte betrifft: Wir alle müssen mit der Zeit gehen und uns anpassen. Wir müssen einerseits Niederlagen, Misserfolge und Fehlentwicklungen hinnehmen und sie auch weiter riskieren, andererseits Neues umsetzen und konstruktiv weiter zur Optimierung voranschreiten. Die in München lebende 68er-Ikone Rainer Langhans nennt diesen evolutionären Fortschritt „vorwärts scheitern".

Bei technischen Neuerungen tun wir uns in Deutschland oft vergleichsweise schwer – anderswo geht es hierbei deutlich entspannter und zugleich fortschrittlicher zu. Bürokratie und technologiefeindliche Bedenkenträger haben manchmal die Oberhand und blockieren oft auch Gutes, Sinnvolles – und nichts anderes gilt für Unternehmen, die großartige, ja revolutionäre brandschutztechnische Erfindungen der Konkurrenz mit fadenscheinigen „Argumenten" vernichten bzw. kleinhalten wollen. Dazu kenne ich nach mittlerweile fast 40 Jahren Berufserfahrung einige Beispiele, auf die ich an dieser Stelle jedoch nicht eingehen kann. Dennoch gibt es auch immer wieder großartige Erfindungen, die aber primär für die Kunden dieser Produkte von Vorteil sind und weniger Umsatz generieren – diese Erfindungen werden dann von den anderen (ggf. mächtigeren) Anbietern der veralteten und weniger guten Technik bekämpft und unterdrückt: Das Bessere ist der Feind des Guten. Auch dazu kenne ich leider eine Reihe von Beispielen, die hier aber ungenannt bleiben müssen.

Manchmal mag Kritik berechtigt sein, oft aber kommen Scheinargumente – und der in den USA geläufige Begriff „German angst" über unser in Deutschland übliches Zaudern fasst zusammen, was hierzulande problematisch ist bzw. nicht selten falsch läuft. So hält man dann lieber an veralteten Techniken fest, entwickelt und forscht – aber überlässt das Feld des wirtschaftlichen Erfolgs dann tragischerweise anderen Kontinenten: in der Medizintechnik, bei Pharmaprodukten, im Bauwesen, in der Software- und Hardwareentwicklung, der Künstlichen Intelligenz oder eben auch beim Brandschutz.

Lösen muss man sich bei komplexen, anspruchsvollen Aufgabenstellungen von pauschalen Antworten mit scheinbar immer absolut richtiger Aussagekraft. So sind Sprinkleranlagen eben nicht pauschal richtig/sicherheitserhöhend, sondern oftmals schlicht wirtschaftlich überzogen. Wie könnte es sonst sein, dass es in den USA deutlich mehr Brandtote je 100.000 Einwohner gibt und höhere Sachschäden als in Deutschland? Und das, obwohl dort teilweise auch schon neue Einfamilienhäuser gesprinklert sind, Gebäude nur selten über Keller verfügen und der zweite Fluchtweg auf allen Ebenen grundlegend baulich gegeben sein muss – zwei Forderungen, die es hierzulande in dieser Absolutheit nicht gibt? Nein, wir brauchen individuelle und damit optimale Lösungen – keine Maximallösungen. Während es in den USA jährlich ca. 3.000 Tote in privaten Gebäuden gibt, sind es in Deutschland insgesamt „nur" ca. 300 – ein Unterschied um den Faktor 10 bei einer lediglich viermal größeren Bevölkerungszahl.

Kommt es *nicht* zu einem Brand, profitieren alle: Unternehmen (Inhaber, Angestellte), Berufsgenossenschaften und Versicherungen. Kommt es jedoch zu einem Brand, dann werden – je nach Ausmaß – Juristen von der BG, den Versicherungen, den sonstigen geschädigten Seiten sowie schlimmstenfalls auch die Staatsanwaltschaft aktiv – und die kämpfen hart für das, was sie für richtig halten, oder eben für die sie bezahlende Seite. Solche Prozesse können schlimmstenfalls über drei Instanzen laufen, die einen Zeitraum von mehr als zehn Jahren benötigen. Hier gehen nicht wenige Unternehmen insolvent oder in Konkurs; und selbst wenn sie das überleben, sind viele anschließend gegenüber ihren Mitbewerbern nicht länger konkurrenzfähig.

Wir müssen sicherlich nicht immer den „Stand der Technik" erreichen (das wäre auch illusorisch, denn der Stand der Technik ändert sich in vielen Bereichen durch aktuelle Neuentwicklungen täglich!), auch wenn dieser Begriff fälschlicherweise in vielen Regeln enthalten ist – denn das würde oft tägliche Veränderungen und nachträgliche Umbauten erforderlich machen. Aber die aktuellen „Regeln der Technik" müssen eingehalten werden, und diese finden sich in den vielen „Technischen Regeln" (z. B. TRGS, TRBS, ASR, RAB, TRBA, DGUV Regeln, …) und anderswo. Sie ändern sich in unregelmäßigen Abständen. Nun dürfen wir gerade im Brandschutz nicht – auf unsere (hoffentlich ausbleibende) Schadenerfahrung aufbauend – in Lethargie verfallen. Selbst heute, fast ein Vierteljahrhundert nach dem phänomenalen Löschdecken-„Verbot" der BGN (Mitteilung 9.14 im Jahr 2000), sind noch in über 50 % der von mir beratenen großen Kantinenküchen Löschdecken zu finden! Dabei ist der Austausch von Löschdecken zu F-Löschern (Handfeuerlöscher, Lösch-Spraydosen) eine Sache, die man mit unter 100,– € an einem einzigen Tag bewerkstelligen kann oder – ehrlich gesagt – schlichtweg machen muss. Darum: Bleiben Sie beruflich im Präsens und im Imperativ und rutschen bitte nicht in den sich weithin verbreitenden, unverbindlichen Konjunktiv oder ins Mittelmaß ab!

Im Januar 2025 Der Herausgeber

Kosten durch Brände mit geeigneten Maßnahmen minimieren

Manche Gegenstände sind derart empfindlich, dass bereits eine Verrauchung oder übermäßige Erwärmung deren Totalschaden bewirkt: Lebensmittel (selbst mehrfach verpackte!), Kleidung, Elektronik, Elektrik oder die Einrichtungen in Arztpraxen fallen beispielsweise darunter. Doch selbst bei Tiefgaragenbränden verrauchte Autos sind häufig wirtschaftliche Totalschäden, insbesondere dann, wenn es sich um E-Autos handelt. Die noch sehr teuren, überdimensional großen Löschdecken mögen – von Profis eingesetzt – bei konventionellen Pkws bestimmte Erfolge bringen, nicht jedoch bei Kraftfahrzeugen mit Akkumulatoren als Antrieb. Dort darf es demnach nicht zu einem Brand kommen, denn das Vermeiden kostet deutlich weniger als das Beseitigen der Schadenkosten. Wenn es aber doch einmal brennt? Ob die Wahrscheinlichkeit bei 0,001 % oder bei $3{,}4 \times 10^{-6}$ liegt, ist im Brandfall völlig ohne Bedeutung. Auch der Verweis darauf, dass Solardächer 0,014 % aller Brände ausmachen und es etwa anderthalb Millionen PV-Anlagen in Deutschland gibt, ist überflüssige Zahlenspielerei ohne jedwede Aussagekraft für oder gegen etwas. Mit ihr lässt sich also weder etwas belegen noch könnte man daraus Forderungen ableiten. Aber: mit vielen Maßnahmen baulicher, anlagentechnischer und vor allem organisatorischer Art lassen sich Brandschadeneintrittswahrscheinlichkeiten und Brandschadenhöhen reduzieren; und im Idealfall verbessern sich *beide* Stellschrauben – dann ist der Erfolg maximal. Die folgenden, stichpunktartig aufgelisteten Tipps können dabei helfen, die Kosten von vielen Bränden zu minimieren – und da das viel bringt, aber nicht viel Platz benötigt, seien sie an dieser Stelle ohne wertende Anordnung aufgeführt:

- Nichtbrennbare Dämmstoffe wählen für Wände, insbesondere aber für Flachdächer
- Nichtbrennbare Flachdach-Außenhaut realisieren
- Feuerbeständige Wände realisieren, die diese Bezeichnung auch verdienen (also mängelfrei sind)
- Feuerhemmende, intakte und gewartete Türen an vielen Stellen einsetzen, auch wenn baurechtlich nicht gefordert
- Rauchschutztüren installieren, auch wenn nicht gefordert
- Ein wertvolles Lager auf zwei oder mehr Brandbereiche aufteilen
- Redundante Produktionsanlagen auf zwei Brandbereiche aufteilen
- Baulich getrennt verlaufende, zweite Stromeinspeisung anschaffen

- Brandlasten von Zündquellen baulich oder räumlich trennen, kapseln, überwachen
- Brandgefährliches in eigene Räume verlegen (Heizung, Klimatechnik, Verfahrenstechnik, bestimmter Abfall, Kompressoren, Wechsel-/Gleichrichter, ...)
- Brandmeldeanlage anschaffen
- Geeignete Brandlöschanlage(n) anschaffen
- Automatische Entrauchungen anschaffen
- Werkfeuerwehr aufstellen
- Video-Überwachungskameras installieren
- Zutrittskontrollsysteme anschaffen
- Mit Thermografie Elektroschaltschränke prüfen
- Die richtige Belegschaft auswählen
- Die Belegschaft sensibel schulen
- Die Belegschaft kontrollieren
- Stromlosschaltung von Bereichen oder Geräten außerhalb deren Nutzung umsetzen
- Einbruchhemmende Fenster- und Türelemente anschaffen
- Freilagerung brennbarer Gegenstände im Bereich von Gebäuden unterbinden
- Gesetzliche Bestimmungen kennen und einhalten
- Versicherungsvorgaben kennen und einhalten
- Funkenlöschanlagen errichten
- Produktionsbereiche von Lagerbereichen baulich oder räumlich trennen
- Eigene Kommissionierungsbereiche schaffen
- Die Vorgaben der VdS 2038 (wichtig!) kennen und einhalten, u. a.: Verpackungen in eigenen Räumen lagern und in nicht brennbaren Behältern bereitstellen
- Bei der Anschaffung neuer Technik solche bevorzugen, die weniger brandgefährlich ist
- Den zweiten Fluchtweg baulich schaffen
- Günstige und schnelle Angriffsmöglichkeiten für die Feuerwehr schaffen
- Die wesentlichen Punkte der sinnvollen Vorgaben TRGS 800 und ASR A2.2 umsetzen
- u. v. a. m.

Allein die Verinnerlichung dieser vielen Punkte – mit anschließender Umsetzung der individuell in den verschiedenen Bereichen unterschiedlichen und jeweils sinnvollen Maßnahmen – würde bereits dazu führen, dass wohl weit über 95 % aller zukünftig entstehenden Brände vermieden wären. So einfach ist es oder könnte es sein – doch die Praxis weicht natürlich auch hier stark von der Theorie ab.

Als vor wenigen Jahren ein großer holzverarbeitender Betrieb in Oberbayern nachts brannte, fuhren die Feuerwehrleute der freiwilligen Wehr noch Lkw und Bagger aus der brennenden Halle, um den Feuerschaden an den Fahrzeugen zu minimieren. Das war eine mutige, intelligente und somit großartige Leistung und gefährdete die Feuerwehrleute nicht unverantwortlich. Dennoch konnte leider selbst dadurch der später erfolgte Niedergang des Unternehmens nicht aufgehalten werden. Aber auch das sind schadenmindernde Maßnahmen; und über solche Aktionen kann man bereits vor einem Brandereignis nachdenken und die Ergebnisse dann den zuständigen Feuerwehren mitteilen – respektive mit ihnen gemeinsam erarbeiten! Das kann für Sie bedeuten, dass die Feuerwehr Zugang zu Fahrzeugschlüsseln haben sollte – dass Kriminellen derselbe Zugang nicht gewährt werden darf, ist eine weitere, jetzt noch zu lösende Aufgabe: Niemand behauptet, dass die Welt einfach sei oder dass eine Umstellung keine weiteren Schwachstellen erzeugen könnte.

Wer einen beliebigen Quotienten nach oben oder unten verändern will, handelt intelligent, wenn er am Nenner und zugleich auch am Zähler arbeitet. Zur Verdeutlichung: Die Brandschäden setzen sich ja aus dem Produkt Schadenhäufigkeit [Schäden/Zeiteinheit] und Schadenschwere [Kosten/Schaden] zusammen – und somit lautet die entscheidende Formel für Brandschäden: Kosten je Zeiteinheit. Wer also Brandschadenkosten mit optimalem Erfolg geradezu synergistisch minimieren will, der muss zweigleisig vorgehen: Zum einen die Schwere jedes einzelnen Brandschadens durch welche Maßnahme auch immer minimieren, zum anderen aber auch die Quantität (also die Häufigkeit der Brandschäden) minimieren. Beides ist immer machbar und zwar eklatant – und beides kann immer noch weiter minimiert werden. Wir Brandschützer arbeiten an beiden Stellschrauben!

In den vergangenen Absätzen sowie in der vorausgehenden Auflistung wurde stichpunktartig aufgezeigt, wie sich die Schadenhäufigkeit und auch die Schadenschwere reduzieren lassen, und zwar exorbitant – der Faktor Mensch spielt dabei immer eine Schlüsselrolle! Und nun folgen viele aktuelle Hinweise darauf, wie wir weiter positiven Einfluss auf die Schadenschwere nehmen können: a) mit der richtigen Löschmethode und b) indem diese möglichst bald nach der Brandentstehung angewandt wird. Nun sind wir uns alle sicherlich darüber einig, dass – sofern keine unkalkulierbare Gefahr für Personen besteht – möglichst schnelles Löschen Sinn macht. Aber mit welchem Löschmittel? Um Ihnen hier Fachwissen zu vermitteln, wurde dieses Fachbuch erstellt. Damit Sie Meinungen durch Fakten ersetzen können. Damit Sie die richtigen Schritte gehen und damit Sie nach Bränden dennoch juristisch möglichst unangreifbar sind.

Im Januar 2025 Der Herausgeber

Inhaltsverzeichnis

Einleitung – Problematik „Löschen“

Wenn es brennt, löscht man. Wenn es so einfach wäre, dann gäbe es weder dieses Buch noch verschiedene Löschtechniken und Löschmittel. Produkt A oder Vorgehensweise B sind eben nicht pauschal gut oder falsch – sondern es kommt, wie immer im Leben, auf die individuellen Randbedingungen und den spezifischen Einzelfall an. Was daraus folgt, damit beschäftigt sich dieses Buch. Natürlich will man einen Brand löschen; doch während Wasser bei einem Papierkorbbrand ideal ist, wäre es bei einem Fritteusenbrand tödlich. Pulver ist bei Gasbränden grundlegend geeignet, in einem Unternehmen wäre der Löschmittelschaden wohl allerdings deutlich höher als der Feuerschaden und das Abdrehen der Gashauptleitung wäre die ideale Lösung. Bei Lithium-Akkus sind nahezu alle konventionellen Löschmethoden ohne jegliche Wirkung – und diese Tatsache wird nicht weniger kritisch, wenn Politiker jeglicher Couleur sowie E-Auto-Hersteller dies negieren bzw. ignorieren. Es gibt neue Gefahren und es ist eines Ingenieurs unwürdig, aus diesem Grund aufzugeben und Neues nicht zuzulassen. Nein, man muss proaktiv und konstruktiv auf die Neuerungen ein- und zugehen. Was das im Bereich des Löschens bedeutet, haben viele fähige Fachleute für dieses Buch zusammengetragen.

Während die Feuerwehren primär das Löschen im Vordergrund sehen, steht für die Versicherungen darüber hinaus die Minimierung der Beschädigung durch Löschmittel im Fokus. Dass man sich mit den Regeln der Technik auskennen muss, um keine Probleme zu bekommen, ist hinreichend bekannt. So ist es aber auch mit den Löschmethoden sowie den Löschmitteln: Nur wer weiß, was es an Neuigkeiten gibt, kann auch die richtigen Entscheidungen treffen. Bei einigen dieser „Neuigkeiten“, die hier im Buch zusammen gefasst sind, ist es allerdings so, dass sie auch nicht mehr ganz so neu sind. Einige Stoffe zum Löschen (etwa F-500 EA oder PyroBubbles®) sind schon so lange bekannt und auf dem Markt etabliert, dass man diese Löschmethoden schlichtweg kennen muss – um sie ggf. anzuwenden. Nur so werden bestimmte Brandschäden und Löschmittelschäden minimiert und nur so lassen sich bestimmte Brände überhaupt angehen!

1. Brandschutztechnische Lehren der Vergangenheit

Nicht nur, aber auch aus Fehlern lernen wir Menschen. „Trial and error" – nur mit Mut und dem Bewältigen von Misserfolgen gibt es den nötigen Fortschritt. Während zur Einführung des Arbeitssicherheitsgesetzes 1973 noch primär darauf Wert gelegt wurde, aus Fehlern zu lernen – also einmal gemachte Fehler nicht zu wiederholen –, sind wir seit 1986 mit dem Arbeitsschutzgesetz einen großen Schritt weiter: Wir versuchen, uns präventiv zu überlegen, welche negativen Situationen realistisch eintreten können, um diese dann abzuwenden und zu verhindern, *bevor* etwas passiert, anstatt dafür zu sorgen, dass es kein zweites Mal passiert. Doch nicht jeder hat die menschliche Größe oder schlicht das Einsehen, dass das deutlich besser ist, als auf sein Glück zu setzen – denn durch Optimismus allein werden schlimme Dinge nicht vermieden. Man muss sich mit den möglichen, negativen Ereignissen auseinander setzen, um sachlich-objektiv entscheiden zu können, welche Maßnahmen dazu führen werden, die Eintrittswahrscheinlichkeiten zu minimieren oder im Idealfall sogar zu eliminieren.

Brandschäden setzen sich – wie bereits erwähnt – zusammen aus dem Produkt der Schadenhäufigkeit und der Schadenschwere. Da man beides nur maximal minimieren, nie aber gänzlich auf null bringen kann, verbleibt demnach immer ein bestimmtes Grenz- oder Restrisiko. Doch ob eine Eintrittswahrscheinlichkeit bei $2{,}4 \times 10^{-6}$ oder bei $2{,}4 \times 10^{-8}$ liegt, ist entscheidend. Diese mathematische Tatsache muss man sowohl begreifen als auch akzeptieren. Denn bei absolut Null ist die Brandgefahr nie, nirgends, nirgendwo!

Wir müssen also an den beiden Faktoren Häufigkeit und Schwere arbeiten: Zum einen müssen wir dafür sorgen, dass es möglichst selten zu einem Brand kommt. Zum anderen gilt es, darauf hinzuwirken, dass jeder Brand einen so geringen Schaden anrichtet, wie es eben möglich ist. Und genau hier setzt dieses Buch an: Wir wollen die Schadenhöhen dadurch minimieren, dass ein Feuer zügig erkannt, optimal bekämpft und somit gelöscht wird. Dabei sollen die vermeidbaren Fehler minimiert oder im Idealfall gleich gänzlich eliminiert werden. Auch wir gehen zweigleisig vor: zum einen lernen wir aus den Fehlentwicklungen der Vergangenheit und zum anderen betrachten wir die neuen Entwicklungen der Brandlöschtechnik.

1.1 Einsatzmöglichkeiten und -grenzen von Löschdecken

Löschdecken sind deutlich schlechter und gefährdender, als es ihr immer noch guter Ruf in der brandschutztechnisch nicht informierten Bevölkerungsgruppe vermuten lassen würde. Das heißt, konventionelle Löschdecken sind gefährlich und somit kontraproduktiv. Im Brandfall steht die Gesundheit der Menschen im Vordergrund, nicht der Sachwerteschutz – falsches Verhalten hat schon viele Menschen getötet, behindert oder optisch bleibend entstellt. Die Löschkraft von Löschdecken ist zu gering, gerade für löschtechnische Amateure – und der Löschversuch ist mit einer hohen Selbstgefährdung verbunden, die bei Handfeuerlöschern eher nicht besteht. Ein drittes Mal für alle, die es nicht glauben wollen oder verstehen können: Löschdecken sind grundsätzlich nicht mehr zur Verfügung zu stellen, weil sie für die sie anwendenden Personen eine reale Gefahr darstellen. Die BGN hat bereits im Jahr 2000 in der Mitteilung 9.14 gesagt, dass Löschdecken in Küchen aus den eben genannten Gründen nicht mehr als Stand der Technik gelten und sie somit für Küchenbrände nicht mehr zugelassen werden können. Zu viele Menschen haben sich bei einem zunächst vermeintlich ungefährlichem Brand (Anmerkung: diese Vorstellung ist bereits ein Widerspruch in sich, denn jeder Brand ist gefährlich!) schon selbst entzündet, bleibend entstellt oder gar getötet. Das passiert beim Einsatz mit einem geeigneten Handfeuerlöscher oder einer Löschspraydose nicht. Deshalb sind ausschließlich Handfeuerlöscher mit der Zulassung „F“ für Küchenbrände bei Pfannen- und Fritteusenbränden wirksam und für die betreffenden Personen nicht gefährlich. Bei Löschdecken für Fahrzeugbrände kann man geteilter Meinung sein. Ich vertrete hierzu folgende Ansicht: Konventionelle Fahrzeuge löscht man eigentlich anders und bei E-Autos sind Löschdecken gänzlich unwirksam; zudem sind diese Decken nur einmal anzuwenden, sehr teuer und ihr Nutzen ist durchaus fraglich.

Löschdecken sind nicht brennbar und weitgehend rauchdicht. Bei Fettbränden jedoch saugen sie sich mit dem heißen Fett voll und dann kann sich, so fein aufbereitet, das Fett an der Oberfläche der Löschdecke entzünden. Es sieht dann so aus, als ob die Decke brennen würde, aber das tut sie nicht – vergleichbar etwa mit brennendem Benzin, das man auf eine Betonfläche schüttet. Doch das heiße Feuer wird Löcher in die Löschdecke brennen – und wenn man sie jetzt wegzieht, hat man das Feuer eben an der Decke. Und die Decke hält man in den Händen!

Vor über zwei Jahrzehnten wurde die Brandklasse F eingeführt, die brennende Küchenfette und -öle zum Gegenstand hat. Früher waren brennende Speisefette in der Brandklasse B enthalten, doch man stellte fest, dass sich Speisefette im Brandfall bei einer Eigentemperatur von oberhalb 200 °C deutlich anders verhalten als brennender Alkohol oder brennendes Benzin mit unter 20 °C. Das leichte F-Löschmittel wird langsamer ausgeworfen und legt sich nahezu zart auf die Oberfläche, bildet dort wie bei einem Cappuccino oder einem Weißbier eine sauerstoffabhaltende Schicht und löscht somit zuverlässig und dauerhaft. Eine Gefahr für Personen entsteht nicht, sofern man sich korrekt verhält und den nötigen Mindestabstand nicht unterschreitet. Wer hier mit einem Wasserlöscher löschen will, der wird das unter 15 bar stehende Wasser unter das brennende, heiße Fett drücken (wohin es auch beim leichten Einfüllen gelangt, denn Wasser ist schwerer als Öle und Fette), wo es aufgrund der extrem hohen Flüssigkeitstemperatur in Sekundenbruchteilen verdunsten wird. Dabei vergrößert Wasser sein Volumen nicht im Verhältnis 1:509 (wie CO_2, wenn es von flüssig in gasförmig übergeht), sondern im Verhältnis 1:1.680. Somit erzeugen 600 ml Wasser 1.000 l Wasserdampf und ein 6 l Wasserlöscher demnach bis zu 10 m^3 Wasserdampf. Dieser Dampf entsteht unterhalb des heißen Fetts, das daraufhin explosionsartig heraus gesprengt wird. Da das Fett bzw. Öl eine sehr hohe Eigentemperatur hat und Fette nicht innen, sondern nur an der Oberfläche brennen, sind jetzt also viele Millionen sehr heiße und somit gleichzeitig brennende Fett-Tröpfchen in der Luft. Fazit: Es brennt nicht mehr vor sich hin, sondern binnen einer halben Sekunde brennt das gesamte Öl in einer Explosion ab. Von einer Explosion spricht man, wenn etwas gleichzeitig brennt und es dabei aufgrund der hohen und plötzlich entstehenden Energie einen großen Druckanstieg gibt. Hat die Küche eine Höhe von 2,50 m, wären also mindestens auf einer Fläche von 4 m^2 um die Fritteuse herum alle Menschen entflammt und wohl tot (allein durch die Hitze auch etwas weiter entfernt, auch wenn sie sich nicht entzünden).

Küchenbrandschutz ist aus zwei Gründen besonders wichtig: Zum einen arbeiten in professionellen Küchen eher weniger qualifizierte Personen (abgesehen vom Koch), denn es sind dort viele Handlungen zu erledigen, die keine Berufsausbildung erfordern. Somit sind gerade in Kantinenküchen viele Personen tätig, die womöglich nie eine Berufsschule besucht und somit auch niemals etwas über die vielen Gefahren gelernt haben. Zum anderen ist, wie eben aufgeführt, die Brand- und Explosionsgefahr in Küchen besonders groß. Hinzu kommt die oftmals aggressiv-hektische Stimmung in Küchen: da kann es bei einem Brand schon einmal passieren, dass zum falschen Löschmittel gegriffen wird. – Falsch, das kann bei Ihnen bitte nicht passieren, weil eben falsche Löschmittel gar nicht erst gestellt werden und man somit im Brandfall in der Küche nicht auf sie zugreifen kann. Ob ein AF- oder ein ABF-Löscher in der Küche zum Einsatz kommt, ist dann – brandschutztechnisch betrachtet, nicht umweltschutztechnisch – erst einmal gleichgültig.

Ob man in einer Küche einen AF-Löscher oder einen ABF-Löscher stellt, ist egal; nicht egal ist aber, ob dort ein Wasserlöscher gestellt wird. Wenn doch, so ist er bitte unverzüglich zu entfernen. Warum aber ist jetzt ein Schaumlöscher in einer Küche gefährlich? Diese galten doch bis 2001 noch als hierfür tauglich! Nun, das Schaummittel ist meistens nicht mehr im Wasser gelöst, sondern in einer kleinen Kartusche. Diese befindet sich, wie auch die CO_2-Druckerzeugungspatrone, im Wasser des Schaumlöschers. Aktiviert man nun den Schaumlöscher, erzeugt das austretende Kohlenstoffdioxid einen hohen Druck von etwa 15 bar. Dieser Druck drückt das Wasser in das Steigrohr und zerstört auch die Schaumkartusche. Mehr oder weniger schnell wird das Wasser mit dem Schaum versetzt. Doch wer die druckerzeugende Patrone auslöst und in derselben Sekunde das Löschmittel durch Drücken des Hebels ausbringen will, der spritzt sekundenlang reines Wasser heraus. Gelangt das in die Fritteuse, sind Tote vorprogrammiert. Ein Feuerwehr-Profi würde den Löscher erst einmal ins Waschbecken oder auf den Boden spritzen, bis Schaum austritt. Dabei würde er sich zunächst in einigen Metern Entfernung aufhalten und auch nicht direkt in die Flammen spritzen, sondern den Schaum bogenartig von oben herunter „schneien" lassen, um zügig und sicher zu löschen. Doch wer kann von einer Küchenkraft dieses souveräne Verhalten im Brandfall erwarten?

Lassen Sie mich noch zwei wichtige und helfende Dinge bei Pfannen- und Fritteusenbränden vermitteln. Erstens ist es fulminant wichtig, dass man umgehend löscht. Denn schnell brennt der Dunstabzug oberhalb und dann wird es meist aussichtslos, einen Großbrand noch zu verhindern. Womit wir beim zweiten Punkt wären: Man löscht zügig, indem man einen Deckel, eine große Pfanne oder einen ausreichend großen Topf auf die meist runde oder rechteckige Öffnung legt. Legen oder seitlich schieben, nicht werfen: Wer die Flammen von oben nach unten drückt, drückt sie zur Seite und es besteht die Gefahr, dass Haare oder Kleidung anfangen zu brennen. Auch ein großes (selbst ein brennbares!) Serviertablett wäre ideal, um ein Feuer in einer Pfanne oder Fritteuse zügig durch Sauerstoffentzug zu löschen. Es wird durch das sofort gelöschte Feuer nicht anbrennen, lediglich dauerhaft beschädigt bleiben; das Feuer bleibt aber so lange aus, wie man dieses Tablett aufliegen lässt – die heiß aufsteigenden Dämpfe allein entzünden den Gegenstand nicht. Nimmt man es jedoch zu früh wieder ab, so entzündet sich die heiße Flüssigkeit aufgrund der Eigentemperatur erneut. Hier sollte man also ggf. besser die Feuerwehr rufen und vielleicht erst einmal aus Gründen des Eigenschutzes nichts tun außer zu fliehen, Türen zu schließen und andere zu informieren. Auch den Topf bitte nicht bewegen, denn wer jetzt einen Fehler begeht, hat vielleicht den letzten Fehler seines Lebens gemacht. Natürlich soll man die Energie (Gas oder Strom) abdrehen, aber das Löschen steht an erster Stelle. Und jetzt nichts „verschlimmbessern", sondern nichts mehr in der Küche machen, bis die Feuerwehrprofis anrücken. Diese werden mit kompletter Ausrüstung und Körperschutz die Küche betreten, weil sie eben wissen, wie lebensgefährlich sich die Situation entwickeln kann.

Bitte auch keine ABC-Pulver-Handfeuerlöscher in Küchen abblasen, denn das Pulver wird alles (Möbel, Lebensmittel, Geräte, Anlagen, Waschbecken aus Metall usw.) zerstören. Versicherungen stufen das als „unverhältnismäßig" ein und können sich, gestützt auf das Versicherungsvertragsgesetz sowie Passagen aus der ASR A2.2, auf eine relativierte Schadenauszahlung begrenzen. Einmal davon abgesehen, dass die Beseitigung des Löschmittelschadens vielleicht drei Monate dauert und mit 300.000,– € Kosten verbunden sein kann, während man beim Einsatz eines F-Löschmittels 20 Minuten nach dem Abzug der Feuerwehr bereits wieder kochen kann!

Doch wenden wir uns noch einmal den Löschdecken zu. Sie sind, wie ausgeführt, nicht mehr als Regel der Technik zugelassen und haben somit keine Legitimation mehr. Die Entwicklung ging weiter und über sie hinweg. Löschdecken sind auch keine Schweißschutzdecken – diese sind deutlich hochwertiger und haben nicht die Aufgabe, Brände zu löschen! Löschdecken dürfen also auch nicht verwendet werden, um brennbare Gegenstände bei feuergefährlichen Arbeiten abzudecken (dazu sind sie zu dünn und von der Fläche her zu klein). Löschdecken sind auch von den Berufsgenossenschaften nicht mehr für brennende Personen zugelassen – hierfür nimmt man einen Handfeuerlöscher. Ob dann Wasser, Pulver, Schaum oder CO_2 in dem Löscher ist, ist erst einmal egal: Der Handfeuerlöscher, der am schnellsten zum Einsatz kommt, ist immer der Richtige. Dass man versucht, der brennenden Person möglichst kein Löschmittel ins Gesicht zu spritzen oder in die Atmungsorgane zu bringen, versteht sich von selbst. Doch lieber atmet eine Person ABC-Pulver kurz ein, wenn man damit die lichterloh brennenden Kopfhaare gelöscht hat! Auch Angst vor der Unterkühlung bei CO_2 muss man nicht haben, wenn man nur stoßweise und in ausreichendem Abstand (1 m oder mehr) löscht.

Wo kann man Löschdecken denn noch verwenden? Ich empfehle: grundsätzlich nirgends. Natürlich kann man einen brennenden Abfalleimer damit einhüllen oder einen rauchenden Laptop damit noch ins Freie bringen. Doch die Personengefährdung dabei liegt nicht bei null; und ich rate auch in diesem Fall davon ab. Unsere eigene Gesundheit oder auch das Vermeiden von Schmerzen, Vergiftungen (durch Rauchgase) oder die optisch bleibende Entstellung durch die Feuerhitze – all dies darf man nicht unterschätzen. Das alles im Brandfall souverän abzuwägen, ist wohl nur wenigen Feuerwehrprofis möglich, nicht dem Laien.

Löschdecken löschen, indem sie den für das Feuer nötigen Sauerstoff zurückhalten und dem Feuer die eigenen Rauchgase so lange zuführen, bis das

Feuer erstickt ist. Das geht bei brennenden Personen überhaupt nicht, denn diese halten ja aufgrund der Panik und der Schmerzen nicht still. Wer nun auf die Decke drückt, drückt brennende Kleidung in die Körperhaut – und Kleidung enthält fast immer Kunststoffe, die jetzt dauerhaft die Haut optisch oder von der Empfindung her verändern. Doch wer auf brennende Personen Wasser oder CO_2 aufbringt, der kühlt und löscht und drückt eben nichts in die Haut. Fazit: Die Verletzungen bleiben so gering, wie es nur geht.

Beim Einsatz einer Löschdecke muss man mit dem eigenen Körper sehr nahe – zu nahe – an das Feuer heran. Das ist bei Handfeuerlöschern nicht so – hier kann man 1–3 m schützenden Abstand halten; und selbst Löschspraydosen erlauben einen Abstand von 1 m und mehr. Wer eine Löschdecke über eine brennende Fritteuse wirft, ähnlich wie ein Tischtuch über einen Tisch, der drückt die Flammen herunter und diese werden dann seitlich heraus schlagen; dabei kann man sich – wie ausgeführt – entzünden (Haare, Kleidung). Legt man sie von vorne nach hinten aus, muss man zudem mit dem Körper über die brennende Fritteuse gehen. Das ist gefährlich – und Gefahren gilt es zu vermeiden!

Zusammengefasst: Löschdecken werden bitte grundsätzlich überall entsorgt (auch neue!) und nicht mehr gestellt. Liegt neben dem Handfeuerlöscher auch eine Löschdecke, ist die Gefahr für Menschen im Brandfall deutlich größer, so sie zur Decke und nicht zum Löscher greifen. Doch das Problem in nicht wenigen Firmen ist, dass das nicht eingesehen wird, weil Löschdecken im letzten Jahrtausend eben noch gefordert waren.

Abb. 1 Li-Brände in Kraftfahrzeugen sind für die Feuerwehrleute eine Bedrohung und können oftmals nicht gelöscht werden. (Friedl)

Noch einmal zu einem Pkw-Brand: Wenn die große KFZ-Löschdecke verhindert, dass ein Autobrand die Gebäudesubstanz angreift, so mag ihr Einsatz wieder sinnvoll und gerechtfertigt sein. Man sieht, es kommt eben immer auf den Einzelfall an!

1.2 ABC-Pulver als Allround-Lösung

Es gibt in Deutschland drei primäre Pulver zum Löschen von Bränden: das allgemein bekannte ABC-Pulver, das D-Pulver und das weniger bekannte BC-Pulver (Anmerkung: in Frankreich gibt es auch A-Pulver und AB-Pulver, doch diese verfügen über erstaunlich wenig Löschmitteleinheiten). D-Pulver ist ausschließlich für Metallbrände geeignet; es kommt mit deutlich weniger Druck aus dem Löscher und ist, chemisch gesehen, ein gänzlich anderes Pulver ohne weit verteilte, korrosive Salze. BC-Pulver enthält zwar kein korrosives Salz, ist aber bei A-Bränden völlig unwirksam und daher kaum empfehlenswert (denn A-Stoffe brennen fast immer, wenn es auch zu einem B-Brand kommt). Aus diesem Grund und weil ABC-Pulver eben die drei Brandklassen A, B und C (also feste Stoffe, Flüssigkeiten sowie flüssig werdende Stoffe und brennbare Gase) abdeckt, ist es neben ABF-Löschmittel eines von nur zwei Löschmitteln, das drei Brandklassen abdeckt. Handfeuerlöscher mit dem Zusatz F-500 EA können auch A-, B-, F- und z. T. D-Brände löschen und der Löschmittelzusatz Trident auch bengalische Feuer: das sind alles revolutionär gute, neue Löschmittel bzw. Löschwasserzusatzstoffe, über deren Anschaffung und Bereitstellung man bei entsprechenden Bereichen nachdenken sollte. Und F-500 EA kann auch zu einem geringen Prozentsatz einer konventionellen Sprinkleranlage beigemischt werden – und erzeugt so wesentlich verbesserte Löscherfolge! Doch brennbare Gase sollte man, egal mit welchem Löschmittel, nur unter bestimmten Bedingungen löschen – besser ist es, sie brennen zu lassen, sich in Sicherheit zu begeben und den Profis der Feuerwehr das Löschen zu überlassen! Die Gaszufuhr abzudrehen ist oftmals der einzig sinnvolle und nicht gefährdende Tipp; doch dazu müssten alle Beteiligten wissen, wo sich diese befindet.

Abb. 2 ABC-Pulver ist ein hoch korrosives Salz, das sich weiträumig verteilt und in Verbindung mit Luftfeuchtigkeit Korrosionsschäden anrichtet. (Friedl)

ABC-Pulver hat einen immensen Nachteil. Dieser Nachteil ist so groß, dass dieses Löschmittel damit für fast alle Bereiche uninteressant geworden ist. Das Pulver ist extrem fein – weit über 100-mal so fein wie Küchenmehl –, sodass es schnell auch in andere Bereiche und Räume gelangt und mit konventionellen Staubsaugern nicht mehr einzusammeln ist. Es ist ein Salz; und Salze sind in Verbindung mit Luftfeuchtigkeit hoch korrosiv für Elektrik, elektronische Bauteile und auch blank liegende Metallflächen, wie sie in elektrischen und elektronischen Geräten und Anlagen immer vorhanden sind. Das ABC-Pulver wird im Brandfall mit einem Druck von ca. 15 bar herausgeschossen, sodass es sich selbst in großen Hallen verteilt und überall (also auch in Geräten) ablegt. Dort wird es mit der immer vorhandenen Luftfeuchtigkeit Korrosionen bewirken – im Winter aufgrund geringerer Luftfeuchtigkeit tatsächlich weniger als im Sommer. So kann die CNC-Fräsmaschine einer Zimmerei, 25 m entfernt vom Abblasort des Pulverlöschers, binnen sechs Wochen zerstört werden – sie sieht dann fast so aus wie in Salzsäure gebadet! Das sind die Momente, in denen die Feuerversicherungen die Verhältnismäßigkeit der Mittel ins Spiel bringen, von „Verschlimmbesserung" sprechen und den Kunden vorwerfen, sich nicht ernsthaft und nicht professionell mit der wichtigen Thematik des Löschens auseinander gesetzt zu haben. Fazit oftmals: Der Pulverschaden liegt bei 85 %, der eigentliche Feuerschaden bei 15 %. Hätte man Wasser, Schaum, F-500 EA oder CO_2 zum Löschen verwendet, wäre der gesamte Schaden (also 100 %) lediglich bei den eben erwähnten 15 % geblieben. Der Versicherer bietet dann 15 % an, 85 % muss der Kunde selbst bezahlen. Es gibt auch schon Gerichtsurteile, die das bestätigen. Übrigens: es muss nicht 15:85 sein, es kann besser werden (40:60) oder auch deutlich schlechter (5:95). Doch selbst wenn die Versicherung 75 % eines Schadens begleicht – an den hohen Kosten der verbleibenden 25 % gehen Unternehmen ggf. insolvent. Soweit darf es also nicht (mehr) kommen!

Die Abhilfe sieht so aus, dass man überall da, wo man keine brennbaren Gase hat (Küche, Büro, Lager, Produktion, Garage, Außenbereiche – eigentlich überall!) eben keine ABC-Pulverlöscher mehr stellt. Blicken wir in die ASR A2.2, die uns alle dazu „zwingt", kleine Entstehungsbrände an Arbeitsplätzen zu löschen. Gasbrände aber sind praktisch nie kleine Brände und Entstehungsbrände auch nicht. Also löscht man sie nicht, sondern bringt sich in Sicherheit und bleibt somit gesund.

Löscht man Gasbrände, kann das brennende Gas ja weiter austreten. Somit kann es sich zu einem gefährlichen, explosionsfähigen Gemisch subsumieren und bei unbeabsichtigter Zündung eine deutlich größere Gefahr werden. Das Löschen sowie das Abdrehen der weiteren Gaszuführung erfordert Fachwissen, wie es Einsatzleiter bei Feuerwehren haben und lernen: denen überlassen wir das Löschen von Gasbränden, nicht einem Produktionsleiter, einer Prokuristin oder der Person, die sonst den Stapler bedient! Gasbrände entwickeln sich zügig und gelten meist nicht mehr als Entstehungsbrände – sie müssen von Laien also nicht angegangen werden.

1.3 ZH 1/201 und BGR 133

Über 50 Jahre lang hat sich in Deutschland in puncto „Löschen" wenig bewegt. Die Feuerwehr löscht mit viel Wasser und in Unternehmen werden ABC-Pulver-Handfeuerlöscher aufgehängt. Somit war die schöne heile Welt weder schön, noch heil. Doch die ZH 1/201 forderte viele Feuerlöscher, am besten die Allround-Löscher ABC-Pulver – und bei mehr Brandlasten wurden einfach mehr Handfeuerlöscher aufgehängt. Als diese ZH-Vorgabe durch die BGR 133 abgelöst wurde, war damit leider immer noch keine wesentliche Verbesserung verbunden. Die Gegenseite (also Versicherungen und geschädigte Unternehmen) war auch nicht stark oder mächtig genug, um dagegen vorzugehen – man akzeptierte die Fehler schlichtweg.

Abb. 3 Aufbau eines modernen, hochwertigen AB-Löschers; Schaumkartusche und CO_2-Druckbehälter sind am Steigrohr befestigt. (Friedl)

Doch dann kam die ASR A2.2 und hier wurde vieles (wenn auch nicht alles) verbessert und es kamen noch weitere präventive Forderungen hinzu. Die ASR macht nach wie vor den elementaren Fehler, dass sie zwar richtigerweise dazu auffordert, die Schäden von Pulverlöschmittel zu vermeiden, dann aber doch wieder in praktisch allen Beispielen genau dieses Löschmittel empfiehlt. Wie das passieren kann, ist sowohl unklar als auch befremdlich. Es darf schlicht nicht passieren, dass derart falsche Informationen in Vorgaben enthalten sind, mit der Folge, dass diese auch umgesetzt werden – und dass man diese Fehler über viele Jahre hinweg nicht korrigiert (obwohl den Erstellern der ASR diese Kritik über Jahre bekannt war!), ist noch unverständlicher. Doch auch andere Beispiele in der Politik und Wirtschaft zeigen ja auf, dass man manchmal nicht bereit, willens oder fähig ist, einmal gemachte Fehler zu beheben.

1.4 Löschmittel Sand und Löscheimer

Während ich den Gartenschlauch als Löschmittel für sinnvoll und modern erachte (da effektiv und effizient), ist ein mit Sand gefüllter Eimer (oder auch ein mit Wasser gefüllter Eimer) an Hilflosigkeit im Brandfall kaum zu überbieten. Weder der Sand noch das Wasser wird in den meisten Fällen einen positiven Löscheffekt haben. Eine Flasche Mineralwasser kann das Wasser gezielter ausbringen, auch wenn es deutlich weniger ist – aber die Flasche steht bereit, während der Eimer erst gefunden und gefüllt werden muss! In dieser Zeit ist das kleine, gerade sich entwickelnde Entstehungsfeuer mit der Löschsprühdose, dem Handfeuerlöscher oder dem Gartenschlauch längst gelöscht. Den Sand im Eimer kann man dann sinnvoll einsetzen, wenn ein Handyakku brennt, das Teil auf dem Boden liegt und man ein paar Kilogramm Sand darüber ausschüttet. Sand hat den Löscheffekt des Erstickens – und dieser Löscheffekt tritt nur dann auf, wenn der Sand auch einige Zentimeter dick für ausreichend lange Zeit oberhalb des brennenden Guts verweilt. Wasser indes kann kühlen und somit Gegenstände, die ans Feuer angrenzen, an der Entzündung hemmen. Dennoch wären Löscher, Schlauch oder Löschspraydosen deutlich sinnvoller! Übrigens wären hier auch die in Kapitel 8.5 vorgestellten Pyro-Bubbles® ein sehr gut geeignetes Löschmittel. Dies allerdings nur dann, wenn man dieses Löschmittel vollvolumig direkt an die brennende Batterie heranbringt – brennt eine Li-Batterie in einem Gerät, ist das oftmals nicht möglich. F-500 EA hat ebenfalls bei vielen nationalen wie internationalen Löschversuchen seine Löschfähigkeit bei Li-Akkus eindrucksvoll bewiesen.

Abb. 4 Ein mit Wasser oder Sand gefüllter Eimer ist als Löschvorrichtung meistens völlig ungeeignet. (Friedl)

Mit Sand oder Wasser gefüllte Eimer sind ein Relikt der 60er-Jahre des letzten Jahrhunderts und meist nicht mehr auf Höhe der heutigen Zeit. Einige wenige Einsatzmöglichkeiten gibt es noch, doch das sind die seltenen Ausnahmen und nicht die heute aktuellen Regeln.

1.5 Gartenschlauch zum Löschen

Jede Technische Regel enthält eingangs folgende Hinweise (leichte, nicht sinnverändernde Abweichung im nachfolgenden Text):

> *„… Bei Einhaltung der Regel kann der Arbeitgeber davon ausgehen, dass die dieser Regel vorangestellte Verordnung eingehalten ist. Wählt man eine andere Lösung, muss man damit mindestens das gleiche Schutzniveau erreichen.“*

Damit ist es also ausdrücklich erlaubt, von Regeln abzuweichen. Tut man das, zeigt das Fähigkeit und ggf. auch Mut. Sinnvoll ist, entsprechende Abweichungen mit anderen Profis zu besprechen, zu begründen und natürlich auch mit der Feuerversicherung abzuklären. Ein Gartenschlauch hat gegenüber einem Wasserlöscher zwei Vorteile: erstens ist die Löschmittelmenge (solange man die Wasserrechnung bezahlt) unendlich und zweitens kann man einen deutlich größeren horizontalen Abstand zum Brandherd einhalten. Durch das zweite Argument ist die Personengefahr deutlich geringer. Nun wird ein Wasserlöscher mit Frostschutz in kalten Bereichen eingesetzt werden können, aber kein Gartenschlauch – das wäre also ein K.o.-Kriterium für den Gartenschlauch. Das Argument, dass der Schlauch oder dessen Mundstück gestohlen werden kann, zieht indes nicht, denn das könnte man ja auch über den Handfeuerlöscher sagen. Dann ist noch die Länge des Schlauchs relevant, denn mit dem Handfeuerlöscher kann man 20 und mehr Meter weit gehen – ein nur 4 m kurzer Gartenschlauch kann bei einer Wurfweite von 3 m für maximal 150 m^2 eingesetzt werden. Das sollte allerdings auch ausreichend sein, wenn der Schlauch nicht sinnloserweise deutlich länger als 4 m ist. Bei einem Radius von 20 m deckt man immerhin über 1.200 m^2 Fläche ab!

Also: Wenn Wasser als Löschmittel die richtige Wahl ist und wenn ein Anschluss vorhanden ist, dann spricht nichts dagegen, Handfeuerlöscher durch Schläuche zu ersetzen. Nun ist aber die Frage, wie viele Löscheinheiten soll man dem Schlauch zugestehen? Die ASR A2.2 gibt (allerdings nicht im Textteil, sondern im Beispiel 3.1) für einen Wandhydranten 27 LE an. Allerdings sagt diese ASR auch, dass man lediglich ein Drittel der benötigten Löscheinheiten mit Hydranten abdecken sollte – ob es sich um einen F- oder S-Hydranten handelt, darüber schweigt sich die ASR aus. Kritische Menschen werden sich jetzt fragen, warum man Löschwasser aus Wandhydranten oder auch aus Gartenschläuchen nicht zu 100 % ansetzen kann. Wenn ein Hydrant 27 LE hat und ein leistungsfähiger 6-kg-ABC-Pulver-Handfeuerlöscher 15 LE – wie viel soll man einem Gartenschlauch zugestehen? Ich empfehle, mehr als 15 und weniger als 27 LE anzusetzen. Zur genauen Bestimmung der Anzahl der Löscheinheiten sichern Sie sich jedoch bitte bei Ihrer Feuerversicherung ab und nicht durch dieses Buch. Gehen Sie mit GMV (= gesundem Menschenverstand) vor.

Nun ist es natürlich wichtig, dass das Mundstück am Gartenschlauch hochwertig ist – es ist geradezu von entscheidender Wichtigkeit, dass man einen groben und damit weit werfenden Vollstrahl oder einen das Wasser fein verteilenden Sprühstrahl abgeben kann. Dass das Mundstück ebenso wie der Schlauch am Hahn ausreichend gut befestigt sein soll, um einem einfachen Diebstahl vorzubeugen, versteht sich; und ebenso, dass man mehrere Schläuche haben sollte, um alle Bereiche abzudecken und auch den Bereich am oder um den nächsten Schlauch. Denn es ist nicht gefordert, dass Lösch-Schläuche oder Handfeuerlöscher in einem bestimmten Radius brandlastfrei gehalten werden müssen.

Die Möglichkeit, im Brandfall auch Gartenschläuche zu verwenden, gibt es in der ASR A2.2 leider noch nicht explizit. Zu gering ist wohl das Interesse der Regelersteller, dass diese effiziente und preiswerte Lösung (die ja auch selbst getestet werden kann!) möglicherweise dazu verleiten könnte, weniger Feuerlöscher zu kaufen. Doch Unternehmen sollten von ihr dennoch Gebrauch machen, z.B. in nicht frostgefährdeten Pferdeställen, in Lager- und Produktionshallen und eigentlich an allen Stellen, an denen man auch Wandhydranten installieren kann oder lediglich A-Löscher benötigt werden.

Übrigens will die ASR A2.2, dass Wandhydranten nur dann zurechnungsfähig sind, wenn bei deren Einsatz keine Brand- oder Rauchschutztüren geöffnet oder offen gehalten werden müssen – eine sinnvolle Forderung, die es übrigens in der österreichischen Baugesetzgebung schon lange verbindlich gibt! Sagen Sie das Ihrem Architekten bei Neubauten, Nachrüstungen oder Umgestaltungen, denn diese Tatsache ist ihm wahrscheinlich unbekannt.

Die Hemmschwelle, einen Gartenschlauch zum Löschen eines Entstehungsbrands zu verwenden, ist deutlich geringer als das Aktivieren eines Handfeuerlöschers oder gar eines Wandhydranten. Die Ausfallrate eines Gartenschlauchs liegt eigentlich bei null, denn was soll ihn denn unbrauchbar machen? Ein kleines Loch bestimmt nicht, höchstens der Diebstahl – und der fällt ja umgehend auf.

1.6 Tote durch vermeidbare Fehler (Jacobus Eeman)

Die auf Papier festgehaltenen Fakten müssen Fakten bleiben – also mit der Realität übereinstimmen. Das heißt, die ggf. vorhandenen Feuerwehreinsatzpläne müssen exakt die gegebenen Stoffe und Fluchtmöglichkeiten, aber auch Löschwasser-Entnahmestellen und vieles mehr enthalten. Dafür sind die Unternehmen verantwortlich und benötigt wird das bei einem Löscheinsatz. Löscheinsätze kommen immer plötzlich und natürlich unerwartet, man muss daher – auch wenn es selten brennt – ständig mit ihnen rechnen; so wie man ja auch beim Autofahren ständig vorsichtig ist oder es zumindest sein sollte: die Begründung für Unaufmerksamkeit, man habe lange keinen Unfall produziert, hat vor Juristen wenig Chance auf Anerkennung. Es könnten deutschland-, europa- und weltweit noch viele Feuerwehrleute am Leben sein, wenn das auch ausreichend ernst genommen werden würde: denn Feuerwehrleute sind mutig, aber nicht übermütig. Wenn jedoch Notausgänge versperrt oder zugemauert –

also schlicht nicht mehr vorhanden – sind, wenn sich Lagermengen qualitativ oder quantitativ kritisch verändert haben, wenn zugesicherte Löschmöglichkeiten und Löschmittel nicht vorhanden sind und wenn das alles im Brandfall den Einsatzkräften nicht bekannt ist, so gehen diese – unwissentlich – ein möglicherweise tödliches Risiko ein. Staatsanwaltliche Ermittlungen und ggf. auch Verurteilungen hierfür schuldiger Personen sind dann wenig tröstlich für die Opfer und deren Hinterbliebene. So lautete eine anklagende Überschrift in der *Süddeutschen Zeitung* vom 11.11.2017: „Die Brandschutztür stand immer offen". Verurteilt für drei tote Menschen (Vater mit zwei Kindern!) wurden der Gebäudeeigentümer sowie der Hausmeister – ersterer, weil er dazu nichts angeordnet hatte und letzterer, weil er nicht aktiv wurde. Die Strafen wurden allerdings auf Bewährung ausgesetzt – und selbst im bekannt gewordenen Fall von Schneitzelreuth gab es für sechs tote Menschen lediglich eine Strafe von drei Jahren Gefängnis.

1.7 Statt löschen: Rauch- und Wärmeabzugsanlagen

Es ist weit über 20 Jahre her, da hielt die revolutionäre Erfindung einer holländischen Feuerwehrfrau die Brandschutzwelt in Atem: Gonnie van Zantvoort heißt diese findige diplomierte Ingenieurin, die in Theorie und Praxis nichts Geringeres belegte, als dass eine besondere Entrauchungstechnik ein Feuer begrenzt und somit den Brandschaden lokal begrenzt; eine Löschanlage wurde deshalb überflüssig. Die Bayerische Ingenieurekammer hat ihr dafür den ersten Preis des Innovationswettbewerbs überreicht. Frau van Zantvoort hat rechnerisch und in vielen Versuchen belegt, dass bei Garagenbränden maximal drei Autos durch ein Feuer zerstört werden und die übrigen Autos aufgrund der Ableitung der Hitze, der korrosiven Brandrauchgase und der brennbaren (explosiven) Pyrolysegase nicht weiter in Mitleidenschaft gezogen werden. Sprinkleranlagen waren in dem Schutzkonzept nicht mehr vorgesehen und auch nicht mehr nötig.

Was war nun die eigentlich neue, revolutionäre Idee? Nun, die Garagenbauordnungen fordern ab bestimmten Flächen und entsprechend der vertikalen Lage der Garage sowie der ggf. vorhandenen Entrauchungsöffnungen für Garagen Entrauchungsanlagen, die das zehnfache des Raumvolumens je Stunde absaugen. Hat eine Garage also 500 m^2 und ist sie 2,20 m hoch, so muss die RWA-Anlage also mindestens 11.000 m^3 Luft (hier: Brandrauch) an der Decke binnen 60 Minuten absaugen können. Die Anlage muss darüber hinaus bis ca. 300 °C funktionsfähig bleiben. Frau van Zantvoort hat jedoch Versuche gestartet mit Anlagen, die 150.000 m^3 oder auch 600.000 m^3 Luft absaugen. Durch diese Vervielfachung der Leistung blieb es übersichtlich, rauchfrei und relativ kühl in den Garagen, obwohl ein Auto abfackelte und es ggf. die beiden angrenzenden Fahrzeuge ebenfalls noch entzündete. Drei Autos fielen also den Flammen zum Opfer, während die übrigen Fahrzeuge weder thermisch noch durch die hochkorrosiven Brandrauchgase kontaminiert wurden.

Blicken wir jetzt einmal auf Sprinkler in Garagen und sprechen über deren Sinn: Ein konventionelles Verbrenner-Auto brennt ja unterhalb des Blechkleides; meist liegt ein Batterie-, Vergaser-, Motor- oder Kabelbrand vor. Sollte ein Sprinkler jetzt zum Auslösen gebracht werden, kann er dieses Feuer natürlich nicht erreichen und somit nicht löschen. Das Feuer wird über die ggf. später brennenden Reifen auf das Nachbarauto abgegeben – und das könnte eine Sprinkleranlage evtl. verhindern, mehr aber auch nicht. Die andere Brandgefahr in Garagen ist, dass ausgelaufenes Benzin entzündet wird. Löst jetzt die Sprinkleranlage aus, würde das deutlich leichtere Benzin auf dem Wasser weiter brennen und unter die angrenzenden Fahrzeuge geschwemmt werden. Dort entzünden sich dann Gummireifen, Kunststoff-Radkästen und der aufgebrachte, brennbare Unterbodenschutz. Mit anderen Worten: die Sprinkleranlage verschlimmert in diesem Fall die Situation noch.

Doch verständlicherweise ist kein Sprinkleranlagenerrichter erfreut, wenn seine Technik nicht mehr in den Garagenbauordnungen gefordert wird, sondern eben die neue Entrauchungstechnik. Es ist wie es ist – die Technik von Frau van Zantvoort wurde zwar ausgezeichnet, aber die erwartete Veränderung der Muster-Garagenbauordnung erfolgte bis heute nicht. Vielleicht liest ja der eine oder andere mutige Beamte diese Zeilen, um in seinem Bundesland für eine Verbesserung der Garagenbauordnung zu sorgen – er wird sich dabei (über-)mächtigen Gegnern ausgesetzt sehen!

Dass die Wirtschaft so und nicht anders funktioniert, sollte aufgeklärten Menschen längst klar sein. Nicht die beste Technik, sondern diejenige, die Unternehmen Geld bringt, wird sich manchmal durchsetzen. Doch machen wir das Beste daraus: Brandschäden bleiben also deutlich geringer, je früher und je intensiver man die Entrauchung einsetzt. Damit wird auch ein manchmal auftretender Flashover verhindert, denn die Pyrolysegase werden abgeleitet, bevor sie eine gefährliche Konzentration bilden können.

Abb. 5 Im Brandfall ist es von größter Bedeutung, den toxischen, explosiven und die Gebäudesubstanz zerstörenden Rauch zügig ins Freie zu bekommen. (Friedl)

Die zügige Entrauchung ist überall im Brandfall wichtig, egal ob Küche, Wohnzimmer, Büro, Lagerhalle oder Hochregallager. Eine Entrauchung ist – entgegen der falschen Meinung von Brandschutz-Laien – nicht brandbeschleunigend oder brandvergrößernd, sondern das Gegenteil ist richtig: Durch die Ableitung der Hitze wird das Feuer kleiner bleiben und die Einsatzkräfte der Feuerwehr können den Brandherd noch sehen und das Löschmittel gezielt aufbringen. Es sei aber auch erwähnt, dass man bei möglicherweise zu spätem Öffnen der Entrauchung einen Flashover auslösen kann. Doch das geschieht meist erst längere Zeit nach einem Vollbrand – eine Situation, bei der Laien also ohnehin einige Meter vom Feuer entfernt sein sollten.

Wer die über 25 Jahre zurückliegenden Resultate der ergebnisoffenen Brandversuche in Gent des VFLR e. V. noch kennt, der weiß, dass eine baldmöglichst eingesetzte Entrauchung nicht nur Sprinklerköpfe schneller zum Öffnen veranlasst (fließende Wärme wird zügiger abgegeben als stehende Wärme, das können Thermodynamiker und Physiker bestätigen!), sondern, dass auch die sonstigen Randbedingungen wie Sicht, Hitzereduzierung oder Brandausbreitung positiv beeinflusst werden. Selbst vor der Brandentstehung geöffnete RWA-Öffnungen wirken sich positiv auf den Brandverlauf aus. Doch selbst heute gibt es noch Kollegen, die das Schließen der RWA-Öffnungen anordnen und sie erst wieder auffahren lassen wollen, wenn die Sprinkleranlage geöffnet hat. Ein ggf. tödlicher Fehler – und auf jeden Fall ein Fehler, der immer für Gebäude und deren Inhalte größere Schäden erzeugen wird.

1.8 Fluorhaltige Schäume

Die EU hat den grundsätzlichen Beschluss gefasst, PFAS als Schaummittel für Handfeuerlöscher zu verbieten. Es ist nun müßig, darüber zu schreiben, ab wann welches Verbot gilt – denn gerade bei politischen Aussagen ist manchmal die Druckerschwärze noch nicht trocken, da gilt schon etwas anderes. Hier jedoch sei gesagt, dass das konventionelle Schaummittel AFFF (Aqueous Film Forming Foam), ein synthetisch hergestelltes definitiv Schaummittel, keine Zukunft hat; und dies auch deshalb, weil es bereits schaumbildende Zusatzstoffe gibt, die ohne Fluor auskommen. PFAS steht für perfluorierte und polyfluorierte Alkylverbindungen; diese Chemikalien kommen in der Natur nicht vor und sind von ihr auch fast nicht abbaubar (sog. Ewigkeitschemikalie) – das ist das Hauptproblem. Mit einem Verbot allein erreicht man jedoch nur bedingt Erfolge, denn Smartphones oder Kraftfahrzeuge funktionieren – bis heute – ohne PFAS nicht. Ihr Ende als Löschschaum ist aber dennoch abzusehen, eben darum, weil es Alternativen gibt. PFAS sind zwar nicht giftig, aber bereits im Regenwasser überall auf der Welt nachzuweisen, und sie finden ihren Weg in die menschliche Nahrungskette; und dass PFAS menschlichen Organen Schaden zufügen und Krebs hervorrufen können, gilt als sehr wahrscheinlich. Dass es PFAS auch in Mikrochips, Lithium-Batterien, Teflon-Pfannen, Zahnseide, Fast-Food-Verpackungen, Make-up, Fotopapier, Schuhen, Shampoos, Imprägnier-Sprays, Backpapier oder Regenschutzkleidung gibt, ist ein anderes Thema, das für dieses Buch nicht relevant ist. Aber es soll aufzeigen, dass Umweltschutz eben nicht so einfach umsetzbar ist und ein absolutes Verbot von bestimmten Techniken oder Produkten nicht unbedingt immer durchsetzbar ist: auch Kältemittel in Wärmepumpen enthalten PFAS, die angeblich umweltfreundlich Erdwärme zum Beheizen von Gebäuden nach oben pumpen.

Schäume sind deshalb gut bei Löschversuchen, weil sie die Oberflächenspannung des sie tragenden Wassers reduzieren. Auf diese Weise kann das kühlende Wasser schneller und tiefer eindringen und länger anhaften – der Löscherfolg ist schlicht besser.

Die konventionellen Lösch-Schäume funktionieren mit Fluor und fallen unter die Bezeichnung PFAS. Bereits 2006 wurde deren Ende beschlossen, letzte Übergangsfristen enden wohl 2025. Doch bereits seit 2004 bringen manche Feuerlöscher herstellenden Unternehmen keine fluorhaltigen Löschschäume mehr in den Handel und die übrigen Hersteller Deutschlands halten sich seit 2014 an diese Beschränkung. Die Europäische Chemikalien-Agentur ECHA arbeitet erst seit 2019 an einem generellen Verbot von fluorhaltigen Löschschäumen. Somit sollte die Umstellung auf fluorfreie Schäume oder Wasserlöscher mit Tensiden kein Problem darstellen (möchte man meinen…). Die fluorhaltigen Schaummittel sind auch unter dem Begriff C8-Chemikalien bekannt, die sogenannten C6-Chemikalien jedoch sind davon *noch* nicht betroffen. Man möge hier keine teuren Kompromisse eingehen, denn früher oder später werden diese leicht durch wirklich harmlose Stoffe zu ersetzenden Zuschlagmittel ggf. auch verboten werden. Voraussichtlich wird ab 2025/2026 europaweit fluorhaltiger Löschschaum nicht mehr verkauft werden dürfen und es werden ca. fünf Jahre später alle Feuerlöscher frei von fluorhaltigen Tensiden sein müssen.

Nun kann man sich die Frage stellen, ob man die fluorhaltige Schaum-Kartusche nicht einfach gegen eine Kartusche austauschen kann, die fluorfrei ist. So einfach ist es leider nicht, denn es müssen derart viele Veränderungen an dem Löscher vorgenommen werden (anderes Netzmittel, andere CO_2-Patrone, neue Düse, neuer Aufkleber), dass dies die Kosten eines neuen Geräts deutlich übersteigt. Bei einem bereits einmal ausgelösten Schaumlöscher kommen dann noch unverhältnismäßig hohe Reinigungskosten des Geräts hinzu – da ist ein Austausch preiswerter.

Was jedoch sinnvoll sein kann, ist, die Kartusche aus einem nie abgeblasenen Handfeuerlöscher einfach zu entfernen und ordnungsgemäß zu entsorgen. Dann bekommt der AB-Löscher einen A-Aufkleber und kann weiterverwendet werden. Dies ist immer dann sinnvoll und legal möglich, wenn es im Entstehungsstadium eines Brands keine B-Brände zu bekämpfen gibt, etwa bei Wohnungs- und Bürobränden. Selbst thermoplastische Kunststoffe fallen bei einem Entstehungsbrand noch in die Brandklasse A (vgl. Bsp. 3.1 im Anhang der ASR A2.2).

Abb. 6 Löschschaum hat die positive Eigenschaft – im Gegensatz zu Wasser – dass er auf der Außenfläche klebt und somit meist deutlich effizienter löschen kann. (Friedl)

Die bis 2024 angebotenen, fluorfreien Schaum-Löscher sind weder frostsicher noch alkoholbeständig – zwei brandschutztechnische Vorteile der fluorhaltigen Schaumlöscher. Übrigens, die ABF-Löscher enthalten fluorhaltige Schäume und die AF-Löscher nicht; das heißt, erstere sind auszutauschen oder zu ersetzen, die AF-Löscher dagegen können weiterhin betrieben werden, da sie umwelttechnisch nicht als kritisch eingestuft werden.

1.9 Eingefrorene Saugstellen (Günter Knopf)

Außer der Löschwasserbereitstellung durch die Wasserbetriebe aus dem Stadtwassernetz kommt der Löschwasserentnahme aus natürlichen Wasserquellen wie Flüssen und Seen immer mehr Bedeutung zu. Vielerorts werden die Trinkwasserleitungen ausschließlich für den Trinkwasserbedarf und nicht auch zum Löschen dimensioniert. Die für den Eventualfall eines Feuerlöscheinsatzes bereitzustellenden großen Löschwassermengen (800–3.200 l/min.) werden immer mehr durch die Löschwasservorhaltung in Zisternen, Brunnen oder eben die Entnahme aus natürlichen Wasserquellen sichergestellt. Dies bedeutet allerdings, dass diese Entnahmestellen ganzjährig frostfrei einsatzbereit sein müssen. Abgesichert wurde dies jahrzehntelang mit einem im Ufer eingelassenen Einlaufbauwerk. Für große Industriegebiete ist dieser Bau mit enormem Aufwand an Erdarbeiten/Uferbefestigungen evtl. noch gerechtfertigt. Handelt es sich aber um Löschteiche in kleinen Ortschaften oder um Campingplätze an Seen, so sollte man Saugstellen anwenden, welche gering im Aufwand und trotzdem ganzjährig einsetzbar sind. Eine Alternative dafür ist eine auf Betonfundamenten gestützte Saugleitung, welche vom Feuerwehrstandplatz direkt durch den Uferbewuchs ins Wasser auf den Grund geführt wird. Der sich am Ende anschließende Saugkorb befindet sich dann unmittelbar über dem Seegrund. Jetzt ist es möglich, das Saugrohr durch verschiedene geeignete Maßnahmen mit geringem Aufwand ständig eisfrei zu halten. Je nach den örtlichen Verhältnissen ist durch einen Fachkundigen (Planer), unter Berücksichtigung der Uferbeschaffenheit, das geeignete Verfahren zu bestimmen.

Problematisch wird es bei Saugstellen, welche zu hoch oder zu weit vom Saugkorb entfernt sind. Die Saugleistung des Feuerwehrfahrzeuges reicht dann nicht mehr aus und die Wassersäule bricht ab. In diesem Fall hilft nur noch die Stationierung einer Unterwasserpumpe, welche durch Knopfdruck an der Entnahmestelle aktiviert wird. Entsprechend der Weite und der Höhe kann die Leistung dieser Pumpe durch einen Fachplaner ermittelt werden.

Abb. 7 Professionelle, frostsichere und frei gehaltene Saugstelle (G. Knopf)

Mit dieser Unterwasserpumpe können Löschwasser-Entnahmestellen auf Steilhängen oder in sehr seichten Gewässern vorgehalten werden. Auch ist es möglich, eine bereits von der Pumpe vorinstallierte Leitung über längere Wegstrecken zu verlegen, um dann am zu schützenden Bauwerk die Löschwasser-Entnahmestelle vorzusehen. Bei Nutzung fließender Gewässer muss vom Betreiber ggf. ein Antrag auf Strom- und schifffahrtspolizeiliche Genehmigung für die Errichtung der Löschwasserentnahmestelle beim zuständigen Wasser- und Schifffahrtsamt bzw. Seeamt eingereicht werden. Diese Löschwasser-Entnahmestellen sind durch einen unabhängigen und anerkannten Sachverständigen abzunehmen.

2. Gesetzliche und versicherungsrechtliche Auflagen

Die brandschutztechnischen Forderungen des Gesetzgebers einzuhalten, ist eine wichtige und richtige Einstellung. Manchmal jedoch macht es Sinn, darüber hinaus zu gehen – und manchmal wird genau das privatrechtlich auch gefordert: so sind die präventiven Anforderungen an den Brandschutz von den Feuerversicherungen meist etwas oder gar deutlich höher als die gesetzlich geforderten Maßnahmen. Aber auch vom Unternehmen selbst kann es die moralisch oder wirtschaftlich artikulierte Forderung nach deutlich mehr Sicherheitsmaßnahmen in Richtung „Brandschutz" geben.

2.1 ArbStättV – Brandschutzforderungen für Unternehmen

Die Arbeitsstättenverordnung fordert Löschgeräte, die von der Belegschaft bei Entstehungsbränden angewandt werden können. Somit muss das Löschmittel quantitativ und qualitativ den jeweiligen Bedürfnissen entsprechen. Heimarbeitsplätze fallen hier nicht darunter; das heißt, wer – wie seit Corona üblich – von zu Hause aus arbeitet, der benötigt nicht unbedingt Handfeuerlöscher. Natürlich kann man sich welche anschaffen, gleiches gilt für die Löschsprühdosen; aber es ist eben keine gesetzliche Notwendigkeit. Die der ArbStättV nachgeordnete ASR A2.2 regelt dann unter anderem, welche und wie viele Löschmittel gestellt werden müssen. Die wesentlichen Punkte aus der ArbStättV in Richtung „Brandschutz" lauten (stichpunktartig):

- Fachkundige Gefährdungsbeurteilungen (auch Brandschutz) je Art des Arbeitsplatzes
- Mögliche Abhilfemaßnahmen abwägen bzw. umsetzen
- Gefährdungsbeurteilung, Abhilfemaßnahmen und Schulung erfolgen vor Arbeitsaufnahme
- Gefährdungen vermeiden – Restgefährdungen minimieren
- Werden die Inhalte der ASR umgesetzt, ist davon auszugehen, dass die Forderungen der ArbStättV erfüllt sind
- Weicht man von den ASR oder auch von TR ab, so ist zu belegen, dass diese alternativen Maßnahmen ebenso effektiv sind
- Behinderungen von Personen sind beim Sicherheitskonzept zu berücksichtigen
- Arbeitsstätten sind instand zu halten

- Festgestellte Mängel sind „möglichst“ unverzüglich zu beseitigen, ggf. ist die Arbeit einzustellen
- Sicherheitseinrichtungen wie Sicherheitsbeleuchtung, Brandmeldeanlagen, Handfeuerlöscher, Wandhydranten, Brandlöschanlagen, Notschalter, raumlufttechnische Anlagen u. a. m. sind regelmäßig zu überprüfen und ggf. instand zu setzen
- Verkehrswege, Fluchtwege und Notausgänge sind ständig freizuhalten, damit sie jederzeit benutzbar sind
- Beschäftigte (ggf. auch Besucher) müssen sich bei Brandgefahr unverzüglich selbst in Sicherheit bringen können
- Es ist ein Flucht- und Rettungsplan aufzustellen, wenn Lage, Ausdehnung und Art der Benutzung der Arbeitsstätte dies erfordern
- Dieser Flucht- und Rettungsplan ist auszulegen/auszuhängen
- Es muss in regelmäßigen Abständen Räumungsübungen geben
- Beschäftigte müssen ausreichend und angemessen nach der Gefährdungsbeurteilung in verständlicher Form und Sprache vor Arbeitsaufnahme informiert werden über:
  - bestimmungsgemäßes (das heißt auch: brandsicheres) Betreiben der Arbeitsstätte und Gerätschaften
  - allgemeine Brandschutzmaßnahmen
  - spezielle (arbeitsplatz- oder tätigkeitsbezogene) Brandschutzmaßnahmen
- Unterwiesen werden muss das richtige/sichere Verhalten in folgenden Situationen:
  - Normalfall
  - vorhersehbare Sonderfälle (Störungen, Unfälle, Brände)
  - Bedienung von Sicherheits- und Warneinrichtungen
  - Erste Hilfe
  - Innerbetrieblicher Verkehr
  - Brandverhütung (Prävention)
  - Verhalten im Brandfall (Löschen, Schalten, Fliehen, Alarmieren, …)
- Betriebliche Veränderungen machen ggf. unverzüglich neue Unterweisungen nötig
- Es muss Handfeuerlöscher geben
- Diese Handfeuerlöscher müssen leicht erreichbar und gut sichtbar sein

- Gaslöschanlagen müssen mit Warneinrichtungen versehen sein
- Gegebenenfalls muss es zusätzliche oder andere Handfeuermelder geben
- Gegebenenfalls muss es eine Brandmeldeanlage geben
- Fluchtwege ...
  - ... sind zu kennzeichnen
  - ... sind möglichst kurz und gerade zu halten
  - ... führen direkt ins Freie oder in gesicherte Bereiche
  - ... benötigen ggf. eine Notbeleuchtung (vgl. Gefährdungsbeurteilung)
- Türen in Fluchtwegen müssen sich in Fluchtrichtung einfach und händisch öffnen lassen
- In Notausgängen sind Karussell- und Schiebetüren nicht erlaubt
- u. v. a. m.

Diese Punkte sind für **alle** professionellen Arbeitsbereiche umzusetzen; sie gelten bei einer Würstelbude ebenso wie im Autohaus, in der Produktion ebenso wie im Rechenzentrum, im Büro ebenso wie in der Logistik.

2.2 Abweichungen von Regeln

Gesetze sind Gesetze – und Verordnungen oder Ordnungen sind als genauso verbindlich anzusehen; ihre Inhalte gilt es absolut einzuhalten. Doch „Regeln“ sind lediglich Regeln und (so bezeichnete) „Normen“ sind noch unverbindlicher. Regeln muss man nämlich nur in dem Maße, wie es von ihnen selbst gefordert wird, oder behelfsweise einhalten. Wie ist beides nun im betrieblichen Brandschutz umzusetzen? Ein Leitfaden mit Beispielen:

Fangen wir ganz oben an: Gesetz ist Gesetz und das ist absolut. Richter müssen sich an Gesetze halten, wollen sie sich nicht selbst strafbar machen. Doch geht es gerade bei der Strafmaßzumessung sinnvollerweise oft um ein Mehr oder Weniger, zumal Gesetze seitens der Justiz natürlich immer auch ausgelegt werden müssen und jeder Fall eine Einzelfallbetrachtung erfordert. Deshalb lauten Antworten von Juristen auf nur scheinbar simple Fragen auch nie „Ja“ oder „Nein“, sondern beginnen mit „Grundsätzlich“ oder „Es kommt darauf an“. Am Schluss sind fast immer mehrere Interpretationen möglich und unter veränderten Blickrichtungen auch nachvollziehbar. Allein die Beantwortung der Frage nach der Einstufung: „War das noch fahrlässig oder war das schon grob fahrlässig?“ verändert den Blickwinkel und auch den Paragrafen, nach dem ein Urteil zu fällen ist. Liberale Richter werden dennoch in beiden Fällen großzügiger urteilen als konservative. Beispielsweise sieht der

§ 306 des StGB für schwere Brandstiftung Bestrafungen von ein bis zehn Jahren vor und in minder schweren Fällen von nur sechs Monaten bis fünf Jahren: hier steht also die subjektive Einstufung „schwer“ oder „minder schwer“ im Vordergrund und anschließend gibt es bei der Höhe der Strafe jeweils den Faktor 10! Somit haben die Autoritäten im Gerichtssaal oftmals eine erhebliche Bandbreite in der Be- und somit auch in der Verurteilung.

Übrigens, berufsgenossenschaftliche Vorschriften sind als sogenannte „autonome Rechtsnormen“ den Gesetzen gleichgestellt, dürfen aber nicht „Gesetz“ genannt werden. Relevante BG-Vorgaben heißen „Vorschriften“ oder „Regeln“ – und auch hier ist es so, dass Vorschriften verbindliche Geltung haben und Regeln zwar in höherem Maße als interpretationsfähig einzustufen, aber dennoch ebenfalls umzusetzen sind.

Dann gibt es die für alle Unternehmen wichtigen vier bis fünf Verordnungen unterhalb des Arbeitsschutzgesetzes: a) Arbeitsstätten-, b) Betriebssicherheits-, c) Gefahrstoff-, d) Baustellen- und e) Biostoffverordnung. Während a), b) und c) für grundsätzlich alle Unternehmen Gültigkeit besitzen, ist d) lediglich bei Neu- und Umbauarbeiten einschlägig und e) lediglich für einige wenige Unternehmen mit speziellen Laborbereichen. Diesen fünf Verordnungen ist eine Vielzahl von einerseits konkreter werdenden, andererseits in der Verbindlichkeit nachrangigen Regeln untergeordnet: a) ASR, b) TRBS, c) TRGS, d) RAB und e) TRBA. Die aus dieser Aufzählung auf den jeweiligen Betrieb anzuwendenden Regeln muss man kennen, einhalten oder alternativ berücksichtigen. Über dieses „alternativ“ geht es hier. Speziell die ASR A1.3, ASR A2.2 und ASR A2.3 sind für Brandschützer relevant.

Technische Regeln verdeutlichen meist schon ganz vorne, dass ein Nachdenken über den Sinn der von ihnen konkret geforderten Maßnahmen durchaus erlaubt ist und wertvoll sein kann, denn sie beginnen praktisch alle wie folgt:

> *Diese Regel konkretisiert im Rahmen des Anwendungsbereichs die Anforderungen der vorgesetzten Verordnung. Bei Einhaltung der Regeln kann der Arbeitgeber davon ausgehen, dass die Anforderungen der vorgesetzten Verordnung erfüllt sind.*

Soweit ein fast wörtliches Zitat, wie es am Anfang praktisch jeder Regel immer steht; und dann geht es weiter (und eben dies findet sich in Verordnungen oder Gesetzen nicht):

> *Wählt man eine andere Lösung, muss man damit mindestens die gleiche Sicherheit und den gleichen Gesundheitsschutz für die Beschäftigten erreichen.*

Mit dieser Formulierung wird also ausdrücklich erlaubt, andere Wege zu gehen – was in einigen Fällen auch durchaus sinnvoll sein kann (in anderen wiederum nicht): dann wird es effektiver, effizienter und somit individuell besser und auch günstiger – im Idealfall sogar noch sicherer! Nur muss man dazu zum einen Ahnung von der jeweiligen Thematik und zum anderen auch etwas Mut zu Abweichungen haben. Denn man ist jetzt ja angreifbar und muss argumentativ belegen, dass Lösung B ebenso gut wie Lösung A ist oder war – und gerade nach Unfällen oder Bränden kann das zu Problemen führen, denn die diese Havarie bezahlende Gegenseite (Versicherung, Berufsgenossenschaft) wird die Situation naturgemäß anders betrachten. Schon liegt eine juristische Auseinandersetzung vor, deren Ausgang man nie sicher vorhersehen kann und die mit Problemen, Ärger und Kosten verbunden ist – oft über Monate und Jahre hinweg.

Mit dem Angebot zur Erlaubnis einer Abweichung relativieren sich also die konkret vorgeschlagenen Inhalte von Regeln: In der Regel macht man es so-und-so, aber unter Voraussetzung A kann von B abgewichen werden. Da man natürlich über den Sinn jeder Abweichung diskutieren und somit anderer Meinung sein kann, wagen manche Personen derartige Vorgehensweisen nicht, um sich nicht auf dünnes – ggf. zu dünnes! – Eis zu begeben. „In der Regel…“ bedeutet demnach, dass Abweichungen und Ausnahmen zugelassen sind. Das ist bei Gesetzen nicht so. Regeln lassen sich auch leichter ändern als Gesetze und Verordnungen, schon allein, weil hierfür weder Bundestag noch Bundesrat zustimmen müssen. Meist wirken fähige Fachleute bei solchen Abänderungen, Aktualisierungen und Verbesserungen in Regeln mit. Aufgrund des technischen Fortschritts ist dies auch sinnvoll, ja nötig.

Doch jeder Brandschützer *muss* sogar von Regeln abweichen, ob er oder sie sich das nun zutraut oder nicht, denn diese empfehlen (nicht: erzwingen) die folgenden Maßnahmen, die sich nunmal nicht alle gleichermaßen umsetzen lassen. Man muss eine Auswahl treffen und am besten vorab schriftlich begründen/festhalten, warum das eine getan und das andere unterlassen wurde:

- Mindestqualifizierung
- Keine Alleinarbeit
- Zweiter Fluchtweg baulich gegeben
- Feuerbeständige Wände
- Feuerhemmende T 30-Zugangstür
- Brandlast-Minimierung
- F 90-Gefahrstoff-Schränke

- Notbeleuchtung
- Brandmeldeanlage
- Mehr (geeignete) Handfeuerlöscher
- Gleichmäßigere Verteilung der Handfeuerlöscher oder aber das Gegenteil: Zentralisierte Verteilung der Handfeuerlöscher
- Mehr Brandschutzhelfer
- Bessere Unterweisung (länger, tiefer)
- Zusätzliche Feuerlöscheinrichtungen wie Fahrbare Löscher, Wandhydranten, F-Löscher, CO_2-Löscher
- Brandschutzmaßnahmen lt. TRGS 800 bei Tätigkeiten mit Gefahrstoffen (Anmerkung: hier sieht die vorgeschlagene Liste der möglichen Maßnahmen ähnlich aus wie hier)
- Von 35 m nach unten deutlich verkürzte Fluchtwege (< 20 m, 5–10 m)
- Trockene oder nasse Steigleitungen für Hydranten
- Automatische Raum- oder Objektlöschanlage bei zu hoher Eigengefährdung, wenn der Raum im Brandfall nicht mehr betretbar ist oder bei zu schneller Brandausbreitung
- u. v. a. m.

Man sieht also, dass mit Brandschutz beauftragte Personen eigenständig Entscheidungen treffen müssen – etwas, das erwachsene und Verantwortung tragende Menschen mehrfach täglich und viele praktisch im Zehn-Minuten-Takt zu absolvieren haben. Begriffe wie „richtig“ oder „falsch“ relativieren sich da schnell, denn es gibt ja nicht den einen, immer richtigen Königsweg. Wenn man Weg 1 geht und es keinen Brand gibt, ist das kein Beleg dafür, dass Weg 2 nicht auch sinnvoll gewesen wäre – und vielleicht hätte es auch noch vier weitere Möglichkeiten gegeben? Wahrscheinlich dürfte es Ihnen in diesem Zusammenhang helfen, die folgenden sechs Fragen solide zu beantworten:

1. Welche gesetzlichen, behördlichen und versicherungsrechtlichen Anforderungen gelten für diesen Bereich oder für diese Art von Arbeitsverfahren?
2. Welche Qualifikation haben die dort beschäftigten Personen (inklusive dem Reinigungspersonal)?
3. Welche Arbeiten (Normalbetrieb, vorhersehbarer Störfall, Reinigung, Wartung, ...) stehen dort an Anlagen und Gebäuden an?
4. Was ist bisher dort (negatives) passiert?
5. Was fordert die Gefährdungsbeurteilung?

6. Muss ich mit destruktivem Verhalten oder gar mit Brandstiftung (auch von außen) rechnen?

Zurück zur ASR A2.2 und TRGS 800 (bei beiden geht es ja unter anderem um die Einstufung der Brandgefährdung): Allein die Einstufungen, wann eine zu hohe Eigengefährdung im Brandfall vorliegt, wann ein Raum im Brandfall nicht mehr als betretbar gilt oder wann eine Brandausbreitung nicht mehr „schnell“, sondern „zu schnell“ ist, zeigen, dass wir Entscheidungen treffen und Auswahlkriterien anwenden müssen. Dabei ist jede Person nicht selten am Abwägen und Zweifeln darüber, welche Einstufung den Zuschlag erhalten soll. Das wird manchmal aus fachlichen und manchmal aus pekuniären Gründen unterschiedlich ausfallen. Wieder an anderen Stellen wird es auch aus Gründen der gegebenen räumlichen Verhältnisse anders ausfallen. Fazit: Wir werden es immer mit einem Kompromiss zu tun haben, der angreifbar ist – wenn jemand es drauf anlegen will. Es ist also infantil, an seinen Beruf als Brandschutzbeauftragter mit der Einstellung heranzutreten, „alles“ umzusetzen, damit einem persönlich sicher nie Probleme entstehen.

In der ASR A2.2 ist die Wartung von Handfeuerlöschern nicht mehr absolut auf zwei Jahre begrenzt. Auch das ist sinnvoll, denn hochwertige Löscher halten auch vier, im Extremfall sogar zehn Jahre ohne Wartung und bleiben funktionsfähig. Warum der Ausschuss für Arbeitsstätten (ASTA) beim Bundesministerium für Arbeit und Soziales in seiner Mitteilung vom 12.09.2022 dann die Haltbarkeit von Löschspraydosen auf 39 (ja: neununddreißig!) Monate begrenzt und damit absolut und nicht relativ vorgibt, mag der fortgeschrittenen Stunde der Entscheidung geschuldet gewesen sein und darf als unnötig oder hilflos gewertet werden. Überlassen wir es doch den Herstellern, festzulegen, wie häufig und wie tief deren Technik eine Wartung benötigt.

Bewegen wir uns von den Regeln jetzt einmal weg und überlegen uns, was denn die Grundlage für Regeln darstellt: Regeln entspringen den Normen. Normen sind privatrechtlich und von Interessenvertretern entworfen. „Norm“ kommt von „normal“; eine Norm definiert also, was üblich ist und was mindestens 51 % der Menschen oder Unternehmen heute als Standard ansehen. Es gibt viele Normungen – die wesentlichen Arten sind DIN, DIN EN, CE, CEN, CENELEC, ISO und CEA mit deutscher, europäischer und weltweiter Zuständigkeit. Normen machen schlicht Sinn, damit das nationale und internationale Zusammenleben ermöglicht oder vereinfacht wird. Fünf Beispiele hierzu: Erstens, die Papiergröße DIN A4 (ISO 216, DIN 476) ermöglicht den Herstellern von Papier, Aktenordnern, Kopierern und Lochern ein problemloses Gestalten der Abmessungen ihrer Produkte, damit diese miteinander harmonisieren. Zweitens, gleich breite und gleich geformte Eisenbahnschienen (DIN EN 13674 und 16273) ermöglichen, dass Eisenbahnen technisch problemlos über Landesgrenzen hinweg weiterfahren können und auch die Statik stimmt. Drittens, zusammenpassende Größen für Schrauben, Bohrer und Dübel bzw. Schraubenmuttern (DIN 7971, 7969 u.a.m.) sind für Handwerker und Heimhandwerker absolute Grundvoraussetzungen; ebenso wie viertens, Verbindungselemente für Leuchtmittel und zugehörige Fassungen (E 14, E 27 usw.) oder fünftens, passende Herstellung von Autoreifen zu den Autofelgen (DIN 7817, 7820 usw.). In vielen Fällen macht es einfach Sinn, sich an Normen zu halten – um seine Produkte überhaupt verkaufen zu können.

Normen sind also die Grundlage von Regeln, damit die Produkte harmonisch zueinander passen. Kein Unternehmen braucht jedoch die europäische Handfeuerlöscher-Norm DIN EN 3 – aber alle brauchen die z. T. daraus hergeleitete ASR A2.2! Diese Norm benötigen lediglich die *Hersteller* von Handfeuerlöschern. Ein Beleg einerseits dafür, wie wichtig Normen sind – aber auch ein Beleg dafür, zu erkennen, wie wenig wichtig sie oftmals für den betrieblichen Praktiker sind, denn der benötigt eben klare Regeln und keine Normen.

Eine Ausnahme für Brandschützer mag die DIN 14096 (Erstellen der Brandschutzordnung) sein, denn hierzu gibt es leider (noch) keine nachgeordnete Regel. Doch nun wird es juristisch interessant, und zwar auf höchstem Niveau – zu DIN-Vorgaben sagte der BGH (Az. VII ZR 184/97) nämlich schon 1998: „DIN-Normen sind keine Rechtsnormen, sondern private technische Regelungen mit Empfehlungscharakter.“ Es handelt sich also um freiwillige Standards und ihr Zweck ist es nicht, Unternehmen zu gängeln oder sie bei Nichteinhaltung juristisch zu belangen. Primär geht es um sinnvoll standardisierte Maße. Mit diesem Argument ist die DIN unter anderem für Brandschutzordnungen völlig unverbindlich – etwas, das aber viele Brandschützer nicht wissen oder glauben (wollen): Sie halten sich bei der Erstellung der Brandschutzordnung sklavisch an diese DIN 14096, auch wenn die Empfehlungen für deren Teil C teilweise falsch oder uneffektiv sind und es auch zu Teil A und B längst deutlich verbesserte Vorschläge gäbe. Teil C ist nämlich ausschließlich für Personen, die im Brandfall besondere (wichtige, autoritäre) Aufgaben haben, so sieht es diese DIN vor; doch sie schreibt hier im Teil C auch etwas von Brandschadenprävention – das gehört eindeutig in die Teile A und B, nicht in C! Wichtig wäre, zu regeln, dass vorgesetzte Personen (also Befehlsgeber) wissen, was primär und was sekundär zu entscheiden ist, was hintereinander und was parallel ablaufen kann; dann muss man das auf Hochhäuser, auf Industriehallen, auf Versammlungsstätten oder auch große Möbelhäuser individuell umlegen. Doch nichts davon findet sich in der total veralteten DIN 14096.

DIN-Ersteller sind – noch einmal – Interessensvertreter; sie erhalten für ihre Arbeit keine Bezahlung und kommen deshalb meist von sehr großen Unternehmen. Das primäre Interesse großer Unternehmen ist es, noch größer zu werden, das heißt pekuniäre Beweggründe stehen nicht ganz hinten an. Beispiel Rauchmelder: Technik altert und somit auch Rauchmelder; nun werden ältere Rauchmelder im Normalfall eher fehlalarmträchtig als detektionsblind – heißt, die Erkennung eines Brands erfolgt immer noch früh- und damit rechtzeitig. Doch die aktuelle DIN 14675 für Rauchmelder besagt:

> *„Wird bei der jährlichen Überprüfung der Funktionsfähigkeit eines Brandmelders ein vom Hersteller vorgegebenes Prüfverfahren verwendet, mit welchem das […] festgelegte Ansprechverhalten überprüft und nachgewiesen werden kann, so kann der Brandmelder bis zu dem Zeitpunkt im Einsatz bleiben, bei dem eine nicht zulässige Abweichung festgestellt wird."*

Es ist also eine Empfehlung unter bestimmen Voraussetzungen, kein absolutes Muss, Rauchmelder nach acht Jahren auszutauschen. Man verkauft ja auch nicht sein Auto nach acht Jahren oder kauft einen neuen Kaffeeautomaten, sofern die Gerätschaften intakt und gewartet sind.

Gute, mutige Brandschutzbeauftragte lassen deshalb nicht pauschal alle acht Jahre die Melder für einen fünfstelligen Betrag austauschen. Zögerliche, das heißt entscheidungsträge und ängstliche Brandschutzbeauftragte hingegen leider schon – es ist ja nicht ihr Geld, sondern das der Firma. Es mag Bereiche geben, in denen ein Austausch (ggf. schon nach drei Jahren!) sinnvoll ist. Meistens ist das jedoch nicht der Fall.

Ich möchte alle Brandschutzbeauftragten ermutigen, von DIN und Regeln immer dann abzuweichen, wenn es Sinn macht, die gleiche Sicherheit bringt und effektiver/effizienter bzw. deutlich preiswerter ist.

Nehmen wir z. B. einen bäuerlichen Betrieb, bei dem es in den Stallungen zu einem Entstehungsbrand kommt. Weil der Handfeuerlöscher im Freien hängt, wurden ABC-Pulver gewählt. Brennt es und wird nicht zügig entraucht oder gelöscht, werden die im Stall verbleibenden Tiere synergistisch durch Rauch und Pulver getötet, bevor sie verbrennen. Hat man indes im

Stall innen bei den Eingangsbereichen fest montierte Gartenschläuche mit ebenfalls fest montierten Schläuchen und verstellbaren Mundstücken (oder, noch besser: Wandhydranten), so wäre das nicht nur alternativ und abweichend zur ASR A2.2, sondern eben deutlich besser und über die Jahre hinweg sogar preiswerter! Wer jetzt argumentiert, dass Schläuche und Mundstücke entwendet werden können, dem halte ich entgegen, dass es auch möglich ist, Handfeuerlöscher zu manipulieren oder gar zu stehlen.

Abb. 8 Diese Löschmethode ist völlig nutzlos, solange man nicht die Möglichkeit hat, das Wasser auch gezielt an die richtige Stelle zu bekommen. (Friedl)

Konkret möchte ich den Kolleginnen und Kollegen Mut machen, eigene Meinungen zu entwickeln und zu diesen auch zu stehen: Wenn jemand eine von einer Regel abweichende Idee hat, die wirtschaftlicher und auch individuell besser ist, dann setzt man das um. Das mag auch damit zu tun haben, dass man einerseits über Fachwissen, andererseits über Persönlichkeit verfügt. Es macht natürlich Sinn, sich umfassend vorzubereiten und gut zu informieren – sich mit anderen (Feuerwehr, Versicherung, internen und externen Kollegen, anderen aus der Belegschaft und der BG) abzustimmen. Natürlich gibt es auch dort überall Personen ohne die nötige Persönlichkeit, ohne Interesse daran, sich eine Meinung zu bilden oder gar für das Unternehmen an wirtschaftlicheren Projekten mitzuwirken; diese Personen werden dann auch ängstlich oder sie haben schlicht keine Lust, sich aktiv am beruflichen Leben zu beteiligen. Doch das sollte die Ausnahme und nicht die Regel unter der arbeitenden Bevölkerung sein (das hoffe ich jedenfalls und wünsche es mir).

Der weltweit bekannte, deutschtypische sogenannte „vorauseilende Gehorsam“ schlägt hier voll zu. Wir sind Weltmeister im Abschließen von Versicherungen, weil wir die selbst in den USA so genannte „German Angst“ in uns tragen. Es könnte ja doch mal sein, dass A oder B eintritt – und für diese unrealistischen und unabwendbaren Fälle wollen wir gerüstet sein; die realistischeren Gefahren indes werden übersehen oder ignoriert. Dass diese Mentalität auch grundlegend ein paar wenige Vorteile hat, liegt auf der Hand. Doch es gibt so viele nicht vorhersehbare negative Situationen und wir schützen uns gerade mal gegen ein paar wenige – und zwar gegen die, die wir überängstlich im Fokus haben. Sinnvoll? Nein. Abänderbar? Wohl nur über Generationen. „Leben ist das, was passiert, während wir anderes planen“, so ein geflügeltes Wort von John Lennon. Problematisch ist eben, dass wir oftmals so genau auf die Korrektheit der dritten Stelle nach dem Komma achten, aber dabei übersehen, dass sich womöglich bereits das Vorzeichen geändert hat. Vergessen wir nicht, dass es sehr viele und völlig unterschiedliche Gefahren (auch im Brandschutz) gibt, die unser Unternehmen bedrohen. Wer bei seiner aus 35 Elementen bestehenden Grundstückseinfassung alle 35 davon hoch und stabil auslegt, aber dann das hintere Eingangstor zu schließen übersieht oder nicht erkennt, dass man unterhalb des oben mit Stacheldraht versehenen Einfahrtstors problemlos hindurchkriechen kann, der darf sich nicht wundern, wenn sein gesamtes Schutzkonzept wie ein Kartenhaus zusammenbricht. Konkret: Was nutzt denn die Sprinkleranlage, wenn Maschinenbruch die Hauptproduktionsanlage zerstört, Sturm das Dach abdeckt, Hochwasser das Gebäude flutet, Sabotage die Stromversorgung unterbricht oder Streik die gesamte Produktion am Standort lahmlegt? Nichts davon hat mit Brandschutz zu tun, aber all diese schlimmen Ereignisse sind existenzbedrohend. Das soll natürlich nicht bedeuten, keinen abwehrenden anlagentechnischen Brandschutz zu betreiben. Nein, das bedeutet, allumfassend und mit souveränem Blick abzuwägen, was nötig (gefordert) und was darüber hinaus sinnvoll ist an Maßnahmen zur Unternehmensabsicherung. Das immer noch nicht allen bekannte Gesetz zur Kontrolle und Transparenz im Unternehmensbereich (KonTraG) fordert übrigens, dass

Unternehmen „existenzbedrohende“ Risiken in einem Bericht abarbeiten, um Gegenmaßnahmen einzuleiten; dabei sind auch selten vorkommende Ereignisse zu berücksichtigen, zu denen nicht nur die eben erwähnten negativen Situationen gehören, sondern verständlicherweise noch deutlich mehr. Doch bleiben wir beim Brandschutz: Wir müssen präventive und kurative Maßnahmen treffen, die jeweils greifen und schadenmindernd, im Idealfall schadenvermeidend, mindestens aber brandschadenlöschend sind und dabei einen vertretbar geringen Löschmittelschaden anrichten. Dass diese vielen und unterschiedlichen Maßnahmen bei einem Recyclingbetrieb – auch aufgrund der anderen Klientel der Belegschaft – anders aussehen als im Rechenzentrum der Deutschen Flugsicherheit, liegt auf der Hand. Auch dass abwehrender Brandschutz in einem OP-Raum anders organisiert ist als in der Verwaltung, im Lager, in der Tiefgarage, in der Großküche oder in den unterschiedlich möglichen Produktionsbereichen, leuchtet jedem ein.

Der folgende Tipp ist für alle, die Angst vor eigenen Entscheidungen haben und von Regeln oder gar Normen sich nach wie vor nicht abzuweichen trauen: Sprechen Sie mit Personen, deren Schultern aus Ihrer Sicht tragfähiger sind als die eigenen. Senden Sie eine ganz konkret fragende E-Mail an den Branddirektor der nächsten Stadt, an die Berufsgenossenschaft und auch an den Feuerversicherer. Laden Sie diese Leute zu sich ein und besprechen Sie konkrete Situationen vor Ort – und Sie werden erleben, dass es auch dort ein breites Spektrum an Fachleuten gibt. Manche trauen sich ebenfalls nicht, Stellung zu beziehen, müssen es aber schlichtweg. Der Feuerwehrmann von der Abteilung VB wird seinen Chef befragen, um Ihnen schließlich eine belastbare Antwort zuzusenden. Die mag jetzt für Sie positiv oder negativ ausgehen, aber „negativ“ ist ja auch als positiv zu werten, denn immerhin haben Sie jetzt gegenüber der Geschäftsleitung genügend Argumentationshilfe, eben die eine oder andere Maßnahme doch durchzudrücken – oder aber im positiven Fall haben Sie jetzt Rechtssicherheit und können mit höchster Wahrscheinlichkeit, so es dennoch mal brennt, weder vom Versicherer noch von der Staatsanwaltschaft größere Probleme bekommen. „Sie haben mir bewiesen, dass sie nachgedacht haben“, so einmal ein begründeter Freispruch von einem Richter nach einer Klage aufgrund einer Havarie.

Was ich Ihnen vermitteln möchte: Seien Sie mutig, aber nicht übermütig. Vertrauen Sie auf Ihren gesunden Menschenverstand und logische Argumente. Verschanzen Sie sich nicht feige hinter schwammigen Artikulationen und meinen Sie bitte nicht, problemlos durchs Leben zu kommen, wenn Sie keine Entscheidungen treffen. Sie sind Brandschützer und das bedeutet, Sie müssen konkret werden und werten können und dürfen nicht bei der ersten Gegenargumentation nach- oder aufgeben. Nicht maximaler Brandschutz ist anzustreben, sondern optimaler Brandschutz. Es geht auch nicht darum, um jeden Preis im Recht zu bleiben, wie in der Politik – wo man nicht konstruktiv miteinander diskutiert, sondern verletzend-primitiv debattiert und diffamiert. Man verliert sein Gesicht nicht, wenn man auf seiner Meinung beharrt – man verliert es, wenn man nicht die menschliche Größe hat zuzugeben, wenn andere einmal die überzeugenderen Argumente vorbringen. Ja, es geht darum, Argumente und Gegenargumente abzuwägen. Halten Sie Entscheidungen schriftlich fest, ggf. mit einer Liste, auf der Sie die Pros und Contras aufführen und dann begründen, warum Sie zu Ihrer Entscheidung kommen. Das geht auch im Rahmen einer ASA-Sitzung oder einer Gruppe, die an den Gefährdungsbeurteilungen arbeitet.

2.3 ASR A2.2 – Maßnahmen gegen Brände

Wer jetzt meint, dass der Anhang dieser Regel doch grundlegend gut sei, dem sei gesagt, dass eine automatische Brandlöschanlage für eine kleine Polsterei (ein Beispiel dieser ASR) oder auch ABC-Pulverlöscher für Büros (zwei Beispiele dieser ASR) nicht korrekt sind und auch den Vorgaben weiter oben in dieser Regel widersprechen. Am Ende von 5.2 steht in dieser ASR, dass mögliche Löschmittelschäden zu berücksichtigen sind. Ähnliches lässt sich auch über die beiden Beispiele im Anhang sagen, wo ausschließlich AF-Löscher oder ABF-Löscher für Küchen mit Fritteusen Sinn machen würden – doch auch dort werden noch die inzwischen unüblich gewordenen ABC-Löscher empfohlen. Das darf nicht passieren, denn wenn unsichere Brandschutzbeauftragte sich obrigkeitshörig daran halten, geht das evtl. schrecklich schief. Übrigens werden im Anhang zur ASR A2.2 auch für ein 600 m^2 kleines Lager zehn Wasserlöscher empfohlen; wer das umsetzt, versteht nichts von Brandschutz und wer das – sorry, Kollegen! – erstellt hat, lebt nicht im Hier und Jetzt. Grundlegend ist der Text (der Text, nicht der fehlerbehaftete Anhang!) der ASR A2.2 jedoch akzeptabel.

Abb. 9 Diese Menge an brennendem Holz bekommt man mit lediglich 1 LE gelöscht; moderne Handfeuerlöscher haben meist 9 LE. (Friedl)

Ein Büro mit 200 m^2 benötigt laut ASR A2.2 insgesamt 12 LE, eines mit 500 m^2 doppelt so viele, nämlich 24 LE. Ob die Brandgefahr sich bei einer Flächenvergrößerung von 250 % wirklich verdoppelt, darf kritisch hinterfragt werden. Wenn in einem Büro 20 und in einem anderen Büro 40 Aktenordner als Brandlast vorhanden sind, sehe ich als Ingenieur für Brandschutz lediglich rechnerisch eine brandschutztechnisch völlig bedeutungslose Verdoppelung der Brandlasten – aber eben *keine* Veränderung der real existierenden Brandgefahr. Jeweils ein Handfeuerlöscher für die Brandlast-Art A und Elektrogeräte (früher E, also CO_2) wären hier völlig ausreichend. Ob man wirklich für B (flüssig werdende Stoffe) ein Löschmittel braucht, darüber sind sich selbst die Ersteller der ASR A2.2 uneins, denn in den Beispielen sind zwei Büros genannt und einmal steht dort „A" und einmal „A und B" – in beiden Fällen empfehlen sie dann fälschlicherweise das hochzerstörende ABC-Pulver! Hat ein Handfeuerlöscher 6 LE, braucht man also bei 24 LE insgesamt vier Stück auf 500 m^2 Bürofläche – wäre die Fläche rund, wäre der größte Abstand unter 13 m, nach innen gemessen (wo der Fluchtweg liegt); wäre sie rechteckig (20 m zu 25 m, baurechtlich korrekt), wäre der Abstand ähnlich gering. Übrigens empfehle ich in einem Lager AB-Schaum (heute: fluorfreie Löschmittel); denn Verpackungen oder Kisten und deren Inhalte sind oft aus Kunststoff, und flüssig werdende Stoffe fallen nun mal unter B, nicht unter A.

Mein Beruf nennt sich „Beratender Ingenieur", das ist ein geschützter Begriff und das bedeutet, ich darf ausschließlich richtiges, aktuelles Wissen und keine Produkte verkaufen. Das mache ich jetzt und hier für Sie. Der Verkäufer von Handfeuerlöschern muss nicht so fair sein. Mehr ist mehr für ihn. Daher mein Tipp: Erstellen Sie eine Gefährdungsbeurteilung, listen Sie alle baulichen, anlagentechnischen und organisatorischen Brandschutzmaßnahmen auf, die es präventiv und kurativ gibt. Ziehen Sie die richtigen Schlüsse und begründen Sie damit, weshalb Sie weniger Handfeuerlöscher für exakt die gleiche Sicherheit für ausreichend halten. Nun gebe ich Ihnen noch weitere Argumente, sieben an der Zahl und die Reihenfolge der Auflistung ist keine Wertung:

1. Die Belegschaft ist verpflichtet, Entstehungsbrände zu löschen, jedoch keine stark brennenden, viel Rauch erzeugenden oder unübersichtlich gewordenen Brände. Entstehungsbrände definieren sich wie folgt: geringe Rauchentwicklung, kaum spürbare Wärme, freie Sicht auf den Brandherd, eine gefahrlose Annäherung an diesen ist möglich. So ein Feuer kann man eigentlich auch mit einer halben Flasche Mineralwasser löschen. Brennt es heftiger, müssen wir nicht löschen.
2. Wandhydranten sind eigentlich nie nötig, denn für Entstehungsbrände reichen Handfeuerlöscher. Wandhydranten sind leistungsfähiger und haben, anders als Handfeuerlöscher, eine unendliche Löschmittelquelle und man kann den Brand aus deutlich größerer Entfernung löschen. Wenn so etwas nötig wird, handelt es sich nicht mehr um Entstehungsbrände und man muss sich überlegen, ob die Belegschaft das eigene Leben wirklich bei solchen Bränden riskieren soll; Flucht kann sinnvoller sein und das Löschen wird den Profis überlassen. Bitte Mut niemals mit Dummheit oder Übermut verwechseln!
3. Eine Löschmitteleinheit (1 LE) kann ein Feuer mit einem Volumen von 0,14 m^3 (= 114 l) löschen; davon sind 50 % Luft und 50 % Holz. Wenn ein Handfeuerlöscher 6 LE hat, so kann man damit sogar ein Volumen von 0,588 m^3 oder 588 l (mit 294 l Volumen Holz) löschen. Das ist kein Entstehungsbrand mehr, denn ein Papierkorb mit 10 l Volumen wäre z.B. ein Entstehungsbrand. Haben wir 29 solcher Papierkörbe nebeneinander, so kann man diese also mit 6 LE löschen. Fazit: Handfeuerlöscher sind völlig überdimensioniert – und dann auch noch so viele davon zu haben, ist, als ob man einen Suppenwürfel mit einem Tieflader vom Supermarkt nach Hause fährt. Meist reicht eine (heute schon erlaubte) gute Löschspraydose für Entstehungsbrände.

4. Wer die unter „3." aufgeführten LE von 1 auf 5 hochrechnet, wird merken, dass 114 l mit 6 multipliziert 684 l ergibt und nicht 588 l. Diesen mathematischen Fehler sollte man einmal in der ASR A2.2 verändern, oder die LE gleich abschaffen und das Löschvermögen ansetzen. Ich empfehle, Handfeuerlöscher mit 9 LE anzusetzen. Nicht, weil diese 0,756 m^3 Volumen (50 % davon Holz, 50 % Luft) löschen können. Sondern weil das Löschmittel noch wirksamer ist – das heißt, es reicht oftmals ein kurzer Stoß und das Feuer ist aus.
5. Der ministerielle ASTA-Erlass von 2022 erlaubt Löschspraydosen ab 2 LE unter definierten Voraussetzungen. Somit kann man 0,224 m^2 (also 224 l, davon wieder je 50 % Holz und Luft) löschen. 2 LE ist also eine großartige Leistung für eine Spraydose mit vielleicht 500 ml Volumen. Damit kann man also ca. 22 brennende 10-l-Papierkörbe hintereinander löschen. Sinnvoll wäre es, mit der Zählung bereits deutlich unter 1 LE zu beginnen. Wir setzen Fahrzeuge ja auch nicht erst ab einer Stundenleistung von 260 km als „akzeptabel" an.
6. Rauch ist das Gefährliche bei Bürobränden; was auch sonst? Was außer Strom sollte denn die Zündquelle sein, wenn die Belegschaft auf 20, 200 oder 510 m^2 am PC sitzt oder sich bespricht? Man soll demnach CO_2-Löscher favorisieren, denn nur diese können schnell und sicher einen PC oder einen Kabelbrand löschen. Wenn es aus dem Doppelboden oder der abgehängten Decke raucht, verlassen wir alle zügig den Bereich, rufen die Feuerwehr und schließen zum Blockieren der Rauchgase hinter uns die Türen. Ein Öffnen von Fenstern oder RWA-Öffnungen im Brandraum wäre übrigens eher produktiv als negativ – dies aber nur ohne zeitlichen Verzug, sprich ohne Eigengefährdung.
7. Betrachten Sie jetzt Ihre Betriebsküche – hier gibt es nämlich keine Löschmitteleinheiten für Fettbrände; und nichts außer Pfannen oder Fritteusen wird dort je brennen. Löschspraydosen schaffen meist 5 l Fettbrand, Handfeuerlöscher gibt es mit 25, 40 oder sogar 75 l Löschleistung. Bitte lesen Sie noch einmal die Definition für Entstehungsbrände. Wenn 40 l heißes Fett (und nur heiß kann es überhaupt brennen) brennen, sollen alle hinausgehen und nichts riskieren. Optisch bleibende Entstellungen, Behinderungen oder der Tod können die Folge bei falschem Verhalten sein. Doch selbst hier sind Fehler enthalten, denn eine brennende Fritteuse mit der Fläche eines DIN-A3-Blattes kann man sehr wohl mit einer geeigneten Löschspraydose löschen. Dem Brand ist es dabei nämlich egal, ob sich 5 l oder 55 l heißes Fett darunter befinden!

Zu Punkt „7." noch eine Ergänzung bzw. Wiederholung: Schaum, ABC-Pulver und Löschdecken entsprechen seit weit über 20 Jahren nicht mehr dem Stand der Technik in Betriebsküchen. Damit kann man mehr Schaden als Nutzen anrichten und bei falschem Verhalten sogar Menschen töten! Sofern diese bei Ihnen vorhanden sind, bitte besser heute als morgen gegen AF-Löscher (ggf. auch ABF-Löscher) austauschen. Warum ich das jetzt ein drittes Mal schreibe: Das ist lebenswichtig und ernst zu nehmen! Wasserlöscher oder Wandhydranten sind dort ohnehin tabu. Aber auch die heutigen (fluorfreien) Schaumlöscher können bei falscher Anwendung in Küchen Tote erzeugen, was aufgrund der früheren Technik dieser Löscher in den 90er-Jahren nicht möglich war.

2.4 Mut zu weniger Handfeuerlöschern

Warum schreibt ein Brandschutzingenieur, man möge bitte – unter definierten Randbedingungen, an ausgesuchten Stellen – weniger Handfeuerlöscher bereithalten? Wäre das nicht die Rolle eines knallharten oder wenig intelligenten Wirtschaftsberaters von außerhalb – der für viel Geld Menschen und Material einspart, Produktionen und Arbeitsplätze außerhalb des Landes verlagert und auch noch stolz darauf ist? Lesen Sie weiter…

Es ist logisch, dass ein Büro mit 48 m^2 (6 m zu 8 m) zwar laut Bauordnung, nicht aber in der Brandgefahr anders einzustufen ist als ein Büro mit 480 m^2 (20 m zu 24 m). Bei einer Verzehnfachung der Fläche steigt die Brandgefahr nicht an, oder jedenfalls nur minimal durch die höhere Quantität der Elektrogeräte und nicht um das rechnerisch Zehnfache – auch das ist bei korrektem Umgang und guter Wartung nach DGUV Vorschrift 3 und VdS 3602 nicht zu erwarten. Das kleine Büro mit knapp 50 m^2 benötigt nach der aktuellen ASR A2.2 einen Handfeuerlöscher mit mindestens 6 Löschmitteleinheiten und das große dreieinhalbmal so viele Löschmitteleinheiten, 21 LE! Wenn beide Büros jedoch nur einen Handfeuerlöscher am Eingang hätten, wäre das – meine ich – voll ausreichend. Noch sinnvoller wäre es, einen 5-kg-Gaslöscher (CO_2) für Gerätebrände und einen Wasserlöscher für Feststoffbrände bereit zu halten. Wobei man die Frage stellen darf, welche Feststoffe denn im Büro brennen sollten und ob man diese im Entstehungsstadium nicht auch mit Kohlenstoffdioxid löschen könnte? Wenn man vier Löscher à 6 LE (oder drei à 9 LE) im größeren Büro fordert, so erhöht das den Umsatz des Unternehmens, das die Feuerlöscher produziert und liefert – es erhöht aber nicht den Schutz vor Feuer. Selbst mit zwei Löschern mit lediglich 6 LE und einem mit 9 LE (zusammen also werden gerade so die 21 LE erreicht) benötigt man immer noch drei und nicht einen Handfeuerlöscher.

Brände passieren relativ selten. Sehr selten sogar. Nun ist andererseits jeder Brand exakt einer zu viel – und jedes Mal sind Menschen und Sachwerte gefährdet. „Wenn man den Sumpf trockenlegen will, darf man nicht die Frösche um konstruktive Hilfe bitten" – soweit ein bekanntes und natürlich aufgrund von Eigeninteressen nachvollziehbares Sprichwort. So ist es auch in Unternehmen: Wer sich von Firmen beraten lässt, die Handfeuerlöscher verkaufen, sollte sich nicht darüber wundern, dass diese ihm natürlich lieber einen mehr als einen weniger empfehlen. Besser ist es natürlich, 50 Stück mehr zu verkaufen – das bringt gewaltig Umsatz und mit der Weitergabe von eingekauften Waren ist mehr zu verdienen als mit den abgerechneten Arbeitsstunden. Zukünftig sind dann auch deutlich höhere Gewinne durch den größeren Wartungsaufwand zu erzielen. Somit ist der Brandschutzbeauftragte in der Pflicht, für sein Unternehmen sinnvolle und optimale, aber eben nicht überzogene und maximale Lösungen zu finden.

Konstruieren wir einmal zwei besondere Beispiele, die verdeutlichen, wie man Geld sparen kann und – ganz wichtig – das sicherheitstechnische Niveau dennoch gleichermaßen hoch hält. Das ist auch wichtig, weil die Technischen Regeln ja meist mit folgenden, oben bereits zitierten einleitenden Sätzen beginnen:

> *Diese Regel konkretisiert im Rahmen des Anwendungsbereichs die Anforderungen der vorgesetzten Verordnung. Bei Einhaltung der Regeln kann der Arbeitgeber davon ausgehen, dass die Anforderungen der vorgesetzten Verordnung erfüllt sind. Wählt man eine andere Lösung, muss man damit mindestens die gleiche Sicherheit und den gleichen Gesundheitsschutz für die Beschäftigten erreichen.*

Damit können, sollen und – ganz wichtig – dürfen wir uns aktiv einbringen und verändern. Wir können gestalten, jonglieren und dem Unternehmen nicht nur Geld kosten, sondern auch sparen helfen!

Konkret dazu ein Beispiel: Die ASR A2.2 ermöglicht seit 2017, dass nebeneinander liegende, aber unterschiedliche Unternehmen gemeinsam Handfeuerlöscher verwenden können, so sie für alle zugänglich sind und die übrigen Randbedingungen (richtiges Löschmittel, Brandschutzhelfer, Entfernung nicht über 20 m usw.) auch erfüllt sind. Die Landesbauordnung erlaubt Großraumbüros mit nahezu beliebiger Größe (entgegen der manchmal fälschlicherweise geltenden Meinung auch über 400 m^2), aber nach 40 m muss es in 15 von 16 Bundesländern eben eine Brandwand geben und somit können grundsätzlich offene Flächen von 1.600 m^2 realisiert werden. Ob man das umsetzt, ist eine andere Frage, darum geht es hier nicht. Fakt ist, dass so große Flächen erlaubt sind. Auf 1.600 m^2 Bürofläche sind nach ASR A2.2 insgesamt 54 LE und auf 400 m^2 gleichartig genutzter Fläche 18 LE nötig. Nun ist mathematisch 4 × 18 ja 72, aber es macht Sinn, hier von 72 auf 54 nach unten zu gehen. Man könnte aber – dazu später mehr – noch deutlich weiter nach unten gehen, ohne dass die Sicherheit auch nur marginal darunter leiden würde! Stellen wir uns also vor, dass Konzern A 1.600 m^2 Bürofläche hat und dort somit 54 LE vorhalten muss. Ein guter AB-Schaumlöscher mit 6 kg leistet heute mindestens 9 LE, also benötigt man sechs Stück davon und, so die Feuerversicherung das in der VdS 2046 fordert, für die Serverräume und mögliche Brände an Elektrogeräten auch noch mindestens einen CO_2-Löscher. Intelligent-kritische Brandschützer werden sich jetzt fragen, warum man einen kleinen Entstehungsbrand in einem Büro mit sechs Handfeuerlöschern besser bekämpfen können soll als mit einem oder zwei. Stellen wir uns weiter vor, dass sich in dem 40 m zu 40 m Büro exakt mittig der Treppenraum befindet, dann ist auch von kaum einer Stelle der Weg zum ggf. einzig vorhandenen Handfeuerlöscher weiter als 20 m.

Doch jetzt kommt die juristisch möglichst saubere Pointe – die ASR A2.2 erlaubt nämlich unter Punkt (3) am Ende von 5.2 folgendes:

> *„Sind in einem Gebäude Arbeitsstätten verschiedener Arbeitgeber vorhanden, können vorhandene Feuerlöscher gemeinsam genutzt werden. Dabei hat jeder Arbeitgeber sicherzustellen, dass für seine Beschäftigten der Zugriff zu den erforderlichen Feuerlöschern jederzeit gewährleistet ist."*

Zurück zum konstruierten Beispiel: Wenn also ein Arbeitgeber dort die 1.600 m^2 nutzt, sind 54 LE nötig, auf Handfeuerlöscher mit unterschiedlichen LE-Leistungen verteilt (also sechs Stück à 9 LE oder neun Stück à 6 LE). Sind jetzt aber vier Unternehmen auf der gleichen, untereinander ja offenen Fläche (oder auch untereinander abgetrennt, wenn die Handfeuerlöscher korrekt nach ASR A2.2 am Ausgang befestigt sind) eingemietet, so sind nur 18 LE je 400 m^2 nötig. Diese könnte man mit zwei Löschern à 9 LE abdecken oder laut offiziellem ASTA-Beschluss aus dem Ministerium für Arbeit und Soziales auch mit einem Löscher mit 6 LE und sechs Löschspraydosen à 2 LE. Doch nun deckt das an die vier Firmen vermietende Unternehmen die 400 m^2 also mit zwei Löschern à 9 LE ab. Da es vier unterschiedliche Firmen sind, reicht das für alle vier aus. Wären die Löscher innerhalb von einem der vier Unternehmen versperrt am Ausgang, würden die anderen drei ebenfalls je zwei Löscher à 9 LE benötigen. Somit aber spart man 75 %, denn es sind ja nur zwei und nicht acht vorhanden. Sieht man die gesamte Fläche, kann man demnach von sechs auf zwei Löscher (also 2/3 weniger) reduzieren.

Nun mag man sich fragen, was es denn für einen Unterschied machen soll, ob sich dort a) ein Unternehmen oder b) vier Unternehmen einmieten. Die Brandgefahr wird ja wohl weder bei a) noch bei b) anders einzustufen sein. Vielleicht sollten sich die Ersteller der ASR A2.2 bei der anstehenden Überarbeitung einmal darüber Gedanken machen. Und bei dieser Gelegenheit könnte dann gleich auch ergänzt werden, dass man auch Wandhydranten zurechnen kann und zu wie viel Prozent. War das noch in der ersten ASR A2.2 im Text enthalten, so steht es heute nur noch im Anhang in einem der etwas von der Realität und den vorne stehenden Vorgaben abweichenden Beispielen.

„Maßnahmen gegen Brände" heißt diese Arbeitsschutz-Regel ASR A2.2, und das umfasst Löschmöglichkeiten, Brandschutzhelfer, Erkennung von Bränden und Brandschutz bei Bauarbeiten. Da Feststoffe anders brennen und demzufolge anders zu löschen sind als Gase, Leichtmetallspäne oder z. B. Speisefette, gibt es unterschiedliche Löschmittel und darauf geht diese ASR ein.

Es gilt im Brandfall, *Entstehungsbrände* zu löschen – und das bedeutet solche Brände, denen man sich noch gefahrlos nähern kann. Ein größer oder gefährlicher werdendes Feuer muss nicht mehr gelöscht werden, da steht die zügige Flucht aller Personen im Gefahrenbereich im Vordergrund. Ein Löscher hat normalerweise 6 oder mehr LE und damit kann man – theoretisch – ein Volumen eines Holzstapels mit 588 l oder 226 l brennendes n-Heptan löschen. Das wird einem zwar in der Praxis nicht gelingen, aber das ist dennoch eine gute Leistung und sollte für jeden Entstehungsbrand ausreichen.

Man muss für jede Art von Brandgut die richtigen Handfeuerlöscher bereitstellen. Einige davon verbinden mehrere, so AB-Löscher die Brandklassen A (Feststoffe) und B (flüssig und flüssig werdend) oder ABF-Löscher zusätzlich noch Speisefette. Die ASR A2.2 möchte, dass der Arbeitgeber durch jeweils individuell geeignete Maßnahmen erreicht, dass die möglicherweise jetzt gefährdete Belegschaft im Brandfall ohne zeitliche Verzögerung davor gewarnt wird.

Die ASR A2.2 will lediglich Handfeuerlöscher mit ≥ 6 LE als Grundausstattung angerechnet und zugezählt sehen, aber sie erlaubt eine Abweichung, wenn die nachfolgenden fünf Punkte alle zugleich erreicht sind:

1. Dieser Bereich gilt als normal brandgefährdet und nicht als erhöht brandgefährdet.

2. Jeder Handfeuerlöscher hat ≥ 2 LE.
3. Die Handfeuerlöscher sind mindestens 25 % leichter als die anderen.
4. Die Entfernung zu Handfeuerlöschern wird von 20 auf ≤ 10 m reduziert.
5. Die Anzahl der vorhandenen Brandschutzhelfer wird von 5 auf 10 % erhöht.

Löschmittelschäden sind zu berücksichtigen. Dieser Hinweis betrifft die salzhaltigen ABC-Pulver-Handfeuerlöscher, die man nur dann einsetzen darf, wenn auch wirklich brennbare Gase vorhanden sind und gelöscht werden müssen – aus sämtlichen anderen Bereichen sind sie zu entfernen. Bei Personenbränden kann es gefährlich werden, wenn man sich mit dem Löschgas CO_2 (das an der Austrittsstelle –78 °C kalt ist) zu sehr der unbekleideten Haut (Gesicht, Hals) nähert. Hier ist ein Abstand von mindestens 1 m einzuhalten – dann besteht keine Gefahr durch Unterkühlung. Doch auch eine weitere Gefahr besteht bei Kohlendioxid, denn 1 kg Löschgas kann auf ca. 5,5 m^2 den zum Atmen nötigen Sauerstoff verdrängen. Somit ist in kleineren Räumen auf diese Gefahr zu achten. CO_2-Löscher gibt es mit 2 kg und 5 kg; das heißt, Räume, die kleiner als 11 bzw. 27,5 m^2 sind, müssen vor oder beim Löschen verlassen und geschlossen werden.

Weiter fordert diese ASR die Ausbildung von mindestens 5 % der Belegschaft als Brandschutzhelfer. Diese müssen theoretisch und auch praktisch am Handfeuerlöscher geschult werden; somit verfügen diese Leute über deutlich mehr brandschutztechnisches Grundlagenwissen. Man stelle sich ein Unternehmen mit 100 Personen vor, das nicht nur 5, sondern sogar 15 (also 15 %) Brandschutzhelfer ausgebildet hat. Es kann theoretisch sein, dass zwei Personen krank sind, die dritte Person gekündigt hat, Nr. 4 und 5 sind im Urlaub, Nr. 6 ist mit 7 auf einer Weiterbildung, Nr. 8 ist in der Früh- und Nr. 9 und 10 in der Spätschicht und die Brandschutzhelfer 11 und 12 halten sich gerade bei einem Kunden, einer anderen Gebäudeebene oder auf einer Baustelle auf. Dann gibt es auch noch die beiden Brandschutzhelfer 13 und 14, die ihre Büroarbeit heute von zu Hause erledigen. Zudem sind diese 100 Personen auf zehn Ebenen eines Hauses verteilt, oder auf zehn Gebäude auf dem Grundstück. Somit kann es sein, dass eben kein einziger Brandschutzhelfer vor Ort ist und die „übrigen" 100 % der Belegschaft relativ hilflos auf eine Person warten, die im Brandfall aktiv wird. Zugegeben, das Beispiel mag einseitig negativ konstruiert sein – aber das soll zum Ausdruck bringen, dass es eben vielleicht doch Sinn ergibt, 50 % der Belegschaft oder mehr zu schulen. In Bereichen mit besonderen Brandgefahren für Menschen oder Sachwerte

(Altenheim, Kindergarten, Museum, Krankenhaus, Pflegeabteilung, Psychiatrie, petrochemische Industrie, ...) sollen deshalb 100 % der Belegschaft als Brandschutzhelfer ausgebildet werden. Übrigens: die hausinternen Brandschutzhelfer auszubilden, ist eine der Aufgaben des Brandschutzbeauftragten!

Tipp: Auch bzw. gerade bei den Wartungskosten versuchen unsolide Firmen, einander gegenseitig zu unterbieten. Dabei ist jedem klar, dass der billigste Anbieter naturgemäß nicht die hochwertigsten Wartungsarbeiten liefern kann. Einen einzigen Löscher zu warten – und zwar wirklich nach den Vorgaben –, kann zwischen acht und 20 Minuten Zeit kosten; und wer das für wenige Euro anbietet, der kann nicht solide kalkuliert haben. Auch ist zu beachten, dass bei der Wartung die Handfeuerlöscher entfernt werden müssen; und solide Wartungs-Unternehmen stellen für diesen Zeitraum andere Löscher zur Verfügung. Fehlende Wartung von sicherheitstechnischen Einrichtungen kann zur Kürzung bei Schadenzahlungen von Versicherungen führen.

Es gibt echte Defizite und sogar Fehler in der ASR A2.2 von 2012 und auch die Fassung vom Mai 2018 (inkl. Änderung 2022) hat die Fehleranzahl eher vergrößert als verkleinert. Deshalb ist es wichtig, Defizite in der ASR A2.2 als guter Brandschutzbeauftragter selbstständig zu erkennen und im eigenen Unternehmen zu vermeiden. In der ASR A2.2 erkennt man so deutlich wie in wenigen Technischen Regeln, welche Unternehmen Fachleute (Lobbyisten) in dieses Gremium entsendet haben. Dies soll hier nur an einigen Beispielen verdeutlicht werden:

- Zum Teil werden unsinnig viele Handfeuerlöscher gefordert (diese erhöhen nicht zwangsweise die Sicherheit, wohl aber den Umsatz des Lieferanten).
- Das wichtige und oft großartig effektive Löschmittel „Kohlendioxid“ wird absichtlich so geringwertig heruntergestuft, dass man diese Löscher in den meisten Fällen nicht anrechnen kann (max. 5 LE).
- Es wird gesagt, dass automatische Feuermelder zu bevorzugen sind gegenüber der Warnung durch Menschen – hier wird sozusagen über die Hintertür (nachdem es die Bauordnung nicht fordert) der Einbau einer Brandmeldeanlage gefordert.
- Wandhydranten sind im Anhang in einem Beispiel als z. T. „anrechenbar“ erwähnt, nicht aber im Text (!), und auch deren Löschleistung wird nicht erläutert.

- Ob Wandhydranten vom Typ F oder S sein sollen und wie solche mit nicht formstabilen Schläuchen anzurechnen sind, geht aus der neuen ASR nicht hervor.
- Ob Wandhydranten beim Einsatz durch den Schlauch Brandschutztüren oder Rauchschutztüren etwas offenhalten bzw. am gänzlichen Schließen behindern oder nicht, wird leider immer noch nicht berücksichtigt.
- Ob es eine (oft sinnvolle, sehr effektive) Schaumzumischung zum Löschwasser von Wandhydranten gibt oder nicht, wird nicht berücksichtigt.
- Ob Wandhydranten flächendeckend sind oder nicht, wird nicht berücksichtigt.
- Löschmöglichkeiten wie Zement oder Sand bei Metallen sowie fest montierte Gartenschläuche bei Feststoffbränden sind zwar indirekt akzeptabel, finden aber keine Berücksichtigung in der Berechnung der Löschmitteleinheiten.
- Sprinkleranlagen können Entstehungsbrände detektieren und löschen, aber ob sie vorhanden sind oder nicht, hat keinen Einfluss auf die Quantität und Qualität der geforderten Handfeuerlöscher.
- Die wirklich guten und effektiven Lösch-Spraydosen (die sich schon 1.000-fach bewährt haben, seit ca. 1998!) haben in dieser ASR immer noch keine Berücksichtigung erfahren.
- Handfeuerlöscher sind grundsätzlich erst ab 6 LE anrechenbar – da muss man nicht mehr von einem Entstehungsbrand sprechen, denn mit 6 LE kann eine geübte Person bereits einen definierten Holzstapel von 0,588 m^3 ablöschen – das ist richtig viel! Ein 10-l-Papierkorb hat 0,01 m^3 und somit 98,3 % weniger Volumen als das, oder anders ausgedrückt: Mit einem Handfeuerlöscher mit der starken Leistung von 6 LE könnte man (nur rechnerisch, nicht real!) knapp 60 derartiger Abfallbehälter löschen. Es muss die Frage erlaubt sein, warum Löscher mit weniger Löschmitteleinheiten nicht anrechenbar sind – geht es doch um Entstehungs- und nicht um Vollbrände!
- Die Beispiele im Anhang sind in den meisten Fällen mit den falschen Handfeuerlöschern (nämlich Pulver) ausgestattet und die F-Löscher finden kaum Berücksichtigung!

Mein Tipp: Vertrauen Sie Ihrem eigenen Fachwissen und dem einer soliden Wartungsfirma oder auch den Informationen des Technikers bzw. Ingenieurs bei Ihrer Feuerversicherung sowie den Aussagen dieses Buchs, nicht aber dem Text in der ASR A2.2.

2.5 Wartungszeitraum von Handfeuerlöschern (Lukas Weber)

Während früher Handfeuerlöscher starr alle 24 Monate einer Wartung zu unterziehen waren, erlaubt die ASR A2.2 hier Abweichungen entsprechend den Vorgaben des Herstellers – bis zu zehn Jahre sind heute möglich.

Stillstand bedeutet Rückschritt, weil sich die Welt immer zügiger weiterentwickelt. Denn Innovationen sind die Triebfeder der Wirtschaft; neue Materialien, Verfahren und Produkte verdrängen die alten, weil sie in der Summe ihrer Eigenschaften besser oder günstiger sind. Im Brandschutz ist es nicht anders – mit Blick auf Handfeuerlöscher scheint die Zeit allerdings stehengeblieben zu sein. In Betrieben, Behörden und privaten Haushalten hängen seit Jahrzehnten im Grunde die gleichen Geräte an der Wand: Rote Behälter aus Stahl, in denen das Löschmittel entweder permanent unter Druck bereitsteht oder vor der Benutzung durch eine Druckpatrone mit dem notwendigen Betriebsdruck aufgeladen wird. Die erstgenannten sind günstiger in der Anschaffung und etwas leichter, allerdings ist der Wartungsaufwand größer, weil für die Inspektion des Innenraums der Druck abgelassen werden muss. Nach der Wartung wird der Behälter wieder unter den Betriebsdruck von rund 16 bar gesetzt. Die Aufladelöscher sind allerdings nicht nur teurer und schwerer, sondern für den Laien auch umständlicher zu bedienen – es ist deshalb zu befürchten, dass nicht geschulte Mitarbeiter dadurch im Ernstfall von der Benutzung abgeschreckt werden.

Mit moderner Technik müsste es doch möglich sein, Handfeuerlöscher zu entwickeln, die keine schweren Stahlbehälter benötigen, leicht zu bedienen sind und am besten ganz ohne Wartung auskommen – das dachte sich der englische Unternehmer Roger Carr, ein Hersteller konventioneller Handfeuerlöscher. Das Ergebnis seiner Überlegungen war der Einsatz von Polymeren anstelle des Metalls, und zwar sogenannte Hochleistungskunststoffe, wie sie z. B. für schussresistente Körperbekleidung bei Polizisten und feuerresistente Handschuhe bei Feuerwehrleuten verwendet werden. Fasern aus Aramid, besser bekannt unter dem Markennamen Kevlar, zeichnen sich durch extrem hohe Zugfestigkeit aus – diese ist etwa zehnmal höher als bei einem gleichschweren Stahldraht. Außerdem verträgt dieser Kunststoff Temperaturen bis über 400 °C. In die Form von Behältern lässt er sich allerdings nicht bringen. Deshalb dient die Faser eng gewickelt der Verstärkung des eigentlichen Körpers, der aus druckgeblasenem Hart-Polyethylen (HDPE) gefertigt ist. Dieser für viele Zwecke verwendete thermoplastische Kunststoff ist relativ leicht zu verarbeiten, zäh, langlebig, beständig gegen Chemikalien und wiederverwertbar. Die

Behälter sind 20 Jahre dicht und ohne Druckverlust. Der patentierte Verbund wird vervollständigt durch eine äußere Hülle zum Schutz gegen UV-Licht und mechanische Beschädigung. Gegenüber den gleichgroßen, herkömmlichen Feuerlöschern aus Stahl bringt der Kunststoff einen Gewichtsvorteil von rund 50 %.

Diese Behälter sind extrem stabil, der Berstdruck liegt bei ca. 80 bar; sie sind seewasserfest und naturgemäß vollkommen korrosionsfrei. Das hat positive Konsequenzen für den Wartungsaufwand, denn wenn er mit Löschmitteln befüllt wird, deren Funktionsfähigkeit vom Hersteller über einen längeren Zeitraum garantiert wird, solange sie nicht Feuchtigkeit oder dem Luftsauerstoff ausgesetzt sind, bleiben die nicht rostenden Feuerlöscher über diesen Zeitraum verschlossen; eine Wartung ist dann nicht notwendig. Als Voraussetzung muss sichergestellt sein, dass ein möglicher Druckverlust erkannt wird. Also werden auf dem Kunststoffkörper Armaturen aus vernickeltem Messing montiert, und es gibt gleich zwei unabhängig voneinander arbeitende Manometer, deren Funktion mit einem Magneten überprüft werden kann. Das beherrscht jeder Mitarbeiter nach einer kurzen Unterweisung; mehr Wartung ist nicht erforderlich. Der Betriebsdruck liegt bei gleicher Leistung mit 12 bar deutlich niedriger als bei herkömmlichen Feuerlöschern.

Abb. 10 Hochwertiger Handfeuerlöscher mit einer Einsatzdauer von zehn Jahren ohne weitere Prüfung. (Prymos GmbH)

Der Hersteller garantiert für diese Löscher eine Wartungsfreiheit von zehn Jahren; empfohlen ist lediglich eine Sichtprüfung auf Druckverlust. Nach zehn Jahren werden die Feuerlöscher jedoch nicht mehr gewartet, sondern gegen neue oder grundüberholte Geräte ausgetauscht. Beim Hersteller werden die eingesammelten Druckbehälter und die Armaturen überprüft; sie können dann für eine zweite Befüllung erneut zehn Jahre verwendet werden. Langlebigkeit, geringer Rohstoffeinsatz in der Fertigung und die fehlende Notwendigkeit, das Löschmittel auszutauschen, machen den Kunststofflöscher zudem besonders umweltfreundlich: am Ende der Lebensdauer kann das Material recycelt werden.

Es gibt diese nahezu wartungsfreien Handfeuerlöscher mit 6 oder 9 kg Löschpulver (43A/233B/C beziehungsweise 55A, 233B/C) und mit 6 l fluorfreiem Schaum (34A/183B). Ein Kevlar-Löscher mit 6 l Schaum wiegt lediglich 8,4 kg. Aufgrund der höheren Qualität sowie der aufwendigen Fertigung sind diese Löscher etwas teurer als konventionelle Handfeuerlöscher. Der Anfangsinvestition stehen indessen Einsparungen bei den Wartungen gegenüber; über die Lebensdauer hinweg gerechnet (also Anschaffung und Prüfung) ist es also günstiger. Damit ist naturgemäß nicht jeder Verkäufer von Handfeuerlöschern „glücklich", und manche Firmen bieten diese Geräte deshalb auch nicht an.

2.6 Anforderungen der Feuerversicherungen

Ein Feuer kann ein Nutz- oder ein Schadenfeuer sein. Nutzfeuer sind nützlich, Schadenfeuer nennt man Brände. Man hat also eine Versicherung gegen Brände, nicht gegen Feuer – und Brände müssen die folgenden Bedingungen erfüllen, sollen die Versicherungen problemlos für ihre Beseitigung geradestehen: plötzlich, schädigend, mit Flammenbildung (also keine reinen Schmorschäden), und es muss ein versicherter Gegenstand auf einem versicherten Grundstück brennen. Hinzu kommt noch etwas, was gelegentlich in der Interpretation auch überdehnt wird: Brände müssen unvorhersehbar sein. Wenn es also vorhersehbar ist, dass es an der Stelle A aus Grund B wohl brennen wird, dann muss man die Brandgefahr beseitigen, noch bevor es zum Schaden kommt. Das bedeutet, wenn es aus einem bestimmten Grund einmal gebrannt hat, muss man einiges verändern, damit es nicht aus dem identischen Grund ein zweites Mal zu einem Brand kommt. Deshalb gibt es auch Klauseln und Obliegenheiten, um gefährdende Situationen präventiv zu vermeiden: Verstößt man zu häufig oder zu extrem gegen diese, ist der Versicherungsschutz gefährdet. Das kann dann zur Insolvenz oder gar zum Konkurs des betroffenen Unternehmens führen.

Versicherungen nehmen in Relation zum versicherten Wert (Gebäude, Inhalte oder Kosten für Betriebsunterbrechungen aufgrund eines Feuers auf dem versicherten Grundstück) relativ wenig Geld – um relativ viel Geld im Schadenfall zu bezahlen. Die Prämien von einigen 100 Jahren sind somit schnell ein Raub der Flammen. Darin liegt das ernsthafte Interesse der Versicherungen, Geld eben nur dann auszuzahlen, wenn es wirklich sein muss. Doch hier gehen die Interpretationen der den Brand auslösenden Situationen naturgemäß auseinander, denn der abgebrannte Kunde sieht die (für ihn schlimme) Situation oft anders als der fernab sitzende Feuerversicherer. Somit müssen Gerichte klären, ob und wenn ja, wie viel zu zahlen ist. Deshalb wünschen Versicherungen, dass Brände präventiv verhindert werden. Wer kein schlüssiges Brandschutzkonzept vorlegen kann, der hat schon ein grundlegendes Problem, denn die Prävention baulicher, anlagentechnischer und organisatorischer Art muss im Vordergrund stehen. Ebenso unglücklich steht das Unternehmen da, das kein schlüssiges, abwehrendes Brandschutzkonzept vorlegen kann, wenn also beispielsweise ausgebildete Brandschutzhelfer, Brandschutzkontrollen bei und nach entsprechenden Arbeiten, Unterweisung und geprüfte Elektrogeräte und vieles mehr fehlen.

Ist die Brandgefahr qualitativ oder auch quantitativ zu groß, fordern oftmals Baubehörden oder Feuerversicherungen Brandlöschanlagen oder auch eine eigene Feuerlöschtruppe. Ob diese dann nach Landesrecht anerkannt werden muss, 24/7 vor Ort zu sein hat und welche Gerätschaften ihr zur Verfügung stehen müssen, ist eine Frage der Verhandlung, der gesetzlichen Anforderungen (etwa bei Flughäfen) oder auch der Sinnhaftigkeit. Meist jedoch sind diese Wehren deutlich besser ausgerüstet als die öffentlichen Feuerwehren und die dort arbeitenden Personen entsprechen dem hohen Niveau der Berufsfeuerwehrleute. Das ist in der Regel auch schon die halbe Miete, denn das zügige Erscheinen der Profis vor Ort ist ja von entscheidender Bedeutung. Darüber hinaus wird gefordert, dass automatische Brandmelder verzögerungsfrei auf diese eigene Wehr aufgeschaltet sind. Somit liegen zwischen Brandentdeckung und Profis vor Ort oft nur wenige Minuten und ein Großbrand kann meist verhindert werden. Geht es um zwei- oder dreistellige Millionensummen oder gar um Milliardenwerte, so relativieren sich die hohen Kosten für das Aufstellen und Bereithalten einer eigenen Wehr mit vielleicht 51 Personen (3 Trupps à 17 Personen).

Feuerversicherungen möchten, dass es vor Ort ausreichend Löschwasser gibt, ausreichend gute Löschwasser-Entnahmestellen sowie ausreichend viele Feuerwehrleute. Außerdem wünschen Feuerversicherungen, dass Brände auf den Entstehungsort oder mindestens auf das Entstehungsgebäude begrenzt bleiben. Der Sachwerteschutz und nicht der Personenschutz steht hier verständlicherweise im Vordergrund. Somit sind die Forderungen der Feuerversicherungen in Richtung des abwehrenden Brandschutzes manchmal höher als die der Baubehörden, denn der Personenschutz ist oftmals schneller und preiswerter umgesetzt als der Sachwerteschutz. Weiter muss man wissen, dass Feuerversicherungen keinen Versicherungsschutz anbieten müssen und dass sie individuelle, höhere Auflagen und Anforderungen haben können. Es besteht in Deutschland nämlich, anders als noch in den 90er-Jahren, für Gebäude keine Feuer-Versicherungspflicht mehr. Natürlich macht diese nach wie vor aber Sinn – denn lieber gibt man eine kleine, kalkulierbare Summe jährlich ab als eine große, plötzlich anstehende Summe auf einen Schlag. Das macht es umso wichtiger, dass die Randbedingungen eingehalten werden; denn Probleme mit Versicherungen sind im Schadenfall erfahrungsgemäß leider eher die Regel als die Ausnahme. Gefahrenerhöhungen sind bei den Feuerversicherungen anzeigepflichtig, so steht es im Versicherungsvertragsgesetz – und was als Gefahrenerhöhung anzusehen ist, liegt im Auge des Betrachters. Es empfiehlt sich deshalb, einen guten Kontakt zum Versicherer (ggf. über einen fähigen Makler) zu halten, denn der Versicherungsmakler trägt auch Verantwortung und ist manchmal das rettende Bindeglied zwischen der Versicherung, die nicht zahlen will, und dem langsam vom Markt verschwindenden Unternehmen.

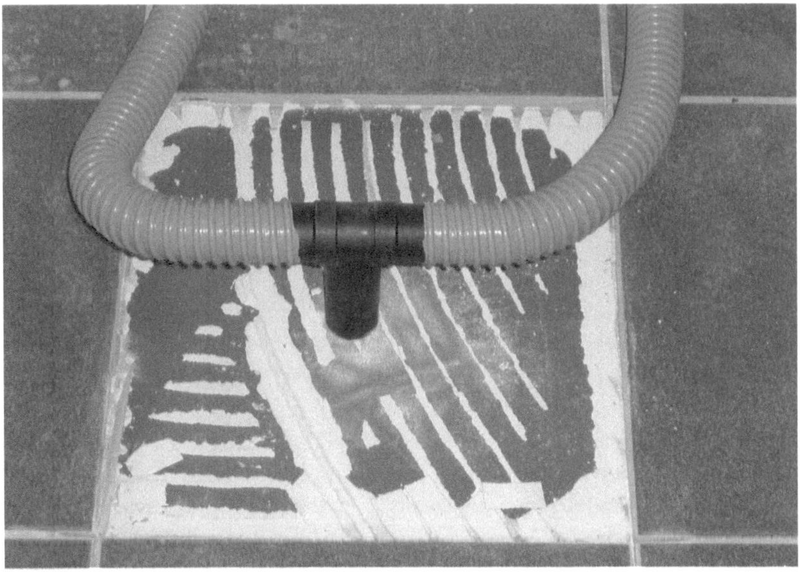

Abb. 11 Feuerversicherungen zahlen Schadenminderungsmaßnahmen, hier z. B. die Trocknung des Gebäudes vom Löschwasser. (Friedl)

Feuerversicherungen wünschen die qualitativ und quantitativ richtigen Handfeuerlöscher an allen Stellen im Unternehmen. Sie möchten, dass alle Angehörigen der Belegschaft einen Entstehungsbrand zügig und souverän löschen können. Außerdem erwarten Feuerversicherungen, dass alle schadenmindernden Maßnahmen eingehalten oder getroffen werden. Das sind eine ganze Menge an Forderungen und Wünschen – und diese einzuhalten, wenn Chaos und Aufregung herrschen, ist leichter gesagt als getan. Wenn die Anwendung falscher (weil schadenvergrößernder) Löschmittel, nicht geschlossene Türen oder nicht geöffnete Entrauchungsanlagen einen Brandschaden vergrößern oder eine nicht gewartete und deshalb nicht funktionsfähige Brandlöschanlage nicht löscht, so wird es – berechtigterweise – Probleme geben. Probleme deshalb, weil sie so einfach hätten vermieden werden können und weil die Schadenvergrößerung möglicherweise den eigentlichen Brandschaden an Kosten übertreffen könnte. Vorher nachdenken, damit es hinterher keine Probleme gibt – so könnte der Lehrsatz gelten. Doch nachdenken allein ist nicht immer die Lösung – es macht Sinn, auch mit anderen (Profis) vorab zu sprechen. Diese Profis findet man bei den Feuerwehren, bei der Berufsgenossenschaft, bei den Feuerversicherungen und bei Brandschutzingenieuren sowie Brandschutzbeauftragten.

Feuerversicherungen können und dürfen die Einsatzberichte der öffentlichen Wehren einsehen und wenn dort vermerkt ist, dass es aufgrund von Verstößen des Unternehmens zu einem verspäteten Löscheinsatz gekommen ist, wird es – berechtigterweise – Ärger geben. Ob dann „nur" 25 % oder gleich 70 % der Schadensumme einbehalten werden, kann über den Fortbestand des Unternehmens oder dessen Verschwinden vom Markt entscheiden; und wer nicht mehr auf dem Markt ist, kann sich juristisch auch nicht mehr oder nur noch bedingt zur Wehr setzen. Dazu darf es nicht kommen. Bitte suchen Sie also den Kontakt zur Feuerversicherung und besprechen Sie in Zweifelsfällen vorab, ob eine Situation akzeptiert ist oder behoben werden muss. Übrigens, solche Löscheinsatzverzögerungen sind z.B. auch zugeparkte oder zugestellte Löschwasser-Entnahmestellen auf dem Grundstück oder in den Gebäuden, nicht frei befahrbare Feuerwehrzufahrten (Schnee, Pkw, Müll, abgeschnittene Bäume usw.) oder auch illegal abgestellte Brandlasten in den notwendigen Fluren und Treppenräumen. Auch das Abstellen von nicht bekannten und nicht versicherten gefährlichen Gütern (Li-Akkus, Benzin, ...) kann Probleme bereiten. Selbst wenn man kein eigenes Lager für Verpackungsmaterialien hat, ist das bereits ein Verstoß gegen die Feuer-Versicherungsbedingungen für produzierende Unternehmen. Man sieht, Feuerversicherungen haben hohe Auflagen – und nur wer diese einhält und dennoch einen Brandschaden erleidet, der bekommt problemlos und zügig das nötige Geld für den Wiederaufbau.

2.7 VdS 2038 und VdS 2046

Die beiden Bestimmungen VdS 2038 und VdS 2046 sind richtig gut – weil sie den Finger in die Wunde legen und aus der Praxis, der Realität entstanden sind. Das heißt, der VdS weiß aufgrund jahrzehntelanger Erfahrung aller angeschlossenen Versicherungen, wo es zu Bränden kommt und wie man diese verhindern kann, respektive könnte. Der Konjunktiv steht hier deshalb, weil es theoretisch so einfach wäre, es in der Praxis aber nicht ist. Man muss es a) wissen, b) wollen und c) anwenden. Wenn es schon an a) scheitert, ist ein Brand wahrscheinlich. Wenn es an b) scheitert, spricht das nicht gerade für Vertrauen in das Fachwissen der Brandschutz-Profis. Und wenn es an c) scheitert, dann zeigt das die angeblich so menschliche (also schwache) Seite – denn schließlich hat es ja „noch nie" gebrannt und wenn doch, dann nur bei anderen.

Dieses Buch will helfen, Brände zu löschen und die dabei entstehenden Schäden zu minimieren. Präventionsmaßnahmen finden sich hier demzufolge eher weniger. Es werden daher in diesem Buch auch nicht die zahlreichen sinnvollen Punkte zur Brandprävention der beiden VdS-Ausarbeitungen aufgeführt, sondern die sinnvollen Punkte zur effektiven wie effizienten Brandlöschung. „Effektiv" bedeutet wirksam, also wirkungsvoll oder auch nutzbringend (lohnend); während „effizient" noch den Aufwand in Relation zum Nutzen stellt. Amateurhaft könnte man auch sagen: die Dinge richtig tun und die richtigen Dinge tun. Hier bedeutet das, dass man im Brandfall mit dem geringsten Aufwand und auch mit den geringsten (unerwünschten) Nebenwirkungen ein Feuer zügig und dauerhaft löscht. Bitte lesen Sie die guten Tipps dieser beiden VdS-Bestimmungen nach, um damit ein Löschen schon allein dadurch unnötig zu machen, dass es überhaupt nicht erst zu einem Brand kommt.

Bringen wir es kurz auf den Punkt: Elektrogeräte müssen mit einem gasförmigen Löschmittel im Brandfall gelöscht werden, so die VdS 2046. Außer CO_2 ist seit dem Verbot, Halon zur Brandbekämpfung außerhalb militärischer Zwecke einzusetzen, kein weiteres gasförmiges Löschmittel in Handfeuerlöschern üblich bzw. bekannt. Somit benötigt man also immer mindestens einen Löscher im Radius von maximal 20 m mit Kohlenstoffdioxid, so man elektrische oder elektronische Geräte (egal ob mobile oder immobile Anlagen) im Brandfall löschen will. Es macht darüber hinaus Sinn, den Einsatzzweck auszuschildern, denn bis 1.000 Volt sind alle Löschmittel in Handfeuerlöschern (Wasser, Pulver, Schaum, CO_2, Fettbrandlöschmittel) zugelassen. Doch das feine und hoch korrosive Pulver würde großflächig wohl mehr oder weniger alles zerstören und dies ggf. auch in angrenzenden Räumen. Die juristische Dimension dabei ist, dass diese Schäden an blanken Metallteilen und auf den Platinen in den Gerätschaften manchmal so zeitverzögert entstehen, dass die Ursache für diese negative Wirkung manchmal nicht mehr gerichtsfest, also nicht eindeutig genug belegt werden kann. Da das Arbeitsschutzgesetz vorgibt, Gefahren so gering wie möglich zu halten und verbleibende Gefahren zu minimieren, hätte man also auch gegen ein Gesetz verstoßen, so man einen unverhältnismäßig großen Löschmittelschaden anrichtet. Denn einen solchen zu vermeiden, wäre sehr einfach – und es ist ja auch in der VdS 2046 gefordert. Gehen wir von Pulver zu Wasser oder Schaum über – beide Löschmittel würden bei Gerätebränden wohl nicht an die Brandstelle im Gerät herankommen. Aber beide, insbesondere Wasser, würden Schäden durch Kurzschlüsse bewirken. Ein gasförmig ausgebrachtes Löschmittel indes kann sich im gesamten Gerät oder auch im Doppelboden verteilen, denn aus einem Liter flüssigem CO_2 entstehen über 500 l Löschgas. Dieses Löschgas ist sehr kalt und verdrängt den Sauerstoff (übrigens auch den für uns Menschen zum Überleben nötigen Sauerstoff – also vorsichtig sein, anschließend gut lüften oder den Bereich zügig verlassen), und mit diesen beiden Löschwirkungen geht ein Brand an oder in einem elektrischen Gerät zuverlässig aus und bleibt es auch. Denn Glutbildung gibt es bei Kunststoffen (Leitungen, Platinen, elektronische Bauteile) nicht und somit bleibt „aus“ eben „aus“ – eine Rückzündung findet nicht statt, auch nicht bei Stromleitungen. Denn wenn diese einmal durchgebrannt sind, ist es meist aus – sofern man den sie umgebenden Kunststoff gelöscht hat.

Abb. 12 Abgebrannte Unternehmen sind manchmal auch trotz Versicherungsschutz zügig insolvent aufgrund der Unterbrechung. (Friedl)

Die VdS 2038 geht nicht so direkt wie die VdS 2046 auf das individuell richtige Löschmittel ein; sie fordert Feuerlöscheinrichtungen, die gut erkennbar und leicht zugänglich sind. „Leicht" bezieht sich auf „im Brandfall" – und somit darf man in einem kleinen Server-Raum den CO_2-Löscher nicht innen aufhängen, denn im Brandfall kommt man an ihn weder leicht noch überhaupt heran! Zudem wird gefordert, dass die Feuerlöscheinrichtungen nicht missbräuchlich benutzt werden sowie nach der Aktivierung möglichst umgehend wieder instand gesetzt und damit einsatzbereit gemacht werden.

Es wird dringend empfohlen, nachweislich allen in der Belegschaft einzuschärfen, wann welches Löschmittel Sinn macht – also CO_2 für Gerätebrände und Wasser oder Schaum für Feststoffbrände. Eine zusätzliche Ausschilderung der ggf. nebeneinander hängenden Geräte macht Sinn, denn in Notsituationen wie Bränden werden wohl die wenigsten Menschen die Aufdrucke der zwei Gerätschaften in Ruhe durchlesen, um sie mit der brennenden Realität abzugleichen.

2.8 Brandschutzbeauftragte

Die DGUV Information 205-023 sieht mindestens 26 Aufgabenbereiche im Brandschutz vor, die von Personen erfüllt werden müssen, die für den Brandschutz zuständig sind. Um das zu bewältigen, ist fachliches und juristisches Grundwissen die absolute Voraussetzung. Aber auch Eigenschaften wie Empathie, Motivation, psychologisches Einfühlungsvermögen, tiefe Kenntnisse über das Unternehmen und Autodidaktik sind unerlässlich.

Wenn die für den Brandschutz beauftragten Personen nicht, wenig oder falsch arbeiten, fällt das nicht auf – solange es nicht zu einem Brand kommt. Nach einem solchen Brand kommen jedoch – abhängig vom Schadensausmaß – kritische, fähige und die Situation wertende Personen ins Spiel: sie untersuchen, wer die den Brand verursachenden Fehler gemacht hat und wer für sie die Verantwortung trägt. Nun ist es juristisch so, dass jede Person für die eigenen Handlungen und auch für Unterlassungen verantwortlich ist, grundsätzlich jedenfalls. Dies gilt in allen Bereichen unseres Lebens, nicht nur am Arbeitsplatz. Aber es ist auch so, dass Vorgesetzte eine Auswahl-, Kontroll- und Fürsorgepflicht haben und für sichere Arbeitsplätze sowie passende Unterweisungen sorgen müssen; diese Pflicht liegt bei den Vorgesetzten, nicht beim Brandschutzbeauftragten. Und zu guter Letzt – um das juristische Durcheinander komplett zu machen – sind Brandschutzbeauftragte mit den Aufgaben des Brandschutzes *beauftragt* und nicht für diesen *verantwortlich*. Verantwortung hat diejenige Person, die anordnen kann, und das ist neben der Geschäftsleitung eben auch die Bereichsleitung. Man kann ggf. einem Brandschutzbeauftragten Fehler nachweisen, doch dann wohl auch der Geschäftsleitung ein Kontrollversagen oder auch das Fehlen einer nachvollziehbaren Struktur.

Brandschutzbeauftragte müssen proaktiv sein – sie müssen also tätig werden, möglichst bevor ein Schaden passiert. Sie müssen wissen, welche Abläufe im Unternehmen stattfinden, welche Qualifikation die Belegschaft hat, wo es Probleme geben könnte, was der Gesetzgeber vorgibt, um diese zu vermeiden, und vieles mehr. Brandschutzbeauftragte dürfen nicht konfliktscheu sein, im Gegenteil: Sie müssen mit Behördenvertretern sprechen können, mit der Geschäftsleitung und mit der gesamten Belegschaft. Dass nicht jede Person es als angenehm empfindet, belehrt zu werden, auf Fehler hingewiesen zu werden oder – jetzt sind wir bei der Geschäftsleitung – dazu verdonnert zu werden, Geld für die Produktivität nicht verbessernde Änderungen vorzunehmen oder Personal für Schulungszwecke abzustellen, liegt in der Natur der Sache.

Ruhig, souverän, überzeugend und mit Augenmaß muss man vorgehen – Dinge ermöglichen und nicht verhindern, Situationen entschärfen, Menschen sensibilisieren und auch mal kontrollieren, sowie präventive Vorsorgemaßnahmen treffen, damit keine kurativen Kosten entstehen. Denn der ordnungsgemäße Betrieb ist nicht nur keine Selbstverständlichkeit, sondern auch die absolute Grundvoraussetzung, in einer unruhiger und unsicherer werdenden Welt.

Brandschutzbeauftragte Personen müssen vor allem auch eines haben: Mut. Mut, sich eine eigene Meinung zu bilden – und die muss klar sein und nicht unverbindlich schwammig, wie man es heute in Unternehmen nicht seltener geboten bekommt als in der Politik. Das soll auch heißen, dass es klare Ansagen darüber geben muss, was verboten ist und wie es richtig geht. Zuletzt ist es noch wichtig, werten zu können; denn zwischen sehr gefährlichen Verstößen mit Bedrohung der Existenz eines Unternehmens und geringfügigen Überschreitungen ohne kritisch ausartende Folgen liegen Welten. Dass man sich bei der Einstufung einer Situation täuschen kann, liegt in der Natur der Sache, denn keine Person kann alle Randbedingungen und alle Eventualitäten ständig richtig und damit objektiv erfassen.

Brandschutzbeauftragte sollen sich mit der Geschäftsleitung ebenso gut, sachlich und in der Sache direkt unterhalten können wie mit der Vertretung der Arbeitnehmer sowie der von Versicherungen und Berufsgenossenschaften. Sie müssen erkennen, wissen und es leben, dass nur ein gemeinsames Miteinander zum Erfolg führen kann.

Die für den Brandschutz beauftragten Personen haben 26 Aufgabenbereiche, für die sie zuständig sind; manche davon erledigen andere Personen oder Abteilungen und manchmal kommen noch weitere Aufgaben dazu. Das kann, bei entsprechender Befähigung, die Wartung von Technik sein oder es können auch Tätigkeiten innerhalb der Verwaltung oder der Produktion sein. Der Gesetzgeber sieht im Einzelnen die folgenden 26 Aufgaben vor, die im Brandschutz bewerkstelligt werden müssen:

1. Erstellen und Fortschreiben der Brandschutzordnung
2. Mitwirken bei Beurteilungen der Brandgefährdung an Arbeitsplätzen
3. Beraten bei feuergefährlichen Arbeitsverfahren und dem Einsatz brennbarer Arbeitsstoffe
4. Mitwirken bei der Ermittlung von Brand- und Explosionsgefahren
5. Mitwirken bei der Ausarbeitung von Betriebsanweisungen, soweit sie den Brandschutz betreffen
6. Mitwirken bei baulichen, technischen und organisatorischen Maßnahmen, soweit sie den Brandschutz betreffen
7. Mitwirken bei der Umsetzung behördlicher Anordnungen und bei Anforderungen des Feuerversicherers, soweit sie den Brandschutz betreffen
8. Mitwirken bei der Einhaltung von Brandschutzbestimmungen bei Neu-, Um- und Erweiterungsbauten, Nutzungsänderungen, Anmietungen und Beschaffungen
9. Beraten bei der Ausstattung der Arbeitsstätten mit Feuerlöscheinrichtungen und Auswahl der Löschmittel
10. Mitwirken bei der Umsetzung des Brandschutzkonzepts
11. Kontrollieren, dass Flucht- und Rettungspläne, Feuerwehrpläne, Alarmpläne usw. aktuell sind, ggf. Aktualisierung veranlassen und dabei mitwirken
12. Planen, Organisieren und Durchführen von Räumungsübungen
13. Teilnehmen an behördlichen Brandschauen und Durchführen von internen Brandschutzbegehungen
14. Melden von Mängeln sowie Anregen und Überwachen von Maßnahmen zu deren Beseitigung
15. Unterstützen der Führungskräfte bei den regelmäßigen Unterweisungen der Beschäftigten im Brandschutz
16. Aus- und Fortbilden von Brandschutzhelfern
17. Prüfen der Lagerung brennbarer Flüssigkeiten und Gase

18. Kontrollieren der Sicherheitskennzeichnungen für Brandschutzeinrichtungen und für die Flucht- und Rettungswege
19. Überwachen der Benutzbarkeit von Flucht- und Rettungswegen
20. Organisation der Prüfung und Wartung von brandschutztechnischen Einrichtungen
21. Kontrollieren, dass festgelegte Brandschutzmaßnahmen eingehalten werden, insbesondere bei feuergefährlichen Arbeiten
22. Mitwirken bei der Festlegung von Ersatzmaßnahmen bei Ausfall und Außerbetriebsetzung brandschutztechnischer Einrichtungen
23. Unterstützen des Unternehmens bei Gesprächen mit den Brandschutzbehörden, Feuerwehren, Feuerversicherungen, Unfallversicherungsträgern, staatlichen Arbeitsschutzbehörden usw.
24. Stellungnahme zu Investitionsentscheidungen, die Belange des Brandschutzes betreffen
25. Mitwirken bei der Implementierung von präventiven und reaktiven Maßnahmen im Notfallmanagement für kritische Infrastrukturen (z.B. Stromausfall) und für lokale Wetterereignisse mit Schadenpotenzial (Hitze, Kälte, Sturm, Hagel, Schneelast)
26. Dokumentation der Tätigkeiten im Brandschutz

Es fällt auf, dass Worte wie „mitwirken“, „melden“, „kontrollieren“ und „unterstützen“ relativ häufig vorkommen. Daraus wird ersichtlich, dass auch andere beteiligt sind, ja meist sogar federführend. Diese „anderen“ haben dann hierarchisch vorgegebene Aufgaben in viele Richtungen und wenn diese den Brandschutz tangieren, so holen sie sich den Rat des Brandschutzbeauftragten.

Es würde den Rahmen dieses Unterkapitels sprengen und auch am Titel des Buchs vorbei gehen, ausführlich über diese 26 Aufgaben zu berichten. Das ist aber auch nicht nötig, denn vieles ist selbsterklärend oder trivial – und eigentlich ist hier lediglich der Punkt 9 relevant. Ja, trivial – aber dennoch elementar wichtig. Deshalb gibt es nachfolgend auch Tipps, worauf bei der Erfüllung dieser Aufgaben besonders Wert zu legen ist. Es geht beispielsweise nicht primär darum, dass es einen unterschriebenen Erlaubnisschein für feuergefährliche Arbeiten gibt, es geht darum, dass den beteiligten Personen klar ist, was realistisch passieren kann (obwohl es ja noch nie passiert ist) und wie man das konstruktiv verhindern kann.

Abb. 13 Viel Strom benötigende Elektrogeräte sind und bleiben in vielen Unternehmen die primäre Brandursache. (Friedl)

Einfacher ist unser Aufgabenbereich, wenn Versicherungen, Feuerwehren, Baubehörden oder die Berufsgenossenschaft einen Pflichtenkatalog aufstellen: dann wird eben nicht mehr diskutiert, sondern dann muss gehandelt werden und dies innerhalb eines vorgegebenen Zeitraums. Hier ist der Brandschutzbeauftragte der Motor oder der Organisator: Das bedingt, dass bauliche oder technische Veränderungen umgesetzt werden und dabei erhöht sich die Brandgefahr; also ist wieder besondere Vor- und Umsicht gefragt, damit es keine Verschlimmbesserung gibt. Da Gefahrenerhöhungen bei den Feuerversicherungen anzeige- und genehmigungspflichtig sind, muss man mit den Versicherungen sprechen und es sich unter Umständen auch gefallen lassen, bestimmte Zusatzmaßnahmen umzusetzen.

Es macht Spaß, sich um den betrieblichen Brandschutz zu kümmern – weil man gestaltet, die berufliche Welt verbessert und somit seinen Teil dazu beiträgt, dass Leid, Schmerzen und Sachschäden verhindert oder gemindert werden. Man trägt schlicht dazu bei, dass das Unternehmen seinen Arbeiten nachgehen kann, und sichert somit auch Arbeitsplätze. Sich weiterbilden, informieren und die vielen innerbetrieblichen Ist-Stände mit den gewünschten Soll-Ständen abgleichen – das sind die Aufgaben von Brandschutzbeauftragten. Bei den Soll-Ständen soll man sich nicht nur von Vorgaben leiten lassen, sondern auch von den eigenen Ansprüchen, die ein Unternehmen oder ein Konzern an sich selbst hat: kein Minimum umsetzen, aber auch kein Maximum – nein, ein Optimum wäre vielmehr das anzustrebende Ziel. Eine schöne, sinnvolle und konstruktive Aufgabe!

3. Brände und Brandschadenvergrößerungen vermeiden

Wie man Brände am besten vermeidet, sodass sie gar nicht erst entstehen können, dazu gibt es andere Veröffentlichungen, die stärker auf das Thema Prävention eingehen. Auch auf den vorangegangenen Seiten finden sich dazu jedoch schon viele Hinweise. Hier sollen jetzt vermeidbare Brandschadenvergrößerungen in den Blickpunkt rücken. Es ist verständlich, dass ein Löschmittel nur dann keinen Schaden anrichten kann, wenn man es nicht ausbringt – mit dem „Erfolg", dass dafür aber der Brandschaden absolut wird. Ein Nicht-Löschen ist also sinnlos, ein Richtig-Löschen sinnvoll.

Man muss jedoch wissen, dass nicht nur Löschmittel vermeidbare Schadenvergrößerungen anrichten können, sondern auch falsches oder zu spätes Handeln. Deshalb ist es wichtig, **unmittelbar nach einem Brand** Profis (die man meist von den Versicherungen vermittelt bekommt) an den Brandort zu holen. Manches kann nämlich jetzt noch gerettet werden und andere Schäden sind jetzt noch minimierbar – beides geht ein paar Tage später nicht mehr.

Die schnelle, sichere und professionelle Beseitigung von Brandschäden betrifft Gebäude ebenso wie deren noch zu rettende Inhalte. Dafür gibt es Unternehmen, die sich ausschließlich auf diese Arbeiten konzentrieren. So wurden schon von Brandrauch schlimm kontaminierte Rechenzentren oder ganze ICE-Loks gerettet – und zwar mit einem Aufwand von 5–15 % der Anschaffungskosten! Auch bei Gebäuden ist es wichtig, sofort die nötigen Maßnahmen einzuleiten. Primär geht es erst einmal um die Entfernung des sichtbaren Wassers, dann um die Entfernung des in die Bauteile eingedrungenen Wassers durch Entzug der Feuchtigkeit aus der Raumluft. Bei unter 40 % relativer Luftfeuchtigkeit können Korrosionsprozesse gestoppt werden; und stoppt man diese nicht, können die hoch korrosiven Gase weiter eindringen und Stahlarmierungen zerstören.

3.1 Löschen im Brandfall

Man stelle sich jetzt einmal einen Brand am Arbeitsplatz vor: Das passiert extrem selten (ca. alle 200–800 Jahre, abhängig von der Art des Arbeitsplatzes) und ist immer unvorhergesehen – ansonsten hätte man den Brand ja vermeiden können. Insofern ist jeder überrascht und damit auch schnell überfordert, da man Brandszenarien vielleicht nicht täglich im Kopf hat und sie nicht täglich trainiert. Wie reagieren andere? Was mache ich? Ist mein Kopf wirklich frei? Kann ich souveräne Entscheidungen treffen und

Prioritäten setzen? Kann ich entscheiden, welche Anweisungen jetzt sinnvoll sind? Erkenne ich den Inhalt der Worte von anderen? Gerate ich in Panik? Panik bedeutet, nicht mehr zu funktionieren, nicht mehr in der Realität zu sein – und dennoch bleibt es ja der eigene Körper. Wir müssen jetzt richtig handeln, ggf. anderen vertrauen und gegen unseren Ur-Instinkt handeln (nämlich das Feuer, ähnlich einer verbalen Provokation, ignorieren, um weiterarbeiten zu können). Panik kann sich vornehmlich auf zwei Arten zeigen: als aufgeregtes Brüllen oder als Lethargie – in beiden Fällen ist der Mensch intellektuell überfordert und nicht mehr rational entscheidungsfähig.

Wer den Brand verursacht hat, der wird ggf. noch versuchen, durch eine hilflose Aktion hastig Abhilfe zu schaffen oder die Sache zu vertuschen. Andere reagieren manchmal mit Ignorieren oder Verschlimmbesserung, das heißt, sie tun so, als ob sie selbst nicht von der Situation betroffen wären. Wenn man schon 150 und mehr Räumungen erlebt hat, befremdet einen eigentlich nichts mehr und die Frage ist erlaubt, ob eine Übung wirklich etwas bringen soll. Die Antwort ist: Ja, wenn man sie regelmäßig und gut macht.

Nun ist es ja gesetzlich geregelt, dass es eine Unternehmenshierarchie mit Vorgesetzten, Brandschutzbeauftragten, Sicherheitsfachkräften, einer Brandschutzordnung Teil C und Brandschutzhelfern geben muss – und dass die Belegschaft über präventives und kuratives Verhalten im Brandfall zu unterweisen ist. Außerdem müssen mindestens 5 % der Belegschaft praktisch unterwiesen sein, wie man einen Handfeuerlöscher bedient. Das bedeutet im Umkehrschluss, dass 95 % es eben nicht wissen, die 95 % wissen aber, dass es diese 5 % gibt. Im Brandfall werden sie sich also ggf. lethargisch verhalten und abwarten, was die Brandschutzhelfer machen; und genau das ist falsch. Die 95 % müssen wissen – und zwar durch unsere Schulungen – dass sie sich auch jetzt korrekt verhalten müssen. Diese ganzen aufgelisteten Forderungen gibt es nicht bei Evakuierungshelfern oder Flurbeauftragten, denn die benötigt man nicht unbedingt in einem Unternehmen. Die Forderung, dass es eine Brandschutzordnung Teil C geben muss, steht ja laufend im Raum und dazu werden Personen unterwiesen (meist die Geschäftsleitung und deren Vertreter), die in Notsituationen Entscheidungen treffen – Notsituationen wie Brände oder Bombendrohungen.

Doch fangen wir von vorne an. Es kommt an einer Stelle im Unternehmen zum Brand. Wer einen Konzern mit 22.000 Personen je Standort hat, wird so etwas zwar nicht täglich, aber doch häufiger erleben – ein großer Vorteil für die anderen! Nun wäre es wünschenswert, wenn die erste Person, die den Brand sieht, darauf schnell und laut aufmerksam macht. Das geht durch lautes Rufen. In dieser Information sollten bereits die ersten Hinweise für andere enthalten sein, etwa so: „Achtung, es brennt. Herbert, rufe die Feuerwehr. Achim, bitte hole einen Handfeuerlöscher und Petra, bitte informiere schnell Herrn Schubert." Das reicht völlig aus für die erste Sekunde, denn Herbert, Achim und Petra werden dieser Aufforderung ohne große Diskussionsbereitschaft folgen. Ob einer der drei Brandschutzhelfer ist oder nicht, ist erst einmal ohne Belang, denn jede Person muss mit einem Handfeuerlöscher umgehen können. Weiß die anordnende Person, dass Petra die Brandschutzhelferin ist, wird sie wohl ihr den Achim-Job (Besorgen des Löschers) übertragen, oder Petra und Achim regeln das binnen Sekunden unter sich. Die Person, die die Befehle gegeben hat, holt ggf. einen zweiten Handfeuerlöscher – das ist sehr sinnvoll, denn zwei Handfeuerlöscher gleichzeitig abzublasen ist mehr als doppelt so effektiv als zwei, die man hintereinander abbläst! Das gilt jedoch nicht bei Schaum und Pulver – diese Löschmittel nehmen sich gegenseitig die Löschwirkung weg und das Pulver bewirkt großflächig Schäden. Also sollte man ggf. noch den Nachsatz bringen: „Holen Sie den Löscher mit Kohlendioxid, der hängt direkt vor der EDV!"

Handelt es sich um ein kleines Feuer, das man mittels Löschspraydose vor Ort, einem Wasserglas oder einem Handfeuerlöscher sofort im Griff hat, wird Herbert wahrscheinlich den Hörer wieder auflegen, während es bei der Feuerwehr noch nicht einmal läutet – eine Entscheidung, die richtig oder falsch sein kann. Lieber die Feuerwehr einmal vergebens gerufen als eine Minute zu spät, denn solche Einsätze werden üblicherweise nicht in Rechnung gesetzt – ein Umstand, den man bei Schulungen auch vermitteln muss. Doch jetzt gehen wir davon aus, dass das Feuer so groß ist, dass ein eigenes Löschen wohl nicht mehr sicher möglich ist. Dann muss man überlegen, ob man ein Risiko eingehen will oder nicht – besser nicht, denn dazu ist niemand verpflichtet. Jedoch sind wir verpflichtet, andere Menschen zu warnen und zu retten. Die ASR A2.2 fordert, dass im Brandfall alle betroffenen Personen informiert werden müssen – und dies so rechtzeitig, dass für sie keine Gefahr besteht. Das mag in Einzelfällen nur mit einer BMA mit akustischer Alarmierung oder einem Lautsprechersystem funktionieren, aber meist reicht ein Zurufen von Person zu Person. Wenn es in einer großen und damit übersichtlichen, hohen Halle an der Stelle X brennt, sind ja nicht binnen Sekunden Personen an den Stellen Y und Z gefährdet – und wenn doch, bekommen sie das ja mit und können fliehen. Schwieriger wird es in Verwaltungsgebäuden oder verwinkelten Gebäuden – da wäre es zudem ideal, wenn es zwei baulich gegebene Fluchtwege gäbe, die gegensätzlich zueinander angeordnet und gleichwertig sind. Niemand soll jetzt nämlich in Panik aus dem Fenster im 1. OG springen oder eine vertikal verlegte Fluchtleiter heruntersteigen; hier ist die Verletzungsgefahr zu groß und steht erst einmal überhaupt nicht in Relation zur Bedrohung.

Nun gibt es eine Brandschutzordnung C, welche für Personen, die in Notfällen wie Bränden besondere Aufgaben haben, geschrieben wurde. Das sind meist Personen, die einen höheren Rang haben und es gewohnt sind, Anweisungen zu geben. Diese müssen sie jetzt geben, denn wer außer dem Chef soll denn, vor dem Eintreffen der Feuerwehr, sonst Anweisungen geben können? Der Chef wird vielleicht sagen: „Herr Fischer, Sie gehen eine Ebene höher und sorgen für die Räumung dieser Ebene, Frau Brunnhofer – Sie machen das bitte eine Ebene unter uns. Und Frau Kreibel, Sie veranlassen die Räumung dieser Ebene." Nun muss es zwar keine Fluchthelfer geben, aber diese wurden eben ausgewählt. Es ist auch möglich, dass Frau Kreibel Fluchthelferin ist und weiß, was sie zu tun hat – nämlich zügig von hinten bis vorne durchgehen und dafür sorgen, dass alle vor ihr hergehen und das Gebäude verlassen wird. Die Arbeit wird *unterbrochen* – und das ist wichtig: Telefongespräche abrupt unterbrechen, Arbeit weglegen und nicht „noch eben schnell" etwas erledigen. Dann geht diese Person, die möglichst mit etwas Autorität ausgestattet sein sollte, zügig weiter und blickt nach rechts und links in die Räumlichkeiten, um alle herauszubringen. Es sind jetzt keine Diskussionen darüber angebracht, ob denn das Feuer wirklich schon so groß ist oder ob man nicht noch dies oder jenes erledigen dürfe. Kaffeemaschinen mit Heizplatten, Mikrowellen und Herde kann man im Vorbeigehen ausschalten. Für die Produktionsanlagen gibt es ggf. einen Not-Aus-Zentralschalter. An der wichtigen Räumungsaufgabe sieht man, dass die Belegschaft eher bereit ist, vom Teamleiter Befehle dieser Art entgegenzunehmen, also auf den ggf. ungewohnt hektischen und ruppigen Ton zu reagieren, als wenn der Azubi oder die Reinigungskraft diese Befehle äußert. Wenn ein Flur recht lang ist, dann sollte der Fluchthelfer auch dafür sorgen, dass ihm eine zweite, gut vertraute Person zur Verfügung steht: Einer geht nach rechts in alle Räume, der andere nach links in die dort platzierten Räume – das spart 50 % der Zeit bzw. geht doppelt so schnell.

Abb. 14 Bei feuergefährlichen Arbeiten außerhalb dafür vorgesehener Arbeitsplätze muss man passende Löschmittel bereitstellen. (Friedl)

Nun muss die Belegschaft natürlich nicht das gesamte Wissen dieses Fachbuchs vermittelt bekommen. Lediglich die speziellen Vorgaben für den Arbeitsbereich der Person sind zu vermitteln. Lassen Sie mich zwölf **besonders wichtige Informationen** hier hervorheben:

1. EDV – Stromlos schalten am Hauptschalter löscht, solange nur Rauch entsteht und kein Vollbrand vorliegt.
2. Metalle – löscht man ausschließlich mit D-Pulver; oder man überlässt das Löschen der Feuerwehr, um sich nicht zu verletzen (denn meist handelt es sich bei Metallbränden nicht mehr um Entstehungsbrände!).
3. Feststoffbrände – werden idealerweise mit Wasser oder Schaum gelöscht.
4. Flüssigkeitsbrände – werden idealerweise mit CO_2 gelöscht, oder auch mit ABC-Pulver (wenn das Löschmittel keine größeren Schäden anrichtet).
5. Brände in „groben" Freibereichen – hier wäre ggf. Wasser oder auch ABC-Pulver geeignet, aber kein CO_2.
6. Gasbrand – aus Gründen des Eigenschutzes ggf. brennen lassen, die Feuerwehr soll löschen; Gashaupthahn abdrehen; oder man wählt ABC-Löschpulver (nach dem Löschen tritt aber ggf. weiteres Gas aus, das dann bei Zündung explodieren kann!).
7. Pfannen-/Fritteusenbrände – F-Löschmittel umgehend aufbringen; ob das aus einer Löschspraydose stammt oder aus einem Handfeuerlöscher, ist nicht relevant. Wichtig ist, schnell zu handeln.
8. Laborbrände – diese löscht man mit CO_2 oder AB-Schaum.
9. Unübersichtliche, unklare Brände – hier fliehen und die Feuerwehr soll löschen.
10. Starke Rauchentwicklung – RWA-Anlage (ggf. Fenster, Oberlichter) öffnen.
11. Ein etwas größer gewordener Entstehungsbrand – hier werden mehrere Handfeuerlöscher zeitgleich von mehreren Personen eingesetzt.
12. Elektrische Geräte – ausschließlich CO_2 einsetzen.

Würde die Belegschaft dieses Wissen im Brandfall anwenden, wären viele Brände Kleinbrände und die Schadenkosten um 80 % oder mehr geringer!

3.2 Löschempfehlungen von Praktikern

Menschen, die beruflich täglich Handfeuerlöscher warten und neu auffüllen, erleben naturgemäß viel. Ihr Wissen ist für andere sehr nützlich und ich möchte das mir vermittelte hier stichpunktartig weitergeben – machen Sie für Ihren Anwendungsfall das Beste daraus:

- Keine Löscher mit mehr als 6 kg Löschmittel (also 6 l) bereitstellen, sie sind zu schwer. Es ist ein großer Unterschied, ob man 11 oder 15 kg Gewicht hebt.
- Jeden Löscher ausschildern.
- Löscher so anbringen, dass sie gut sichtbar, aber nicht störend sind (beim Vorbeigehen keine Verletzung).
- Jeden Löscher in passender Höhe ausschildern.
- Löscher nicht am Ende eines Stichflurs anbringen.
- Hängen Löscher mit Gasen und Wasser/Schaum für Geräte- und Feststoffbrände direkt nebeneinander, dann sind beide zusätzlich kurz und eindeutig für die Einsatzzwecke auszuschildern; diese Hinweisschilder sind oberhalb vom Löscher und unterhalb der Beschriftung anzubringen.
- Eher deutlich mehr als 5 % der Belegschaft zu Brandschutzhelfern ausbilden.
- Kurze, pragmatische Einführungen, Tipps und Schulungen geben.
- Eher Aufladelöscher als Dauerdrucklöscher anbringen.
- Griffhöhe einheitlich auf ca. 80 cm festlegen, nicht deutlich höher.
- Beschädigte oder ausgelöste Handfeuerlöscher umgehend prüfen und ggf. ersetzen lassen.
- Ausschließlich Löschmittel für Entstehungsbrände zur Verfügung stellen; in der Regel reicht mit Netzmittel versehenes Wasser aus.
- Elektrogeräte haben Öffnungen für den Lufteintritt und solche, an denen die erwärmte Luft austritt. Im Brandfall raucht es logischerweise aus der Luftaustrittsöffnung und deshalb macht es Sinn, das Löschmittel (CO_2) in die rauchfreie Lufteintrittsöffnung und nicht in die Öffnung zu spritzen, wo die Rauchgase herauskommen.
- Überall, wo man sich aufhält, sich bewusst machen, wo Handfeuerlöscher hängen – und zwar bevor man sie braucht (Arbeitsplatz, U-Bahnhof, Kaufhaus, Hotel, ...).

- Keine Angst vor Bränden an/in Elektrogeräten und vor Strom: Es kommen über den Lösch-Strahl keine Elektronen an/in unseren Körper.
- Gelöscht? Dann dort bleiben, denn das Feuer kann sich wieder entwickeln.
- Auch wenn es nur ein kleiner Entstehungsbrand ist, möglichst immer die Feuerwehr rufen.
- Sich immer bewusst machen, welches Löschmittel wo vorhanden ist, denn nicht jedes ist für jede Brandart gut/richtig/löschend.
- Sich immer damit auseinandersetzen, wie die jeweiligen Handfeuerlöscher zu aktivieren sind.
- Bewusst mit dem Löschmittel umgehen, denn es ist begrenzt.
- Nicht zu nah an das Feuer heran gehen, um mit dem Druck des Löschmittels nicht die brennenden Gegenstände umzublasen.
- Lieber zwei oder drei Löscher gleichzeitig einsetzen als hintereinander.
- Bei größer gewordenen Bränden umgehend – so vorhanden – einen fahrbaren Löscher einsetzen.
- Handfeuerlöscher regelmäßig kontrollieren: beschädigt, ausgelöst, entwendet, vertauscht?
- Handfeuerlöscher umgehend nach Brandentstehung bzw. Brandentdeckung einsetzen, jede Verzögerung vergrößert das Feuer.

Abb. 15 Brände im Dachbereich sind besonders schwer zu löschen. (Friedl)

Die vorgenannten Tipps stammen von unterschiedlichen Personen, die über sehr viel Praxis und Schadenerfahrung verfügen. Das Umsetzen der Tipps hilft an vielen Stellen dabei, unnötige Schadenvergrößerungen zu vermeiden.

3.3 Sauerstoffreduzierungsanlagen

Bereits vor über 20 Jahren wurden Sauerstoffreduzierungsanlagen erfunden und anschließend eingeführt; meist sind diese Anlagen in EDV- und deren Technikbereichen verbaut worden. Diese Anlagen, die auch Brandvermeidungsanlagen genannt werden, verändern die Luftzusammensetzung derart, dass ein Feuer aufgrund der Sauerstoffreduzierung nicht mehr ausbrechen kann, während ein Überleben in diesen sauerstoffarmen Bereichen für Menschen und Tiere aber medizinisch grundsätzlich bedenkenlos möglich ist. Dass diese unnatürliche Veränderung der üblichen Atmosphäre natürlich medizinisch genehmigt und geregelt sein muss und nicht grundsätzlich für alle Bereiche unseres täglichen Lebens einsetzbar ist, sollte offensichtlich sein; diese Aufgabenstellung ist jedoch längst einvernehmlich geklärt worden.

Doch wir wollen hier nicht über die sog. Kinderkrankheiten berichten – mittlerweile handelt es sich um eine zugelassene, solide Technik: der Sauerstoffanteil der Luft wird von üblicherweise 20,9 % auf 12–15 % abgesenkt und dies, indem man ihren Stickstoffanteil erhöht (üblicher Anteil an der Luft: ca. 78 %). Mit einer semipermeablen Membran kann man die Luft weitgehend in Stickstoff und Sauerstoff zerlegen, denn die Sauerstoffmoleküle sind etwas größer als die Stickstoffmoleküle und dementsprechend können sie ein zu feines Sieb nicht mehr durchtreten – der im Umfang etwas kleinere Stickstoff jedoch schon. Man bringt also den Sauerstoff in die Umgebung und den Stickstoff in die betreffenden Räumlichkeiten. Dieses Prozedere ist nicht besonders aufwändig, jedoch benötigt diese Technik recht viel Energie – und damit ist schon das erste Problem erkennbar: die Technik ist nämlich nicht nur in der Anschaffung, sondern auch im Unterhalt wirtschaftlich ein Faktor. Hinzu kommen Wartung, Verschleiß sowie bauliche und firmeninterne Probleme. Schließlich muss noch erwähnt werden, dass weder Behörden noch Gesetze oder versicherungsrechtliche Vorgaben diese Technik einfordern; und auch von den Feuerversicherungen gibt es für ihren Einsatz keinen Rabatt (anders als bei Brandlöschanlagen, die sich ggf. sogar durch die hohen Rabatte amortisieren können).

Bauliche Probleme treten dann auf, wenn es öffenbare Fenster für diese Bereiche gibt, wenn einfache (also konventionelle) Türen als Zugang vorhanden sind, wenn die Fenster nicht besonders dicht sind, oder wenn eine lüftungstechnische Anlage für diesen Bereich und gleichzeitig auch für andere, angrenzende Bereiche im Gebäude zuständig ist. Dann müssen manchmal aufwendige Veränderungen vorgenommen werden – und ob sich diese rechnen, muss in jedem Einzelfall genau geprüft werden. Ideal wäre es demnach, wenn man bei einem Neubau gleich diese Technik in der Planung für die betroffenen Bereiche berücksichtigen würde.

Eine konventionelle Tür, etwa wie die zwischen Treppenraum und abgehender Nutzungseinheit, ist hier als Zugangstür nicht möglich; es muss schon eine Schleuse sein. Dabei ist es unerheblich, ob die Tür selbstschließend und rauchdicht ist oder beides nicht. Hier würde die Sauerstoffkonzentration bei jedem Betreten oder Verlassen für zu lange Zeit so hoch liegen, dass kein Brandschutz gewährleistet wird. Man benötigt also eine aufwendige Schleuse, um in den Bereich zu gelangen – und somit kommt diese Technik nicht für Bereiche infrage, bei denen ständig Personen herein- oder heraustreten.

Doch fangen wir etwas weiter vorne an, um diese ja doch großartige Idee der Brandvermeidung zu erläutern. Um einen Brand entstehen zu lassen, benötigt man die nachfolgenden fünf Dinge:

1. Brandlasten (also Gegenstände, die brennen können – die entflammbar sind);
2. eine dafür ausreichend hohe Zündquelle (meist Hitze, also Temperatur – z.B. in Form von Flammen, Strom oder auch einer Schweißperle);
3. Sauerstoff (Luft reicht meist aus, doch wenn die Sauerstoffkonzentration erhöht ist, brennt es aggressiver – und das heißt, wenn die Sauerstoffkonzentration erniedrigt wird, brennt es weniger und ab 15 % gar nicht mehr);
4. diese drei Dinge müssen lange genug und an derselben Stelle vorhanden sein; und
5. sie müssen auch noch zur gleichen Zeit vorhanden sein.

Somit ist klar, dass man einen Brand verhindert, indem lediglich ein einziger dieser Punkte vermieden wird. In der Praxis sind das meist der Punkt 1 (Brandlasten entfernen, ersetzen, trennen oder kapseln) oder der Punkt 2 (die dafür nötige Zündenergie entfernen, reduzieren, kapseln, überwachen oder vermeiden). Nun ist es aber so, dass innerhalb von Elektrogeräten beides vorhanden ist, nämlich Platinen und Leitungen als Brandlasten und Strom als Zündquelle; die Punkte 4 und 5 sind dort ohnehin latent gegeben und Punkt 3, also Sauerstoff – respektive Luft – ebenso. Brennt es nun im

Gerät, kann man durch Hinzugabe von CO_2 aus einem Handfeuerlöscher oder einer Löschanlage (kann auch Argon oder ein anderes Löschgas sein) eben diesen Punkt 3 beseitigen und das Feuer geht zuverlässig und in elektrischen Geräten meist auch dauerhaft aus. Das gilt sinngemäß auch für Kabelstränge, die sich entzündet haben. Wenn man nun jedoch in diesen Bereichen von Anfang an den Sauerstoff derartig reduziert, dass Punkt 3 nicht gegeben ist, so kann es dort auch im Falle einer Zündung nicht zu einem Brand kommen. Und genau das ist die revolutionäre Idee dieser Technik, die nicht als Brandlöschtechnik eingestuft wird, sondern eben als Brandvermeidungstechnik.

Neben den bereits genannten Problemen gibt es jedoch noch zwei weitere: Zum einen sind diese Anlagen weder von Versicherungen noch von Behörden oder gar vonseiten des Gesetzgebers für irgendwelche Bereiche gefordert. Somit ist es eine freiwillige Leistung, die Geld kostet und natürlich objektiv die Sicherheit gegen Brände erhöht – aber eben nicht von den Feuerversicherungen rabattiert wird, wie dies etwa bei Gaslöschanlagen der Fall ist.

Zum anderen werden Brandlöschanlagen durch diese Technik unnötig, weil es ja – theoretisch – nicht zu einem Brand kommen kann. Allerdings werden Brandmeldeanlagen wiederum eben nicht unnötig, da rauchgasbildende Schmorbrände nach wie vor entstehen können und diese keinen Sauerstoff benötigen. Hinzu kommt, dass bei Ausfällen und Wartungsarbeiten diese Art der Brandsicherheit durch Brandvermeidung nicht mehr gewährleistet ist – und man also andere Schutzszenarien für diese Situationen entwerfen muss.

Wenn die Brandvermeidungsanlage installiert ist, können Feststoffe nicht mehr brennen, flüssige Stoffe ebenfalls nicht. Geeignet sind diese Anlagen besonders für EDV- und Technikräume, für bestimmte Lagerarten und grundsätzlich dort, wo sich selten und wenn, dann nur für kurze Zeit, gesunde und medizinisch untersuchte Personen aufhalten.

Die DGUV Information 5162 sagt unter anderem, dass man sich bei einer Sauerstoffkonzentration von 13–15 % nur maximal zwei Stunden am Stück in solchen Bereichen aufhalten darf und danach eine Pause unter normalen Umgebungsbedingungen von mindestens 30 Minuten benötigt. Zudem ist vorab eine arbeitsmedizinische Vorsorgeuntersuchung nötig für „Arbeiten in sauerstoffreduzierten Bereichen“, wie sie etwa auch atemschutztragende Feuerwehrleute kennen (früher mit G 26/1 bezeichnet).

Die betrieblichen Probleme mit der Belegschaft sind zweifach: Zum einen dürfen nur medizinisch untersuchte Personen in diesen Bereichen arbeiten und das zeitlich streng reglementiert sowie insbesondere nicht regelmäßig oder täglich. Man kann sich vorstellen, dass es subjektiv wie objektiv eine nicht positive Stimmung erzeugt, wenn man sich in einem sauerstoffreduzierten Bereich aufhält. Zum anderen kommt hinzu, dass man in solchen Bereichen aufgrund des geringeren Sauerstoffgehalts in der Luft (in etwa einer Bergwanderung im Hochgebirge vergleichbar) deutlich weniger leistungsfähig ist. Und auch Handwerker von Fremdfirmen, die in diesen Bereichen arbeiten müssen, benötigen vorab diese nötige arbeitsmedizinische Untersuchung.

Abschließend kann gesagt werden, dass in sog. Hochsicherheitsbereichen diese Technik nicht selten zum Einsatz kommt – und dies zusätzlich (also additiv, nicht alternativ) zu sämtlicher sonst bekannter Sicherheits- und Brandschutztechnik. Dort spielt der Faktor „Kosten“ für diesen Schutz auch nicht die große Bedeutung, denn der Ausfall der Technik (EDV, Telefon- und Datenverbindungen, Klimatechnik, ...) wäre ungleich teurer.

3.4 Die Brandversuche von Gent

Der damals noch sogenannte Fachverband Lichtkuppel, Lichtband und RWA hat 1998 interessante und ergebnisoffene Brandversuche in der belgischen Stadt Gent durchgeführt. Eine Brandhalle mit einer Grundfläche von 1.000 m^2 (20 m zu 50 m) und einer Raumhöhe von 12 m umbaut ein Volumen von 12.000 m^3. Dort wurden in den Versuchen 1, 2 und 3 jeweils 50 kg Holz und in den Versuchen 4 und 5 jeweils 30 kg PE entzündet. Die Halle hatte (hier allerdings nicht relevant) Rauchschürzen, aber auch Sprinkler, Entrauchungsöffnungen sowie hierfür Nachströmöffnungen; die drei letztgenannten brandschutztechnischen Einrichtungen sind für das Nachfolgende von Relevanz. Man „spielte“ damit in den fünf Versuchen: mal die RWA nicht zu haben (Versuch 1), mal alles zu haben (Versuch 2), mal die RWA vor Brandlegung zu öffnen (Versuch 3), mal nichts an Technik zu haben (Versuch 4) und mal die Sprinkleranlage nicht zu aktivieren, dafür aber die RWA-Anlage (Versuch 5). Diese Versuche waren wegweisend, interessant und änderten die (immerhin noch 1998!) falschen Sichtweisen. Dachte man bis dahin, man solle die RWA erst nach der Sprinkleranlage auffahren, weiß man seit diesen Versuchen, dass ihre Öffnung im frühestmöglichen Stadium sinnvoll und eben nicht kontraproduktiv ist. Doch keine Antwort bzw. Lösung ist für jedes Problem richtig: Wer längere Zeit nach einem Vollbrand die RWA auffährt oder für Frischluftzufuhr sorgt, kann damit den Flashover auch erst auslösen. Das passiert dann allerdings auch, wenn die Feuerwehr eine Tür öffnet oder die Glasscheiben platzen.

Doch wenn die RWA bei oder kurz nach Brandbeginn geöffnet wird, so leitet das die Hitze, die korrosiven Brandrauchgase und brennbare (und damit explosive) Brandrauchprodukte ins Freie. Ein Feuer wird dadurch verringert, nicht vergrößert! Die nachfolgende Tabelle zeigt die Ergebnisse der Versuche. Hierbei ist noch wichtig zu erwähnen, dass der FVLR von den Ergebnissen nicht wirtschaftlich profitiert – soll heißen, dass diese Versuche ergebnisoffen und „ehrlich" abgelaufen sind.

Versuch	Sprinkler	RWA	Zuluft	Fazit
1	Ja	Nein	Nein	▪ Totale Verrauchung der Halle ▪ Sprinklerwasser drückt Rauch runter ▪ Sprinkler löscht
2	Ja	Ja	Ja	▪ Keine Totalverrauchung der Halle ▪ Sprinkler löscht
3	Ja	Offen *vor* Brandlegung	Offen *vor* Brandlegung	▪ Optimal ▪ Kaum Rauch ▪ Besonders schnell gelöscht
4	Nein	Nein	Nein	▪ Katastrophal
5	Nein	Ja	Ja	▪ Keine Verrauchung unten

Wir sehen also, dass die Entrauchung sehr sinnvoll ist, auch zum Schutz der Feuerwehrleute und deren Aktionsmöglichkeiten im brennenden Gebäude. Der dritte Versuch belegte, dass sich zerstörungsfrei öffnende und per Knopfdruck wieder schließende RWA-Anlagen positiv auf einen erst später ausbrechenden Brand auswirken. Dachte man vor den Versuchen fälschlicherweise, die RWA-Anlagen dürfe man außerhalb von Bränden nicht auffahren (z.B. zur Ableitung von Gerüchen oder Wärme), so ist dies umgekehrt sogar sinnvoll. Im Klartext heißt das: Je früher eine RWA im Brandfall (oder eben vor dem Brandfall) geöffnet wird, umso besser ist es für die Minimierung des Brandschadens.

Doch relativieren wir jetzt einmal diese Zahlen, und zwar um 99 %. Das heißt, dass jetzt ein Brandraum von nicht 12.000 m^3, sondern von 120 m^3 (entsprechend einer Wohnung mit 48 m^2 und 2,5 m Deckenhöhe) gewählt wird. Dann müssen wir auch die Brandlasten um zwei Kommastellen streichen – demnach würden sich dort also 500 g brennendes Holz oder 300 g verbrannter Kunststoff so verhalten wie in Versuch 4, denn eine Wohnung hat weder einen Sprinkler noch eine automatische Entrauchung. Das bedeutet, dass bereits geringe Mengen tödlich viel Rauch erzeugen. Auf eine Küche mit 16 m^2 (also eine Drittelung von 48 m^2) umgelegt, würden demnach bereits 100 g thermisch zersetztes PE ausreichen, um eine tödliche Gefahr bei geschlossenen Fenstern und geschlossener Zugangstür zu erzeugen.

Man mag es fast nicht für möglich halten: Selbst heute, also über 25 Jahre nach den Brandversuchen, gibt es noch Feuerwehrleute und Beamte in Baubehörden, die von diesen Versuchen und deren Ergebnissen nichts wissen – oder die sie schlicht nicht glauben wollen oder können. Wenn es brennt, ist die Entrauchung manchmal noch wichtiger als das Löschen – für Menschen und zum Schutz der Sachwerte. Denn ein Feuer erstickt sich ggf. in einem fensterlosen Raum mit 4 m^2 und dichten Türen selbst, nicht aber in Wohnräumen, Büros, Lagern oder Produktionsräumen.

3.5 Entrauchung statt Löschen

Gehen wir hier noch einmal auf das Thema „Entrauchen statt löschen" ein. Die aus Holland stammende und heute in Bayern lebende Ingenieurin Gonnie van Zantvoort hat – wie oben bereits geschildert – mit einer Entwicklung den Ersten Preis beim Innovationswettbewerb 1999 der Bayerischen Ingenieurekammer belegt. Auf der Baumesse in München-Riem durfte sie Anfang 1999 ihre Idee vor erlauchtem Auditorium von knapp 1.000 Zuhörern aus Politik und Wirtschaft präsentieren und den Gewinner-Scheck in Höhe von umgerechnet ca. 5.000 € entgegennehmen. Worum ging es dabei im Einzelnen?

Herkömmlich verfährt man bei Großgaragen so, dass eine automatische Sprinkleranlage zu installieren ist. Dies ist umso zwingender, je weiter diese Parkebenen unterhalb des Erdgeschosses liegen. Fahrzeugbrände in Garagen verhalten sich anders als Raumbrände; dies haben zahlreiche Versuche, unter anderem der Universität Wuppertal und auch im Allianz Zentrum für Technik (Ismaning bei München), ergeben. Die Brände von Autos mit Li-Akkus verhalten sich wiederum deutlich anders (gefährlicher, weil heißer und aggressiver). Die Fahrzeuge brennen unter dem Blech – somit wird ein Feuerübergang ausschließlich über die Reifen von einem Fahrzeug zum nächsten möglich und dies auch nur dann, wenn die Fahrzeuge unüblich nahe zusammenstehen. Darüber hinaus gibt es auch bei entfernt stehenden Autos in der Garage bei Autobränden oftmals einen Totalschaden, ausgelöst lediglich durch die Verrauchung.

Die Sprinklerung bewirkt kein Löschen des Brandes an oder in Fahrzeugen, da das Wasser nicht unter die metallene Motorabdeckung gelangt oder an den brennenden Li-Akku – unabhängig davon, ob es sich um ein Verbrennerfahrzeug oder ein Elektroauto handelt. Bei brennenden Ölen und Treibstoffen ist die Sprinkleranlage zudem durch das Aufschwemmen der leichteren Flüssigkeiten schadenvergrößernd und somit äußerst gefährlich. Mindestens ein Brandbereich verraucht im Brandfall total, egal wie groß er ist. Es ist auch kaum entscheidend für die Schadenhöhe, ob die Sprinkleranlage angesprochen hat oder nicht. Die Entrauchungsanlage mit maximal dem 10-fachen Luftwechsel verdient den Namen „Entrauchung“ im Falle eines Brandes nicht, denn sie bringt die anfallenden Rauchgasmengen nicht einmal ansatzweise nach draußen. Fazit: Die Feuerwehr kann den Bereich kaum betreten, da alles verraucht ist. Selbst mit geschlossenen Atemschutzgeräten gibt es Zeitverzögerungen durch das Auffinden des Brandherds – so die Feuerwehr überhaupt über geschlossenen Atemschutz und über IR-Geräte verfügt. Menschen in der Tiefgarage sind durch die Totalverrauchung unnötig gefährdet.

Was ist nun neu und so besonders an der Entwicklung von Gonnie van Zantvoort, dass es für eine extrem leistungsfähige Entrauchung bei Tiefgaragenbränden den ersten Preis des Innovationswettbewerbs gab? Es ist schlicht die Quantität der Entrauchung – man befördert nicht das zehnfache, sondern beispielsweise die 70-fache Luftmenge aus der Garage und hat damit mehrere positive Effekte: Viele Autos werden vom Rauch nicht erreicht (das heißt sie werden nicht beschädigt), die Sicht ist gut und die Brandübergabe vom brennenden Auto an weitere Autos wird stark verzögert oder gar gänzlich unterbunden. Außerdem benötigt man keine Sprinkleranlage mehr, um einen besseren Löscheffekt zu bewirken. Die Konstruktionspläne der Ingenieurin wurden von der Ingenieurekammer geprüft und es fanden praktische Versuche im Verhältnis 1:1 statt. Bereits realisierte Neubauvorhaben und Gutachten renommierter Professoren haben dazu geführt, dass der Erste Preis der Ingenieurekammer für die neue, bessere und gleichzeitig sowohl sicherere als auch preiswertere Technik gerechtfertigt war.

Abb. 16 Rauchgase können großflächig Schäden anrichten. (Friedl)

Der Brand eines Autos bleibt also lokal begrenzt (maximal drei eng aneinander stehende Autos konnten entzündet werden), das haben umfangreiche Versuche von verschiedenen Institutionen in mehreren Ländern belegt. Die Garage verraucht nicht komplett, somit können sich alle Menschen (Pkw-Besitzer, Gebäudebetreiber, amateurhafte oder professionelle Feuerlösch-Personen) dort ohne hohe Gefahr aufhalten. Das mechanische Entrauchungssystem bildet ventilationstechnische Tunnels. Die Anlage besteht aus Impulsventilatoren, die die Rauchgase horizontal zu den Schachtventilatoren befördern; von hier aus werden die Rauchgase in Kanälen nach draußen befördert. Es erfolgt keine großvolumige Verrauchung der Tiefgarage und kein besonderer Temperaturanstieg, wodurch Menschen und die übrigen Fahrzeuge kaum gefährdet werden. Als besonderer kaufmännischer Vorteil ist festzustellen, dass die Kosten aufgrund des Wegfalls der Sprinkleranlage gesenkt werden können – und dies, obwohl die Sicherheit erhöht wird.

Die Bauordnungen für Garagen wurden jedoch seit 1999 in diese Richtung weder ergänzt noch umgestellt, mit der Folge, dass diese großartige Innovation nicht weiterverfolgt wurde. Die Errichter der Sprinklertechnik wird das nicht stören.

3.6 Imprägnierung von Stoffen (Andreas Hofem)

Massive Stahlträger haben keine Feuerwiderstandsfähigkeit – mit entsprechenden Lackierungen können sie jedoch F 90 (feuerbeständig) erreichen. Ganz so absolut geht das mit Holz oder leichtentflammbaren Stoffen (Vorhänge, Sitzmöbel) zwar nicht, aber man kann auch sie tatsächlich nahezu unbrennbar gestalten. So wie imprägnierte Kleidungsstücke Wasser abperlen lassen, anstatt es aufzusaugen, können chemische Imprägnierungen Stoffe für Stühle und Vorhänge derart verändern, dass man sie konventionell nicht entzünden kann. Mittels Kerze, Feuerzeug oder Zündholz erreicht man also keine Entflammung – und selbst eine zerknüllte und entflammte Tageszeitung auf Sitz-Polstermöbeln kann selbige nicht entzünden; das Schutzziel gilt als erfüllt. Konventionelle und damit leichtentflammbare Vorhänge in Fluchtwegen lassen sich auf diese Weise schwerentflammbar gestalten, das heißt, man könnte sie nur noch mit einem Bunsenbrenner zum Entflammen bringen und bei der Wegnahme der Gasflamme würde das Feuer auch schon wieder erlöschen.

Diese Imprägnierungen müssen – je nach Herstellerangabe – nach ein paar Jahren erneuert werden (meist fünf Jahre) und natürlich nach jedem Waschvorgang. Es sei jedoch darauf verwiesen, dass es tatsächlich schon nicht brennbare Stoffe für Stühle, Vorhänge und auch Kleidungsstücke gibt; und diese muss man weder vor noch nach dem Waschen imprägnieren, weil sie nicht schwerentflammbar, sondern tatsächlich unbrennbar sind. Die Kosten dieser Stoffe liegen verständlicherweise höher und es gilt abzuwägen, für welchen Weg man sich entscheidet.

Natürlich muss man grundsätzlich mit vorsätzlicher Brandstiftung rechnen – in der einen Unternehmensart häufiger als in einer anderen. „Vorsätzlich" bedeutet hier, dass jemand boshaft und mit strafrechtlicher Relevanz (§ 306 StGB) einen Brand legt mit dem Ziel, Sachwerte zu vernichten, Gebäude zu zerstören oder gar Menschen zu töten. Diese hochkriminellen Menschen überlegen also vorab, mit was sie anzünden, was sie anzünden und was sie damit bezwecken wollen. Sprich, sie nehmen nicht selten Brandbeschleuniger mit und entzünden diesen mit der kleinen Flamme eines Feuerzeugs. Wir können also lediglich durch das Minimieren oder gänzliche Entfernen von Brandlasten eine Entflammung verhindern. Doch in praktisch keinem Fall können wir Brandlasten gänzlich aus Räumen entfernen – wir können es höchstens erschweren, dass diese boshaft handelnden Menschen in die Räume gelangen. Nun darf man Brandstiftern ein hohes Maß an Kriminalität unterstellen und ggf. auch an Mut, aber eines nicht – sie sind, wie viele Verbrecher, nicht unbedingt unintelligent. Soll heißen, sie werden nicht in einem Flur die imprägnierten Vorhänge entzünden wollen, wenn sich in einem von dem Flur abgehenden Raum 150 Polstermöbel oder 30.000 kg Verpackungsmaterialien befinden.

Doch der Sinn der Imprägnierung ist ja, notwendige Flure und notwendige Treppenräume brandlastfrei zu halten, indem die sich dort befindlichen Stoffe praktisch unentflammbar werden. Dieses Ziel erreicht man mit den Imprägnierungen und somit haben auch Behördenvertreter meist keine Probleme mit der Situation: gilt es doch, Fluchtwege freizuhalten – und damit sind nicht nur Stolperstellen, sondern auch Brandlasten gemeint.

3.7 Brände durch Software vermeiden (Gerhard Petschat, Stefan Pröbstl)

Es geht im folgenden Beitrag um die softwaregestützte Einbindung von Gefahrstoffen im vorbeugenden Brandschutz und um die Frage, warum hier Handlungsbedarf besteht.

Im Rahmen einer Lehrtätigkeit zur Weiterbildung für Brandschutzbeauftragte kam eine Diskussion über den Umgang mit Gefahrstoffen auf. Auf die Frage, wie Gefahrstoffe zu erkennen seien, war die einhellige Meinung, dass ein Gefahrstoff als solcher mittels GHS-Symbolik ausgewiesen sein müsse. Weitere gefährliche oder gefährdende Stoffe, z.B. ohne GHS-Symbolik, waren unbekannt. Jedoch ist dies nur z. T. richtig. Es scheint also eine erhebliche Lücke bei der Bewertung von Gefährdungen zu geben – was also gilt als Gefahrstoff oder als gefährlicher Stoff? Hierzu zeigt ein Blick in § 2 der Gefahrstoffverordnung (GefStoffV), dass Gefahrstoffe im Sinne dieser Verordnung folgende sind – Auszug:

1. *Gefährliche Stoffe und Gemische nach § 3 GefStoffV,*
2. *Stoffe, Gemische und Erzeugnisse, die explosionsfähig sind,*
3. *Stoffe, Gemische und Erzeugnisse, aus denen bei der Herstellung oder Verwendung Stoffe nach Nummer 1 oder Nummer 2 entstehen oder freigesetzt werden,*
4. *Stoffe und Gemische, die die Kriterien nach den Nummern 1 bis 3 nicht erfüllen, aber auf Grund ihrer physikalisch-chemischen, chemischen oder toxischen Eigenschaften und der Art und Weise, wie sie am Arbeitsplatz vorhanden sind oder verwendet werden, die Gesundheit und die Sicherheit der Beschäftigten gefährden können,*
5. *alle Stoffe, denen ein Arbeitsplatzgrenzwert zugewiesen worden ist.*

Am Beispiel eines Handdesinfektionsmittels kann der eingangs genannten Frage mit Blick auf das beiliegende Sicherheitsdatenblatt auf den Grund gegangen werden: Fällt das Desinfektionsmittel unter die Biozid-Verordnung, wird die GHS-Symbolik Pflicht; handelt es sich dagegen um ein Produkt, das unter die Medizinprodukteverordnung fällt, werden keine GHS-Symbole verwendet – obwohl die Inhaltsstoffe im Sinne des Brandschutzes durchaus vergleichbar sind. In Abhängigkeit von den Arbeitsprozessen bzw. je nach Umgang mit vermeintlich ungefährlichen Stoffen, wie beispielsweise Mehl, können auch diese Stoffe gefährdend werden: Eine Mehlstaubexplosion ist den meisten Brandschützern zumindest über Presseartikel oder Youtube-Videos ein Begriff. Auch Staub gilt als brandbeschleunigend – das ist spätestens seit dem Flughafenbrand in Düsseldorf im Jahr 1996 bekannt. Dennoch werden diese Stoffe in Bezug auf den Brandschutz oftmals zu wenig berücksichtigt.

Eine anerkannte Methode zur Bewertung der Gefahrstoffe – sowohl im Hinblick auf die Arbeitssicherheit als auch in Bezug auf den Brandschutz – ist die Gefährdungsbeurteilung. Eine kurze Umfrage bei den Teilnehmenden der oben benannten Weiterbildung zeigt, dass selbst bei ausgebildeten Brandschutzbeauftragten nur in zwei (von 18) Betrieben Gefährdungsbeurteilungen in Bezug auf Brandschutz durchgeführt werden – bei ca. 89 % der Betriebe, zumindest dieser Teilnehmenden, stand dies aus. Es ist also davon auszugehen, dass in diesen Betrieben die Gefahrstoffe nicht bzw. nicht in ausreichendem Maße bewertet werden.

Folgendes Vorgehen zur Gefährdungsbeurteilung gemäß Bundesanstalt für Arbeitsschutz und Arbeitsmedizin (BAuA) kann empfohlen werden, denn beim Aufbau der Form von Gefährdungsbeurteilungen sollen Betriebe die Inhalte weiterer Gesetze, Verordnungen und staatlicher Regeln abbilden – diese sind u. a.:

- ArbStättV und Technische Regel für Arbeitsstätten ASR V3
- BetrSichV und Technische Regel für Betriebssicherheit TRBS 1111
- GefStoffV und Technische Regel für Gefahrstoffe TRGS 400
- BioStoffV und Technische Regel für Biologische Arbeitsstoffe TRBA 400
- Lärm- und Vibrations-Arbeitsschutzverordnung (LärmVibrationsArbSchV) und Technische Regeln TRLV Lärm sowie TRLV Vibrationen
- Verordnung zu künstlicher optischer Strahlung (OStrV) und Technische Regeln TROS
- Verordnung zu elektromagnetischen Feldern (EMFV) und Technische Regeln TREMF
- Verordnung zur arbeitsmedizinischen Vorsorge (ArbMedVV) und Arbeitsmedizinische Regel AMR 3.2
- Mutterschutzgesetz (MuSchG)
- Jugendarbeitsschutzgesetz (JArbSchG)

Bei der Gefährdungsbeurteilung sollten gemäß BAuA die folgenden Prozessschritte eingehalten werden:

1. Vorbereiten
2. Ermitteln der Gefährdungen
3. Beurteilen der Gefährdungen
4. Festlegen erforderlicher Arbeitsschutzmaßnahmen
5. Durchführen der Maßnahmen
6. Überprüfen der Wirksamkeit der Maßnahmen
7. Dokumentieren der Ergebnisse
8. Fortschreiben der Gefährdungsbeurteilung

Hierzu ein Praxisbeispiel aus einem Industriebetrieb: Im Zuge eines Projekts an einem Industriestandort wurde die Frage aufgeworfen, ob man bei der Erstellung von Betriebsanweisungen unterstützen könne – bei ca.

1.100 Gefahrstoffen sei die bestellte Fachkraft für Arbeitssicherheit überlastet. Ein erster Einblick in die Übersicht der Gefahrstoffe sowie eine erste Begehung am Standort haben Folgendes gezeigt:

- Die bereits erstellten Betriebsanweisungen konnten aus betrieblichen Gründen nicht umgesetzt werden und waren wenig aussagekräftig.
- Es wurden diverse Gefahrstoffe gleicher Art und Zusammensetzung verwendet (z. B. Klebstoffe und Öle/Fette verschiedener Hersteller) – für jeden dieser Stoffe wurden Betriebsanweisungen erstellt.
- Allgemein war der Beschaffungsprozess nicht lückenlos geregelt – teilweise erfolgten Beschaffungen (auch von Gefahrstoffen) außerhalb des Einkaufsprozesses, sodass der Einsatz dieser Stoffe der Fachkraft für Arbeitssicherheit bzw. dem Brandschutzbeauftragten unbekannt waren.
- Es sind weder vor erstmaligem Einsatz noch wiederkehrend Substitutionsprüfungen erfolgt.
- Die Lagerung der Gefahrstoffe erfolgte ohne Abgleich mit den Vorgaben.
- Die Bewertung zum Umgang mit Gefahrstoffen stand aus, dementsprechend waren auch die Unterweisungen der Mitarbeitenden mangelhaft – Schutzmaßnahmen auch im Sinne des Brandschutzes waren teilweise lückenhaft.
- Vorgaben resultierend aus dem Mutterschutzgesetz oder auch dem Jugendarbeitsschutzgesetz wurden nicht erhoben.
- usw.

Dementsprechend galt es, eine grundsätzliche Gefährdungsbeurteilung durchzuführen, eine Substitutionsprüfung vorzunehmen und im Anschluss eine Betriebsanweisung für verbleibende Gefahrstoffe zu erstellen. Auf Basis der Betriebsanweisungen waren die Mitarbeitenden zu unterweisen. Bei der Gefährdungsbeurteilung wurden insbesondere folgende Regelwerke berücksichtigt:

- Gefahrstoffverordnung
- Sicherheitsdatenblätter der Stoffe
- TRGS 500 ff.
- TRGS 400 ff., 700 ff. und 800
- Auflagen aus der Baugenehmigung (bzw. Brandschutznachweis) sowie Auflagen des Gebäudeversicherers

Die Gefährdungsbeurteilung erfolgte grundsätzlich unter Einbindung der geschäftsführenden Werk-/Produktionsleitung, der jeweiligen Führungskraft, der bestellten Fachkraft für Arbeitssicherheit sowie des bestellten Brandschutzbeauftragten. Aufgrund der vielfältigen Themen – gemäß den oben dargestellten, zu berücksichtigenden Regelwerken – und wegen der schieren Masse an zu erstellenden Gefährdungsbeurteilungen wurde die Entscheidung getroffen, eine Software zu nutzen. Hier mit Formularen auf Word- oder Excel-Basis zu arbeiten, wäre schlicht unmöglich gewesen. Nach einiger Recherche fiel die Wahl auf 4TY-Preventive Safety. Diese cloudbasierte Software bietet die Möglichkeit, individuell auf die jeweiligen Bedürfnisse angepasst zu werden. Der Anwender (z. B. Fachkraft für Arbeitssicherheit oder Brandschutzbeauftragter) kann selbst Checklisten erstellen und mit diesen Checklisten Abfragen durchführen, sodass von weiteren Nutzern (z. B. Führungskräfte) zuerst einfache Fragestellungen beantwortet werden müssen. Die jeweilige Antwort hat ggf. eine Gefährdungsbeurteilung (GBU), eine Betriebsanweisung und (Schutz-)Maßnahmen zur Folge. Gefahrstoff-Verantwortliche können ihrer Organisation die stoffbezogenen Bewertungen zur Verwendung in die GBUs zur Tätigkeit/zum Arbeitsplatz bereitstellen und behalten so den Überblick über die vereinbarten Einsatzorte des Stoffs. Die Einbindung des Brandschutzes und die Unterstützung der Methodik EMKG (einfaches Maßnahmenkonzept Gefahrstoff der BAuA) ist, auch auf Basis der oben genannten Projekterfahrung, in Entwicklung.

Die Lagerung von Gefahrstoffen erfordert überdies im Sinne des Brandschutzes besondere Aufmerksamkeit: Insbesondere über die Angaben des Sicherheitsdatenblattes des jeweiligen Gefahrstoffes (v. a. Lagerklasse) und der gelagerten Menge ergeben sich im Abgleich mit der TRGS 510 bestimmte Auflagen an die Lagerung. Diese Anforderungen wurden grundsätzlich auf dem genannten Industriestandort erfüllt – die Lagerung erfolgte in entsprechenden Gefahrstofflagern. Ausstehend jedoch war die Prüfung von Zusammenlagerungsverboten gemäß TRGS 510 sowie die Beachtung wechselseitiger, etwaig gefahrerhöhender Bedingungen durch eine unzulässige Zusammenlagerung. Auch wurden in den Lagern deutlich größere Mengen an Gefahrstoffen gelagert, als dies gemäß der Baugenehmigung für diese Lager zugelassen wäre – dementsprechend sollte ein Blick in die gültige(n) Baugenehmigung(en) sowie in die Brandschutznachweis(e) erfolgen, da hierin auch jeweils Auflagen enthalten sein können.

Durch die fehlende Bewertung der Gefahrstoffe und die deutliche Überschreitung der zugelassenen Menge an Gefahrstoffen in diesen Lagern wurden auch die Vorgaben aus der Verordnung über Anlagen zum Umgang mit wassergefährdenden Stoffen (AwSV) nicht eingehalten.

Auszug:

§ 20 Rückhaltung bei Brandereignissen – „Anlagen müssen so geplant, errichtet und betrieben werden, dass die bei Brandereignissen austretenden wassergefährdenden Stoffe, Lösch-, Berieselungs- und Kühlwasser sowie die entstehenden Verbrennungsprodukte mit wassergefährdenden Eigenschaften nach den allgemein anerkannten Regeln der Technik zurückgehalten werden. Satz 1 gilt nicht für Anlagen, bei denen eine Brandentstehung nicht zu erwarten ist, und für Heizölverbraucheranlagen."

Wie so oft, sind es meistens kleine Ursachen, die am Ende große Wirkung zeitigen: nicht durchgeführte Gefährdungsbeurteilungen und somit ausstehende Beurteilungen oder gar fehlende Kenntnis der Gefährdungen, oft zusammen mit fehlendem Wissen über die Eigenschaften von realen „Gefahr"-Stoffen, die in den Betrieben eingesetzt werden. Mangelhafte Informationsbeschaffung über nicht belastbare Quellen anstelle von Regelwerken und amtlichen Stellen, um gesicherte Erkenntnisse zu erlangen, bedeuten überdies ein Risiko. Für Brandschutzbeauftragte und auch Fachkräfte für Arbeitssicherheit ist es unerlässlich, sich sicher in den geltenden Regelwerken zu bewegen, um gesicherte und auch verlässliche Aussagen treffen zu können. Oft werden Aussagen und auch Interpretationen weitergetragen, die so in den geltenden Regelwerken nicht zu finden sind.

Am Ende sind die Unternehmen gemäß dem Arbeitsschutzgesetz (siehe § 3) gefordert, ihrer Verantwortung aus Arbeits- und Brandschutz gerecht zu werden und somit unter Berücksichtigung der Umstände, welche die Sicherheit und Gesundheit der Beschäftigten bei der Arbeit beeinflussen, alle erforderlichen Maßnahmen des Arbeits- und Brandschutzes zu treffen und dahingehend eine ständige Verbesserung für alle Beschäftigen anzustreben. Eine geeignete (Betriebs-)Organisation ist dabei gleichermaßen gefordert wie Prozesse und geeignete Weisungen gegenüber den Beschäftigen. Um die administrativen Aufgaben der Dokumentation und Maßnahmenverfolgung in arbeitsteiliger Organisation zu unterstützen und eine rechtssichere Dokumentation zu gewährleisten, empfiehlt sich der Einsatz moderner IT-Lösungen, wie z. B. www.4TY.io.

3.8 Vakuum-Löschtechnik (Günter Knopf)

Um elektrotechnische Betriebsräume vor dem Abbrand zu schützen, wurden in der Vergangenheit viele Arten von Feuerlöschsystemen eingesetzt, wie z. B. CO_2-Löschanlagen, das seit 1993 verbotene Löschgas Halon, N_2-

Löschanlagen, Inertgas-Löschanlagen (Inergen, Argon, Argonite), Novec-1230-Löschanlagen (FM 200) oder Dauer-Inertisierungsysteme. Obwohl jedes System löschfähig und weitestgehend rückstandsfrei ist, sind verschiedene Begleitumstände wie z. B. Druckaufbau durch das eingebrachte Löschgas, Löschmittelvorhaltung oder der Platzbedarf für die Anlagen und Gasflaschen zu berücksichtigen.

Das Vakuumlöschverfahren bedient sich – mehr oder weniger ohne Löschmittel – der vorhandenen Technik, ergänzt um einen Vakuumbehälter. Brände entstehen durch die zeitliche und räumliche Koinzidenz von brennbaren Stoffen, Sauerstoff und Zündenergie. Bei einem Entstehungsbrand wird nun mittels der vorhandenen Entlüftung (Belüftung schaltet bei Branderkennung ab) und einem Vakuumkessel in einem definierten Raumvolumen ungefähr die Hälfte der dort vorhandenen Luft, und damit auch ungefähr die Hälfte des atmosphärischen Luftdrucks (1.000 hPa), entfernt, sodass nur noch ein Teildruck von etwa 500 hPa bleibt und der Sauerstoffanteil von ca. 21 auf unter 15 Vol.-% gebracht wird (Atmen ist da noch möglich). Üblicherweise werden dafür relativ kleine Volumina gewählt wie das innere eines Schaltschranks, ein geschlossenes Server-Rack, ein kleiner und fensterloser Serverraum, ein OP-Raum oder Reinsträume usw. Dieser Luftdruck entspricht einer atmosphärischen Höhe von etwa 6.000 Höhenmetern und reicht nicht mehr zur Aufrechterhaltung einer exothermen Oxidationsreaktion aus. Die Oxidation kommt mangels Sauerstoffnachschub zum Stillstand. Somit wird auch keine Wärme mehr produziert und der Brand erlischt augenblicklich. Auch das ist, wie die Entrauchungstechnik von Gonnie van Zantvoort, ein revolutionär neuer und oftmals besserer Weg der Brandlöschung.

Dass das keine Allround-Lösung für Produktions-/Lagerhallen, Wohnungen oder Büros ist, leuchtet ein. Die Schaltschränke, Räume oder Server-Racks müssen für den Anschluss an ein Vakuumlöschsystem konstruktiv ausgebildet sein, um einerseits überhaupt ein Teilvakuum bilden und halten zu können und um andererseits der Belastung des Luftdruckunterschieds standzuhalten. Wer sich noch an das tragische Ende des Tauchboots „Titan" erinnert (18.06.2023), das in 3,8 km Meerestiefe zerdrückt wurde und fünf Menschen tötete, versteht, welche Kraft Drücke ausüben können. Otto von Guericke hat bereits im 17. Jahrhundert Versuche mit Vakuum (die berühmte Magdeburger Halbkugel) durchgeführt und damit belegt, welchem hohen Druck wir auf der Erde ausgesetzt sind und wie sich Unterdrücke auswirken und nutzen lassen. Das Innere eines konventionellen Staubsaugers (engl.: vacuum cleaner) hat in Betrieb unter Volllast übrigens auch ein Teilvakuum von ca. 50 %.

Die Lüftungsöffnungen der Geräte oder Racks sind also mit Klappen zu versehen, die sich im Brandfall schließen und durch den Luftdruckunterschied selbstabdichtend abgepresst werden. Die Gehäuse werden durch Querversteifungen ausreichend stabilisiert.

Doch auch in großen und hohen Räumen wäre diese Technik umsetzbar: Bei sehr großen Raumvolumina wie beispielsweise einem Hochregallager kann mithilfe von Gasturbinen (modifizierte Turbofan-Triebwerke) das entsprechende Luftvolumen in kurzer Zeit um 50 % reduziert werden. Dass ein Flugzeugtriebwerk dazu fähig ist, beweist die Tatsache, dass die Luftdruckerhöhung für die Druckkabine bei den meisten Flugzeugen aus der Zapfluftleitung des Niederdruck-Axialverdichters der Turbinen entnommen wird (in ca. 12 km Höhe herrscht während des Flugs ein Luftdruck wie in 3.000 m).

Diese Löschung richtet absolut keinen Schaden an – und dies unabhängig vom Gebäude oder dessen Inhalte. Brände werden also sehr schnell und ohne weitere Schäden gelöscht; das bedeutet, anschließend kann man dort ohne weitere Verzögerung oder nötig werdende Maßnahmen wieder die Arbeit aufnehmen. Eine Gefahr für Menschen besteht nicht, denn zum einen gibt es eine ausreichend lang bemessene Vorwarnzeit zum Verlassen der Räume und zum anderen sind unter 15 % Sauerstoff oder eine Luftdruckhalbierung kurzfristig für den Gesundheitszustand gesunder Menschen nicht als kritisch einzustufen.

Dieses Verfahren zur Brandbekämpfung funktioniert also lediglich in geschlossenen Schutzobjekten, wobei nach einer Branddetektion das Raumvolumen luftdicht abgeschlossen wird und mittels Luftabsaugung ein Unterdruck in dem Schutzobjekt erzeugt wird. Mit diesem Vakuum-Löschverfahren ist ein komplexes System gegeben, das es ermöglicht, die Brandbekämpfung im Ereignisfall unmittelbar nach der Brandentstehung direkt vor Ort zu beginnen und dadurch das Schadensausmaß erheblich zu reduzieren. Personen, Gebäude und deren Inhalte werden besser geschont als durch jede andere bis heute bekannte Löschtechnik. Man benötigt keine Löschmittel (löscht also rückstandsfrei) und unterbindet die Brandausbreitung exorbitant schnell.

4. Löschmittel für Amateure

Wer mit Handfeuerlöschern oder auch Löschspraydosen umgehen kann und diese zur Verfügung hat, kann einen Entstehungsbrand schnell und gefahrlos beenden. Ist das Feuer schon etwas größer, aber man kann sich ihm dennoch annähern, können zwei bis drei Handfeuerlöscher von zwei bis drei Personen gleichzeitig eingesetzt ein Feuer oft binnen weniger Sekunden löschen – was man mit lediglich einem Handfeuerlöscher in der Zeit der Löschmittelausgabe (ca. 40 Sekunden) nicht erreicht. Das ist eine wichtige Information für Sie und Ihre Belegschaft! Noch wichtiger ist zu wissen, dass Brandrauch behindert und tötet, und das sehr schnell – im Zweifelsfall deshalb bloß nicht das eigene Leben für Sachwerte riskieren! Also muss das Feuer vor den löschenden Personen liegen und der baulich gegebene Fluchtweg hinter ihnen, nicht hinter dem Feuer. In Handfeuerlöschern ist üblicherweise eines der nachfolgenden Löschmittel enthalten (Reihenfolge ohne Wertung):

- Reines Wasser
- Wasser mit Frostschutz (Vorteil: gefriert nicht bei 0 °C; Nachteil: hat weniger LE)
- Wasser mit Benetzungsmittel (Vorteile: hat mehr LE und kann ggf. auch B-Brände löschen)
- Schaum
- Kohlendioxid (CO_2)
- ABC-Pulver
- D-Pulver
- F-500-EA-Löschmittel (löscht A- und B-Brände, ggf. auch C-Brände und kann bei einigen Metallbränden wie z. B. Li-Akkus auch löschen – letzteres bis heute als einziges!)
- F-Löschmittel

Je nachdem, was brennt, ist also Löschmittel A oder Löschmittel B sinnvoller. Doch welches Löschmittel ist wo sinnvoll und gut – oder unwirksam, schlimmstenfalls sogar tödlich? Die nachfolgende Auflistung zeigt, dass es kein Löschmittel gibt, das für alle Arten von Bränden immer optimal geeignet wäre. Es gibt nicht „das eine", immer richtige Löschmittel. Eine Lösung, die alle Bedürfnisse abdeckt, gibt es auch weder in der Medizin noch bei der Wahl von Speisen, Kleidungsstücken oder Fahrzeugen. Die richtige Antwort auf viele Fragen unser Leben betreffend darf also nicht „Ja“ oder „Nein“ lauten, sondern „Es kommt darauf an“. Bezogen auf Löschmittel bedeutet das:

- ABC-Pulver als Löschmittel kann (nicht: muss) bei Gasbränden löschen und somit richtig sein – wenn man das Gas am weiteren Austritt hindern kann; bei A- oder B-Bränden wird man bessere Löschmittel finden.
- D-Pulver ist bei Metallbränden immer dann richtig, wenn die es anwendende Person sich dabei nicht selbst gefährdet.
- CO_2 ist bei Gerätebränden oftmals die richtige Wahl, sofern man auf den Personenschutz achtet (Sauerstoffverdrängung durch das Löschmittel).
- Wasser ist bei Feststoffbränden oftmals die beste Wahl.
- Schaum ist bei thermoplastischen Kunststoffbränden meist am wirkungsvollsten.
- ABC-Pulver ist im Freien oftmals die richtige Wahl (so man dort überhaupt löschen muss/will, was laut ASR A2.2 nicht pauschal gefordert ist), wenn das Pulver nicht auf, an oder gar in Kraftfahrzeuge gelangen kann.
- Bei Batteriebränden sind Löscher mit F-500 EA oftmals die einzig richtige Wahl.
- Nicht löschen, sondern fliehen und die Feuerwehr rufen, ist bei großen Bränden die wohl einzig sinnvolle Option.

So weit, so kompliziert. Niemand hat gesagt, dass die Welt – im Detail betrachtet – einfach handzuhaben sei. Dennoch sind das erst triviale (aber dennoch elementar wichtige) Grundlagen. Anspruchsvoll werden:

- Brände an/in Li-Energiespeichern
- Komplexe Gasbrände
- E-Auto-Brände
- Unübersichtliche Brände
- Großbrände
- Brände unterschiedlicher Stoffe
- Brände in Bereichen, die nicht entraucht werden können
- Sich schnell ausbreitende Brände
- Extrem viel Rauch
- Große Brandhitze
- Brände in Gebäuden, aus denen sich noch nicht alle Menschen retten konnten
- Brände in Gebäuden mit sehr vielen und/oder besonders hilfebedürftigen Menschen

- Boshaft gelegte Mehrfachbrände bei einem Gebäudeobjekt

Bleiben wir jedoch erst einmal bei den Grundlagen, denn diese decken bereits über 90 % aller Brände ab. Doch selbst diese Grundlagen sind in vielen Unternehmen und Behörden nicht umgesetzt. Ich schreibe diese Sätze in einem Hotel, kurz vor dem Beginn eines Brandschutz-Seminars. Auf dem Weg von der Tiefgarage über die Rezeption und mein Zimmer bis zum Seminarraum bin ich zunächst an einem deutlich zu hoch hängendem 6-kg-ABC-Pulver-Dauerdrucklöscher (der hinter dem Löscher ausgeschildert ist) vorbeigekommen. Er hat die Einstufung 27 A. Dann folgten zwei nebeneinander hängende 6-kg-ABC-Pulver-Aufladelöscher mit 34 A an der mit Elektronik gespickten Rezeption und vor meinem Hotelzimmer hing ein 6-kg-ABC-Pulver-Aufladelöscher mit der Einstufung 55 A. Zwei der Löscher haben die Löschmittel-Auswurfhebel am Tragegriff des Löschers, die anderen beiden am Ende des Schlauchs. Fähige Brandschutzbeauftragte haben jetzt schon einige Verstöße gegen die ASR A2.2 erkannt:

- Falsches Löschmittel (das ist der größte Verstoß!)
- Falsche Montagehöhe (das kann sehr schmerzhaft werden)
- Keine einheitliche Nutzungsart (das erlaubt die ASR A2.2 nicht)
- Fehlerhafte Ausschilderung (das fordert die ASR A2.2)
- Kein CO_2 an der Rezeption, sondern für elektrotechnische Räume (das fordert die ASR A2.2 sowie die VdS 2046)

Außerdem waren im notwendigen Treppenraum jede Menge leicht entflammbare Brandlasten gelagert. Kann man hier noch von grober Fahrlässigkeit sprechen, oder handelt es sich schon um bedingten Vorsatz? Kann man hier ein schlüssiges Konzept erkennen, oder einfach nur ein paar hilflos zusammen gezimmerte Maßnahmen, die nebeneinander stehen und eher schaden als nutzen? Wie soll denn Brandschutz funktionieren, wenn man derart elementare, rudimentäre und schlimme Fehler begeht? Dabei wäre Professionalität ja weder aufwendiger noch teurer. (Übrigens, das teure Hotel ist auf seine vier Sterne stolz.)

Es ist wichtig, dass die Belegschaft über präventive und kurative Brandschutzmaßnahmen informiert wird, und dies ausgiebig – damit das nötige Fachwissen nicht nur auswendig gelernt und vergessen wird, sondern logisch und jederzeit reproduzierbar ist. Wenn die (übrigens sehr gut entworfene!) VdS-Klausel 2046 in einem Versicherungsvertrag steht, muss für Brände an/in elektrischen/elektronischen Geräten und Anlagen ein Löschgas (also CO_2, andere gibt es bisher nicht) verwendet werden. Das lässt sich auch aus der ASR A2.2 herauslesen, allerdings mit dem etwas abschwächenden Konjunktiv „sollte“.

Manche Handfeuerlöscher mit Wasser, Schaum oder Pulver haben die Auslösevorrichtung am Haltegriff und andere am Ende des das Löschmittel ausbringenden Schlauchs. Was ist nun sinnvoller und besser? Eine absolute Antwort gibt es auch hier nicht, denn beide Systeme haben Vor- und Nachteile. Der Vorteil bei der ersten Lösung ist, dass man merkt, wenn der Sperrstift noch steckt, weil man den Hebel nicht drücken kann. Somit würde man wohl den Stift entfernen, um anschließend das Löschmittel auszubringen. Wer indes die zweite Lösung vorfindet, kann den Griff drücken und es kommt erst einmal kein Löschmittel. Man könnte also meinen, dass der Löscher keinen Druck hat, das Löschmittel auszubringen. Eventuell (und das ist schon mehrfach passiert) sind die Leute dann so aufgeregt, dass sie die Bedienungsanleitung nicht oder nicht richtig lesen und den Löscher eben nicht verwenden (können). Der Nachteil der am Löschergriff statt am Schlauchende platzierten Auslöseeinheit ist, dass man den Schlauch festhalten sollte, sonst kommen 15 bar Druck in den Schlauch und der spritzt dann erst einmal sekundenlang in alle Richtungen. Ja, er kann der Person auch ins Gesicht spritzen oder sie schlagen. Auch das ist schon mehrfach vorgekommen und verständlich, denn im Brandfall sind Laien eben aufgeregt – man stelle sich eine Krankenschwester vor oder einen Büroangestellten, wenn diese zum ersten Mal einen Brand erleben, alleine sind und einen Feuerlöscher aktivieren müssen.

Die ASR A2.2 fordert übrigens, dass in einer Nutzungseinheit alle Handfeuerlöscher über die gleiche Art der Auslöseeinrichtung verfügen müssen. Dies geht immer dann nicht, wenn man auch CO_2 für Gerätebrände stellen muss, denn diese Löscher müssen ja nicht erst aufgeladen werden, weil hier das Löschmittel für den nötigen Ausbring-Druck sorgt. In allen Fällen aber, also bei Wasser- oder Schaumlöschern, muss es ein einheitliches System geben. Oder man weicht davon ab und kann belegen, dass das gewählte Vorgehen aufgrund guter Schulungen im Brandfall nicht zum Problem wird.

4.1 Verhalten bei Brandentstehung (Bernd Weißhaupt)

Ein Mitarbeiter kommt morgens als erster ins Büro und stellt einen Brandgeruch fest, sieht jedoch weder Rauch noch Feuer. Er sieht sich um, findet aber keine Quelle. Der Brandgeruch ist eigentlich überall. Diese Situation geschieht relativ häufig bei Kabelbränden in Kabelschächten, Bodentanks, Mehrfachsteckleisten usw. Immerhin entstehen über 30 % der Brände in

Unternehmen direkt oder indirekt durch Strom. Das sofortige Rufen der Feuerwehr wäre hier richtig, also als erstes über den Notruf 112 die zuständige Feuerwehr alarmieren. Dies gilt auch bei einem sofort sichtbaren Entstehungsbrand – auch hier ist grundsätzlich vor dem eigenen Löschangriff die Feuerwehr zu alarmieren oder im Idealfall parallel dazu. Immer wieder hören die Einsatzleiter der Feuerwehren auf Nachfrage bei den Betroffenen die Aussage: „Das Feuer war ganz klein, da haben wir erst einmal selber alles versucht, um das Feuer zu löschen. Wir hätten nie gedacht, dass der Brand so schnell so groß wird! Dann haben wir nach den wirkungslosen Löschversuchen 112 gewählt!" Oftmals wird erst fünf und mehr Minuten später die Feuerwehr gerufen – und dann kann es bereits zu spät sein. Die Feuerwehr hat ja auch noch eine gewisse Zeitspanne für die Alarmierung sowie die Anfahrt zur jeweiligen Einsatzstelle. Die Hilfsfrist reicht von acht Minuten in dicht besiedelten Gebieten Nordrhein-Westfalens bis hin zu maximal 17 Minuten in ländlichen Gebieten anderer Bundesländer. Diese Hilfsfrist gilt übrigens für Berufsfeuerwehren wie auch für Freiwillige Wehren. Die Hilfsfrist ist die Zeit in Minuten, in der die Feuerwehren nach gesetzlicher Vorgabe am Einsatzort eintreffen müssen; sie bedeutet also noch lange nicht, dass ein Löscheinsatz gestartet wird: Zunächst muss man sich als Einsatzleiter ein Bild der Lage machen und Prioritäten festlegen – denn ggf. ist das Löschen ja als sekundär, das Retten von gefährdeten Personen aber als primär anzusehen!

Dass bei einem Feuerwehreinsatz Kosten entstehen, ist verständlich. Doch wer kommt dafür auf? Wenn Sie aufgrund einer echten oder vermuteten Notlage die Feuerwehr alarmieren, trägt die zuständige Kommune deren Kosten. Solange es einen nachvollziehbaren Grund für die Annahme gibt, dass ein Notfall vorliegt oder Menschen in Gefahr sind, sollte man in jedem Fall die Feuerwehr und den Rettungsdienst unter der europaweit einheitlichen Notrufnummer 112 alarmieren. Für die Kosten des Einsatzes wird also die anrufende Person oder Firma nicht zur Kasse gebeten. Bei bewusster Falschmeldung oder gar Brandstiftung haftet jedoch stets der Verursacher. Wer durch grobe Fahrlässigkeit einen Brand verursacht, muss ggf. ebenso für die Kosten des Feuerwehreinsatzes aufkommen. Für die Kosten des Einsatzes wird man immer dann nicht zur Kasse gebeten, wenn man sich getäuscht hat – etwa, wenn man den Wasserdampf eines Bodenreinigungsgeräts als Brandrauch einstuft. Die anfallenden Kosten des Einsatzes trägt in diesen Fällen meist die Gemeinde. Bei einer böswilligen Alarmierung trägt der Verursacher, so man ihn ausfindig machen kann, die Kosten des vergebens gefahrenen Einsatzes.

4.2 Wasser

Wasser ist zum Löschen deutlich besser geeignet, als es sein Ruf nahelegt. Nur weil es scheinbar unendlich und weitgehend kostenlos zur Verfügung steht, bedeutet das nämlich nicht, dass es sich um ein minderwertiges Löschmittel handeln würde, im Gegenteil: 1 l Wasser kann so viel Wärmeenergie speichern, wie ca. 8 kg Stahl aufnehmen können. Wasser ist also ein großartiger Energiespeicher und somit sehr effizient, wenn es darum geht, ein konventionelles Feststoff-Feuer zu löschen. Lediglich bei Bränden von Metallen und Speisefetten kann sich Wasser tödlich entwickeln – im ersten Fall explodiert das Wasser (das ja aus Wasserstoff und Sauerstoff besteht), und im zweiten Fall bringt das verdampfende Wasser durch die extreme und schnelle Volumenvergrößerung das Speisefett zum Explodieren. In beiden Fällen würde die das Wasser ausbringende Person mit hoher Wahrscheinlichkeit getötet werden; und deshalb setzt man in Küchen und bei Metallen andere Löschmittel ein. Doch in den meisten Fällen (zu Hause, Büro, Schreinerei, …) ist Wasser einfach großartig – es löscht zügig und durch die Benetzung auch dauerhaft. Bei Gasbränden wird Wasser zwar nicht löschen, aber der Brand wird durch das Wasser auch nicht gefährlicher.

Abb. 17 Derartige Wasserzerstäuber, gedacht für das Ausbringen von in Wasser gelösten Pflanzenschutzmitteln, sind sehr effiziente Löschalternativen zu konventionellen Handfeuerlöschern; sie sind grundlegend wartungsfrei. (Friedl)

Ein guter Wasserlöscher mit 6 l Wasser kann bis zu 40 brennende Papierkörbe löschen; und das sollte doch als ausreichend eingestuft werden. Wer jetzt argumentiert, dass ein gleich schwerer Schaumlöscher evtl. noch vier weitere Papierkörbe löscht (also um 10 % „besser" ist) und ein hochwertiger ABC-Pulverlöscher sogar 10 weitere Papierkörbe schafft (also um 25 % leistungsfähiger ist) – der hat nicht verstanden, dass es bei Handfeuerlöschern um das Löschen von Entstehungsbränden geht. Wer 400 PS im Fahrzeug zur Verfügung hat, der wird nicht fünfmal so schnell von Essen nach Dortmund fahren wie jemand mit einem 80-PS-Fahrzeug. Er wird höchstens doppelt so viel Energie benötigen.

Fassen wir zusammen: Für die meisten Brände ist Wasser sehr gut geeignet. In frostgefährdeten Bereichen oder in wenigen Sonderbereichen empfehlen sich andere Lösungen.

4.3 Schaum

Konventioneller Schaum enthält Fluor und steht deshalb auf der Abschussliste von wohlmeinenden Politikern – und dies sicherlich zurecht. Da das fluorhaltige Schaummittel langfristig keine Überlebenschance besitzt, soll man dieses Löschmittel nicht mehr wählen. Die Industrie bietet bereits seit Jahren fluorfreie Schaummittel an, und diese empfehle ich auch pauschal zur Verwendung. Warum? Nun, weil neben der Brandklasse A auch die Brandklasse B abgedeckt wird, und das sind z.B. Kerzenwachs und die Erwärmung flüssig werdender Kunststoffe. Hier kann Wasser im Extremfall gefährlich werden (wenn es keine Entstehungsbrände mehr sind) oder jedenfalls weniger effektiv löschen als Schaum.

Schaumlöscher sind in der Anschaffung und auch im Unterhalt etwas teurer als Wasserlöscher: Das Schaummittel hat üblicherweise eine Lebensdauer von sechs Jahren und muss dann entsorgt und ersetzt werden. Das soll jetzt bitte nicht als Argument gegen dieses Löschmittel verwendet werden – wo aber Wasser ausreichend und passend ist, da sollte auch Wasser verwendet werden. Wenn der Sprühkopf das mit Schaummittel versehene Wasser fein verteilt, dann sind auch die Löschmitteleinheiten je kg Löschmittel bei Schaum meist etwas höher als bei reinen Wasserlöschern. Schaumlöscher verfügen oft also über etwas mehr Löschmitteleinheiten als Wasserlöscher, wodurch die Anschaffungs- und Unterhaltskosten, aufgrund der geringeren Anzahl an erforderlichen Handfeuerlöschern, niedriger werden.

Auch bei Wandhydranten kann man mit einer Schaumzumischung von etwa 3 % eine deutlich bessere Löschleistung erzielen – dies deshalb, weil das

Löschmittel etwas länger an den brennenden Objekten verbleibt und somit besser löschen kann. Das ist in Lagerbereichen und ggf. auch für bestimmte Produktionsbereiche oft sinnvoll, empfiehlt sich jedoch nicht pauschal.

4.4 Kohlenstoffdioxid

Das Löschgas CO_2 verdrängt die zum Leben nötige Luft und ist ca. 50 % schwerer als diese. Somit sollte man in unterirdischen Räumen und auch in engen, kleinflächigen Räumen vorsichtig sein – zu beachten ist, dass die Raumhöhe weniger relevant ist als die Raumfläche. Das Löschmittel Kohlenstoffdioxid ist gasförmig im Löscher gelagert und wenn man ihn „öffnet", bringt sich das Löschgas aufgrund der Druckerhöhung beim Vergasen (das heißt Übergang vom flüssigen zum gasförmigen Aggregatszustand) von selbst aus dem Löscher. 1 kg flüssiges CO_2 erzeugt etwas über 500 l CO_2 in gasförmigem Zustand und verdrängt nach heutigem Wissensstand den (zum Überleben nötigen) Sauerstoff auf einer Fläche von 5,5 m^2. Da es Kohlenstoffdioxid in Löschern mit 2 kg und in solchen mit 5 kg gibt, muss man also bei Räumen unterhalb 11, respektive 27,5 m^2 vorsichtig sein – und das bedeutet, sich nach dem Auswurf des Löschmittels zügig zu entfernen oder den Bereich zügig zu be- und entlüften. Doch „richtig" gefährlich werden diese Löscher nur dann, wenn man sie nicht bestimmungsgemäß verwendet, sie harten Schlägen aussetzt oder das Löschgas aus geringem Abstand und über viele Sekunden auf die unbekleidete Haut (Gesicht, Hals) sprüht.

Abb. 18 Kohlenstoffdioxid (CO_2) ist das beste Löschmittel für Brände an und in elektrischen Geräten; sein Einsatz zur Löschschadenminimierung kann im Versicherungsvertrag verbindlich gefordert werden. (Friedl)

Dieses Löschmittel ist für nicht glutbildende Brände, wie solche an und in elektrischen und elektronischen Geräten und Anlagen bis 1.000 Volt, einzigartig-optimal geeignet; für alle anderen Brandarten wie Feststoffe, Metallbrände, Li-Akkubrände oder Fritteusenbrände jedoch nicht.

4.5 Fettbrandlöschmittel

Erst Anfang des 21. Jahrhunderts wurde die Brandklasse F neu eingeführt, nachdem die Schaumlöscher das Löschmittel in Kartuschen und nicht mehr im Wasser hatten und somit bei Fritteusenbränden zur tödlichen Gefahr wurden: War der Schaum schon im Wasser gelöst, kam von der ersten Sekunde an Schaum heraus und legte sich löschend auf das brennende Fett. Heute wird jedoch bei AB-Schaum-Kartuschenlöschern für die ersten Sekunden reines Wasser ausgeworfen, bis sich das Schaumkonzentrat mit dem Löschwasser verbunden hat. Hinzu kommt, dass sich erhitzte Speisefette im Brandfall anders verhalten als kühle brennende Flüssigkeiten wie Alkohol oder Benzin. Dann hat die Industrie spezielle Fettbrand-Löschmittel erfunden und die Brandklasse F eingeführt. Also: Schaum und übrigens auch ABC-Pulver verwendet man seit dem Jahr 2000 nicht mehr, um Fritteusen- und Pfannenbrände zu löschen.

Fettbrandlöschmittel enthalten bestimmte Zuschlagstoffe, die man Wasser beimischt; damit führt deren Einsatz nicht mehr zu Explosionen, sondern leitet die Löschung ein. F-Löschmittel in Küchen mit Pfannen und Fritteusen sind heute schon lange Stand und Regel der Technik; alle anderen Löschmittel in Handfeuerlöschern haben in Küchen nichts mehr zu suchen – weil sie gefährlich, uneffektiv und schädigend sind oder sogar tödlich sein können. Das betrifft Löschdecken, Schaumlöscher, Wasserlöscher, CO_2-Löscher und auch ABC-Pulverlöscher.

Abb. 19 Wasser bringt brennende Speisefette zur Explosion; hier reichen 200 ml Wasser in 1,5 l Speisefett aus, in einer Küche von 25 m² alle Anwesenden zu töten. Deshalb darf es in Küchen lediglich ABF- oder AF-Löscher geben. (Friedl)

Fettbrandlöschmittel gibt es auch in Löschspraydosen – diese sind sehr effektiv, wenn Pfannen oder kleinere Fritteusen zu brennen beginnen. Der Löschversuch einer Feuerwehr hat mit einer einzigen Löschspraydose sogar einen Fritteusenbrand mit 50 l Inhalt löschen können (allerdings im Freien und bei voller Schutzbekleidung der löschenden Person)!

4.6 ABC- und D-Pulver

Man wählt Pulver zum Löschen, wenn andere Löschmittel nicht mehr funktionieren. Bei Metallbränden gibt es dazu keine Alternative, denn kein anderes in Handfeuerlöschern enthaltene Löschmittel kann Brände dieser Art löschen. Bei Gasbränden würden ggf. auch große Mengen an CO_2 löschen, doch die hat man nicht ohne Weiteres und sie gefährden evtl. deutlich mehr als das Feuer. In Büros, in geschlossenen Räumen, in Küchen oder gar in Technikräumen haben Pulverlöscher jedoch nichts mehr zu suchen.

Zu über 99 % sind Pulverlöscher ABC-Löscher. Dieses Löschmittel enthält Salz und ist damit hoch korrosiv; zudem ist es (wie oben bereits erläutert) so fein, dass man es mit einem konventionellen Staubsauger nicht bleibend aufnehmen kann – es wird dabei durch die Filter wieder zur Gänze aus dem Staubsauger geblasen. So aufgewirbelt gelangt es in einem Raum überall hin und erreicht auch Nebenräume; selbst Produktionsanlagen in einer Halle in 20 m Entfernung und mehr können durch das

Löschsalz und seine korrosive Wirkung binnen Wochen schrottreif werden. Deshalb ist es nicht nur sinnvoll, sondern nach der ASR A2.2 auch gefordert, bei der Auswahl des Löschmittels auf mögliche Löschmittel-Folgeschäden zu achten.

D-Löschpulver enthält kein Salz, ist also nicht korrosiv – und das ist ein großer Vorteil. Der Nachteil, wenn man es so nennen will, ist, dass dieses Löschmittel bei A-, B- und C-Bränden nicht löschen kann, sondern lediglich bei Metallbränden. Dieser Einsatzzweck ist also sehr speziell und auf wenige Unternehmen begrenzt.

4.7 Löschspraydosen

1998 erkannte ein Unternehmen erstmals, dass die besonders feine Verteilung von spezialgetränktem Wasser ein Feuer besonders gut löschen kann. Dies passte damals zum Trend einer Zeit, in der Wassernebelanlagen kreiert wurden, die mit über 90 % weniger Löschwasser auskamen und dabei den gleichen Löscheffekt wie konventionelle Sprinkleranlagen hatten. Bei Gottschalks „Wetten, dass...?“ trat Anfang der 90er-Jahre eine Person auf, die auf diese Weise einen im Vollbrand stehenden Pkw mit unter 4 l Wasser löschen konnte. Physiker hat das schon damals nicht verblüfft – wussten sie doch, dass der primäre Energieentzug im Brandfall zu ca. 90 % nicht durch das Erwärmen, sondern durch das Verdampfen des Wassers entsteht. So lag es nahe, neben den neuen Löschanlagen auch entsprechende Feuerlöscher zu entwickeln – Wunderwaffen, die mit minimalem Aufwand maximalen Erfolg erzielen können.

Dann hat nach Jahren der Stagnation Professor Reinhard Ries, damals Leitender Branddirektor in Frankfurt/Main, in einem TV-Interview gesagt und gezeigt, wie großartig diese Technik bei kleinen Entstehungsbränden – und nichts anderes sollen brandschutztechnische Amateure ja löschen – sein kann. Daraufhin kam es zu einem Stimmungswandel in Wirtschaft, Politik und Gesellschaft, und mehrere Firmen boten derartige Löschsprays an. Die Entwicklung ging weiter, man konnte sie von A auch auf die Brandklassen B und – großartig – F ausweiten; und für Brände an und in elektrischen Geräten und Anlagen sind sie heute bis 1.000 Volt zugelassen. Die Dosen wurden für den privaten Bereich empfohlen, doch es muss klar gesagt werden, dass sie in Unternehmen noch nie verboten waren – sie durften schon immer additiv zu Handfeuerlöschern gestellt werden. Heute jedoch dürfen sie auch Handfeuerlöscher in Unternehmen *ersetzen* – ob das allerdings auch wirklich Sinn macht, muss natürlich in jedem Einzelfall gesondert eruiert werden.

Der Gesetzgeber kam jetzt nicht länger darum herum, eine sinnvolle, neue Erfindung auch ernsthaft anzunehmen. Verständlich ist natürlich, dass es Regeln geben muss, also Kriterien für eine vergleichende Beurteilung sowie zur Festlegung von Standards. Das ist jetzt mit einer amtlichen Stellungnahme vom 12.09.2022 erfolgt. Der Ausschuss für Arbeitsstätten (ASTA) beim Bundesministerium für Arbeit und Soziales hat darin Folgendes festgestellt: Feuerlöschsprays sind in Unternehmen dann erlaubt, wenn die Gefährdungsbeurteilung es zulässt. Fakt ist, dass diese Löschgeräte weder prüfbar noch nachfüllbar sind; und beides schlägt negativ zu Buche. Insbesondere die fehlende Prüfbarkeit mag ungünstig erscheinen, aber da alle Sprühdosen (abgesehen von Autolacken) erfahrungsgemäß grundlegend viele Jahre lang einwandfrei funktionieren, sollte dies eigentlich kein Problem darstellen. Sie tun dies auch dann noch, wenn sie mehrfach kurz Verwendung gefunden haben: Eine einmal kurz benutzte Dose wird auch in zwei Jahren noch weiteres Löschmittel ausbringen – das schafft ein Handfeuerlöscher nicht einmal nach zwei Wochen!

Es wurde die DIN EN 16856:2020-06 entworfen, derzufolge Löschsprays für den häuslichen Bereich empfohlen werden. Über DIN-Normen sagte der BGH, wie erwähnt, schon 1998 Folgendes: „DIN-Normen sind keine Rechtsnormen, sondern private technische Regelungen mit Empfehlungscharakter“ – es handelt sich also um freiwillige Standards. DIN-Normen können demnach (dort, wo es sinnvoll ist) eingehalten werden, müssen es aber nicht. Meist sind DIN-Normen die Grundlage für Technische Regeln; und von diesen darf man ja auch abweichen, sofern sinnvoll oder tolerabel. Ein weiteres Zitat aus dem oben erwähnten ASTA-Papier:

> *„Der Arbeitgeber kann von den Maßnahmen nach ASR 2.2 abweichen, wenn er […] den Stand der Technik, Arbeitsmedizin und Hygiene sowie sonstige gesicherte arbeitswissenschaftliche Erkenntnisse berücksichtigt und mit seinen Maßnahmen mindestens die gleiche Sicherheit und den gleichen Gesundheitsschutz für die Beschäftigten erreicht.“*

Diese Kriterien werden von Löschspraydosen alle problemlos erfüllt. Des Weiteren wurde vorgegeben, dass sie ein Volumen von 1 kg/1 l nicht überschreiten dürfen. Auch das mag Sinn ergeben, denn die Dosen lassen sich deutlich länger einsetzen als ein 6 kg Handfeuerlöscher; und um ein Entstehungsfeuer löschen zu können, reicht das aus. Folgende drei Empfehlungen sieht die oben genannte DIN 16856 vor:

- Mindestens 75 % des Löschmittels muss mit einer Wurfweite von ≥ 2 m ausgebracht werden können (Anmerkung: Diese Forderung gibt es bei Handfeuerlöschern nicht!).

- Die Handhabung des Geräts muss in der Einfachheit einer Sprühdose entsprechen.
- Die Dosen müssen bis 50 °C Umgebungstemperatur sicher sein.

Weiter heißt es im ASTA-Papier des Ministeriums, dass Löschspraydosen unter den folgenden Bedingungen einen Teil der erforderlichen Handfeuerlöscher ersetzen können:

a) Einhaltung der DIN 16856.

b) Jede Dose hat ≥ 2 LE.

c) Nicht in Räumen mit besonderen Stromgefahren wie Niederspannungshauptverteilung.

d) Einweisung der gesamten Belegschaft in Art, Sinn, Anwendungsbereich und Anwendung.

e) Nicht versperrt anbringen, sondern für alle frei zugänglich.

f) So anbringen, dass sie offensichtlich sind/auffallen.

g) Anbringen an einer Wand, nicht anderswo.

h) Bevorzugt am Eingangsbereich anbringen. (Hinweis: Davon sollte abgewichen werden, denn es macht ja gerade Sinn, diese Löschdosen binnen Sekunden am Arbeitsplatz einsetzen zu können – am Eingangsbereich sollten sich Handfeuerlöscher befinden.)

i) Geeignete Maßnahmen gegen Diebstahl treffen.

j) Regelmäßig prüfen, ob noch vorhanden, ob beschädigt, teilentleert, Sprühkopf noch da usw. (Hinweis: Es wird empfohlen, die Dosen mit einer Waage regelmäßig zu wiegen und sie bei > 10 % Abweichung vom ursprünglichen Gewicht auszutauschen; sollte eine Dose – anders als ein Handfeuerlöscher – einmal kurz eingesetzt worden sein, funktioniert sie noch dauerhaft.)

k) Ablaufdatum anbringen; die DIN definiert die Lebensdauer auf 39 Monate. Es gibt hochwertigere Sprühdosen, die deutlich länger halten. Auch bei Handfeuerlöschern erlaubt die ASR A2.2 mittlerweile Wartungsintervalle von zwei bis zehn Jahren (!); hier ist der Hersteller bzw. Lieferant in der Verantwortung, die richtige Vorgabe zu machen. Analog dazu kann man das auch bei Löschspraydosen so handhaben.

l) Je angefangene 400 m^2 Fläche ist weiterhin mindestens ein Handfeuerlöscher mit mindestens 6 LE erforderlich; den Rest könnte man mit gleichmäßig verteilten Spraydosen abdecken à 2 LE.

m) Es darf keine Verwechslungsgefahr mit anderen bereitgestellten Sprühdosen geben, etwa mit der Folge, dass Bremsenreiniger in ein Feuer gesprüht wird.

n) Ein ɜ-Zeichen (umgedrehtes E, wie die Zahl 3 – griechisch Epsilon) bedeutet, dass die Aerosolpackung der 13. Verordnung zum Produktsicherheitsgesetz entspricht.

o) Hilfreich wäre noch zusätzlich ein GS-Zeichen. (Hinweis: Ebenso wie das obligatorische CE-Zeichen sollte auch das fakultative GS-Zeichen in seiner Bedeutung nicht überschätzt werden.)

Ein Beispiel ist auch enthalten: Eine Büroeinheit mit 560 m^2, dort sind also zwei Löscher ≥ 6 LE erforderlich (vgl. Punkt l). Hat man dann noch sechs Dosen à 2 LE, so sind 12 + 12 = 24 LE vorhanden und das ist ausreichend. Kritisch anzumerken ist noch, ob denn nicht eine einzige Dose für einen Brandfall ausreichend wäre. Empfohlen werden die Dosen für Büros, Kitas, Pflegebereiche und Arztpraxen. Ich gehe eine Stufe weiter und würde sie auch in Kantinenküchen (sofern sie die Brandklasse F abdecken) und Autowerkstätten sowie in vielen anderen Bereichen anbringen – dort aber dann *additiv* zu den bereits vorhandenen Handfeuerlöschern und nicht diese anteilsmäßig ersetzend.

Abb. 20 Löschspraydosen können die Klassen A, B und F abdecken; hier wurde 10 % der Dose benötigt, um die brennende Benzinwanne gänzlich zu löschen. (Friedl)

Fakt ist weiter, dass die Hemmschwelle zur Anwendung einer Löschspraydose im Vergleich zu einem Handfeuerlöscher aufgrund des leichteren Gewichts und der simplen Anwendung (wie ein Deospray) deutlich sinkt und sich somit alle in der Belegschaft auch trauen dürften, ein Entstehungsfeuer zu löschen. Blicken wir erneut in die ASR A2.2 und erinnern uns noch einmal daran, was denn von „jedermann“ zu löschen ist: Entstehungsfeuer. Diese sind dort wie folgt definiert: ein kleines Feuer, das so wenig Rauch, Flammen und Temperatur erzeugt, dass man sich ihm noch gefahrlos annähern kann. Genau das soll gelöscht werden, nicht mehr. Außerdem soll *zügig* gelöscht werden, denn ein Feuer breitet sich exponentiell schnell aus. Brennt es jedoch schon heftiger, ist der Raum ebenso zügig zu verlassen und das Löschen den ausgebildeten und für diesen Einsatzzweck korrekt bekleideten Profis zu überlassen. Somit sind Löschsprays ideal für kleine Entstehungsbrände an Arbeitsplätzen und zu Hause. Sind sie etwas größer, kann man Handfeuerlöscher wählen. Für noch größere Brände gibt es fahrbare Löscher, Wandhydranten und die Feuerwehr.

Das ASTA-Papier sagt, dass Löschsprays lediglich bei normaler Brandgefährdung Verwendung finden sollen. Das jedoch ist wenig sinnvoll, denn gerade bei erhöhter Brandgefahr macht es Sinn, einen Löscherfolg möglichst schnell herbeizuführen. Beispielhaft seien Kantinenküchen genannt, die als erhöht brandgefährlich einzustufen sind. Gerade dort, an Pfannen und Fritteusen, sind AF- oder ABF-Sprays wirklich zielführend: der Druck des Löschmittelauswurfs ist geringer, sodass brennendes Öl nicht heraus geschleudert wird und dahinter stehende Personen verletzt.

Bei B (= brennbare Flüssigkeiten und flüssig werdende Stoffe) deckt 1 LE schon 21 l n-Heptan ab – ein großer Brand, kein Entstehungsbrand. 2 LE bedeutet, dass man damit 34 l n-Heptan löschen kann. Ein Entstehungsbrand kann also schon mit ca. 0,1 LE gelöscht werden! Die ASR A2.2 besagt, dass bei erhöhter Brandgefahr über die Grundausstattung hinaus zusätzliche Maßnahmen baulicher, anlagentechnischer oder organisatorischer Art nötig sind. Eine dieser Maßnahmen könnte demnach sein, Löschdosen einzusetzen. Nachfolgend sieht man, wie viel Löschmitteleinheiten möglich sind und was LE in Verbindung mit dem Buchstaben „A“ (brennende Feststoffe) bedeutet:

LE	A	Löschvolumen
1	5	140 l
2	8	224 l
4	13	364 l

LE	A	Löschvolumen
6	21	588 l
9	27	756 l
10	34	952 l
12	43	1.204 l
15	55	1.540 l

Wem also 1 LE bei einem – vermeintlichen – Entstehungsbrand (egal ob A oder B) nicht ausreicht, der hat in Wirklichkeit gar keinen Entstehungsbrand mehr vorliegen und der sollte es jetzt auch nicht mehr mit einem Handfeuerlöscher versuchen, sondern die Profis ranlassen. Abschließend möchte ich Ihnen noch stichpunktartig ein paar sinnvolle Tipps geben:

- Verwenden Sie überall die gleichen Dosen, das ist für die Belegschaft einfacher.
- Wenn Sie das machen, müssen Sie sich beim regelmäßigen Wiegen der Dosen nicht mehrere Gewichte notieren.
- Wählen Sie AF-Dosen oder fluorfreie ABF-Dosen, keine reinen A-Dosen.
- Im Zweifelsfall können Sie oberhalb eines Waschbeckens kurz prüfen, ob die Dose noch funktioniert, nur einen Sekundenbruchteil abdrücken. Es entweicht so wenig Löschmittel, dass – anders als beim Handfeuerlöscher – keine negative Funktionswirkung zu erwarten ist.
- Nach Ablauf des Verfalldatums sind die Dosen noch vollwertig einsetzbar. Sollten Sie die Dosen additiv und nicht alternativ zu Handfeuerlöschern haben, dürfen sie weiter vor Ort bereitgehalten werden. Ansonsten können Sie sie an die Belegschaft für private Zwecke (ohne Übernahme von Verantwortung) verschenken/verkaufen.
- Erläutern Sie der Belegschaft, dass Diebstähle (nicht nur von Löschdosen, auch von Handfeuerlöschern) unakzeptabel sind und zur fristlosen Kündigung führen; denn Fakt ist, dass Löschspraydosen in Unternehmen relativ häufig gestohlen werden.
- Die Löschspraydosen sollten direkt an kritischen Arbeitsplätzen angebracht sein, sodass jeder Person eine eigene Löschspraydose zur Verfügung steht.
- Keine Dosen in Autoinnenräumen, denn im Sommer können 50 °C schnell überschritten werden.
- In einem Lager wirken Löschspraydosen eher lächerlich, hier sind oftmals Handfeuerlöscher, fahrbare Löscher oder Wandhydranten nötig; in

den verschiedenen Produktionsbereichen kann man das (je nach Gefährdungsbeurteilung) anders handhaben.

– Bei Fragen oder vorhersehbaren Problemen: binden Sie immer Ihren Versicherer mit ein.

Und zum Schluss dieses Abschnitts möchte ich noch etwas Kritik an dem aktuellen ASTA-Papier üben. Machen Sie das Beste daraus – in der Hoffnung, dass dies zu einer Veränderung (sprich: Verbesserung) der Vorgaben führen wird:

1. Das Ablaufdatum von 39 Monaten passt nicht. Man sollte es den herstellenden Unternehmen überlassen, hier eigenverantwortlich Vorgaben zu machen – manche Handfeuerlöscher müssen ja auch bereits nach einem Jahr geprüft werden (meist aufgrund der aggressiven Umgebungsbedingungen) und wieder andere zehn Jahre lang nicht (diese sind dann nicht mehr prüfbar und müssen ausgetauscht werden)!
2. Die absolute Beschränkung auf „normale“ Brandgefährdung ist fachlich nicht korrekt und kontraproduktiv (z. B. Einsatz von F-Dosen in Kantinenküchen).
3. Die Wurfweite von ≥ 2 m ist wenig sinnvoll, denn bei einem Entstehungsbrand kann man deutlich näher heran gehen, ohne sich zu gefährden. Diese Forderung gibt es bei Handfeuerlöschern übrigens nicht!
4. Das Anbringen am Ausgang ist nicht sinnvoll, dort sind ja Handfeuerlöscher. Am Arbeitsplatz, wo man sie braucht, machen sie Sinn!
5. Es wird gefordert, dass mindestens 6 LE mit einem Handfeuerlöscher abzudecken sind; heute haben 6-kg-Löscher (Wasser, Schaum) jedoch fast immer 9 oder 10 LE – hier wird veraltetes Wissen weitergegeben.
6. Die Vorgaben enthalten keine Mindestangaben darüber, wie lange die Löschmittel sprühen müssen. Das ist akzeptabel, denn es werden ja 2 LE gefordert. Doch 1 LE ist für einen Entstehungsbrand völlig ausreichend: diese Maßangabe bezieht sich ja auf einen Holzhaufen von 140 l, von dem 50 % (also 70 l) Luft und die anderen 50 % Holz mit einer Kantenlänge von 4 cm sind – also beeindruckend viel, das entspricht mehr als zehn Papierkörben!
7. Absolute, also starre Vorgaben (nur normale Brandgefährdung, Montage am Ausgang, 2 m Wurfweite, 2 LE, je 400 m^2 sechs Dosen usw.) engen unnötig ein, ohne der Sache dienlich zu sein.
8. Es gibt keine Empfehlung für Küchen (Fritteusen, Pfannen) – das ist ein grober und, wie ich meine, der größte Fehler in dem Papier.

9. „GS" bedeutet, dass einige „relevante" Sicherheitskriterien geprüft wurden, mehr aber auch nicht. Das GS-Zeichen mag aufwerten, ist aber nicht nötig, wenn DIN und CE vorhanden sind. GS bedeutet: Ein Produkt entspricht den rechtlichen Anforderungen an Sicherheit und Gesundheitsschutz. CE auf einem Produkt bedeutet indes, dass es vom Hersteller geprüft wurde und alle EU-weiten Anforderungen an Sicherheit, Gesundheitsschutz und Umweltschutz eingehalten sind. Also enthält das eine das andere!

Trotz aller Kritik: Mein Dank gilt den Erstellern im Ministerium, dass es endlich möglich ist, diese großartige Technik grundlegend anzuerkennen und einsetzen zu können. Denn Löschspraydosen *können* sinnvoll, effektiv und effizient sein, auch wenn sie nicht pauschal überall zu empfehlen sind. Jeder Kollege und jede Kollegin möge ernsthaft für sich abwägen, ob und wenn ja, welche Veränderungen zu treffen sind.

4.8 Gartenschlauch

Die ASR A2.2 erlaubt, wie jede Regel, Abweichungen, wenn das vorgegebene Schutzniveau nicht unterschritten wird. Somit leuchtet ein, dass ein angeschlossener Gartenschlauch mit ausreichender Länge und drehbarem Mundstück jedem 6-l-Wasserlöscher quantitativ überlegen ist – eine weitere Wurfweite sorgt zudem für mehr Personenschutz. Wichtig sind dabei die folgenden Punkte (auch hier ohne wertende Reihenfolge):

- Fest montiert am Wasserhahn (nicht leicht entwendbar)
- Auch in der kalten Jahreszeit (Frostgefahr?) einsetzbar
- Auch das drehbare Mundstück ist fest montiert und kann nicht einfach abgezogen werden
- Jede brandrelevante Stelle ist erreichbar
- Dass der Schlauch zum Brandlöschen gedacht ist, wurde allen vermittelt
- Der Schlauch ist korrekt als Löschhilfe ausgeschildert
- Die Gefährdungsbeurteilung ermöglicht diese Art der Brandlöschung
- Das Wasser ist als Löschmittel geeignet und nicht gefährdend
- Das gesamte System wird regelmäßig auf Funktionssicherheit geprüft

Der Montageort sollte am Eingang bzw. Ausgang liegen, damit man das Feuer mit dem Fluchtweg im Rücken löschen kann (wie es der Teil A der Brandschutzordnung nach DIN 14096 ja auch vorsieht). Der Wasserschlauch hat gegenüber dem Handfeuerlöscher folgende zwei Vorteile: man kann aus größerer Distanz löschen (gefährdet sich also nicht selbst) und es steht eine unendliche Löschmittelquelle zur Verfügung, nicht lediglich 6 oder 9 l Wasser. Damit kann ein Schlauch mehrere Handfeuerlöscher und natürlich auch fahrbare Löscher ersetzen. Selbst mit Wandhydranten wird man bei Entstehungsbränden keine deutlich besseren Löscheffekte erzielen. Bei größeren Bränden soll man ohnehin die professionell ausgebildeten und bekleideten Feuerwehrleute ihr Werk tun lassen und rechtzeitig ins sichere Freie fliehen.

5. Brandlöschanlagen für Sonderbereiche

Besondere Bereiche benötigen besondere Betrachtungen; so sind beispielsweise in Reinräumen durch den Einsatz von nicht gasförmigen Löschmitteln schnell Schäden im sechsstelligen Eurobereich erzeugt – die beim sofortigen Einsatz von CO_2 wohl deutlich geringer ausfallen würden. Auch mussten (vgl. den nächsten Unterpunkt) sich erst viele Menschen bei Küchenbränden und falsch angesetzten Löschversuchen selbst verletzen, entstellen und gar töten, bis hier nachgebessert wurde.

5.1 Küchenbrandschutz: Manuell

Brand- und lebensgefährlich sind Fritteusen- und Pfannenbrände immer dann, wenn Amateure versuchen, das Feuer mit Wasser zu löschen. Wer mit einer Löschdecke das Feuer beenden will, entflammt sich bei unvorsichtiger Löschweise evtl. selbst; und auch wenn nicht – ein Löscherfolg ist äußerst fraglich. Schnell tränkt sich die an sich ja nicht brennbare Decke, dann brennt das Öl auf der Decke und das Feuer brennt ein Loch in die Löschdecke. Deshalb kam im Jahr 2000 die Mitteilung der BGN, dass Löschdecken in Küchen nicht mehr zugelassen werden können. Juristisch ist das fein artikuliert, faktisch ist es ein Verbot; das heißt, Löschdecken entsprechen seit 2000 nicht mehr den Regeln der Technik. Diese Thematik ist mir so wichtig, dass ich sie hier ein drittes Mal erwähne (weil sich nach wie vor Menschen in Küchen verletzen, optisch entstellen oder gar töten).

Wenn ABC-Pulver bei einem Küchenfettbrand zum Einsatz kommt, wird das Feuer womöglich sogar gelöscht. Aber alle anwesenden Personen werden zusätzlich zum Brandrauch das hoch korrosive Löschmittel-Pulver in die Lunge bekommen und die gesamte Küche wird bis auf die Rohdecke und -wände komplett erneuert werden müssen. Der Löschmittelschaden liegt dann in Großküchen schnell bei 300.000 €, zuzüglich der Betriebsunterbrechung. Wäre ein F-Löschmittel zum Einsatz gekommen (ggf. sogar lediglich eine Löschspraydose), läge der Löschmittelschaden bei 0 €. Wenn mit CO_2 gelöscht wird, gelingt das in ca. einer Sekunde – um nach weiteren fünf Sekunden wieder erneut von sich aus zu brennen. Das wiederholt man dann 25-mal, bis der Löscher leer ist und das Feuer erneut brennt. 1980 waren Schaumlöscher noch mit Schaum gefüllt, der von der ersten Sekunde austrat und auch Fettbrände in Küchen abdeckte und somit löschte. Doch heute schwimmt in einem Schaumlöscher eben ein ca. 200 ml Schaummittel enthaltender Plastikbecher in 6 l reinem Wasser. Wird der Löscher aktiviert und umgehend eingesetzt, so spritzt er erst einmal sekundenlang reines Wasser, bis schließlich Schaum austritt. Vergleichbar ist das mit einem aufgedrehten Warmwasserhahn, aus dem zunächst einmal kaltes, anschließend lauwarmes und erst dann heißes Wasser austritt. Feuerwehr-Profis spritzen den AB-Schaumlöscher also erst ins Waschbecken, um dann den Schaum mit ausreichender Entfernung von oben auf das Brandgut fallen zu lassen – oder um es seitlich vorsichtig, also mit nur leicht gedrückter Auslöseeinheit, einzufüllen. Der Schaum liegt dann oben dick auf und löscht durch die sauerstoffverdrängende bzw. sauerstoffabhaltende Wirkung optimal, schnell und dauerhaft. Direkt eingespritztes Wasser jedoch führt zur Explosion des Fetts und ggf. zum Tod.

In Küchen ist die Brand- und vor allem die Explosionsgefahr exponiert; hinzu kommen zwei weitere, negative Faktoren: zum einen die grundlegende Hektik (manchmal auch Aggressivität), die zu den üblichen Stoßzeiten dort herrscht, und zum anderen die geringe (oft fehlende) berufliche Qualifikation der dort beschäftigten Küchenhelfer. Nicht selten werden diese Personen in Küchen nicht eingewiesen und agieren dann im Brandfall unbeholfen. Das alles führt zu Fehlverhalten und zur Zerstörung der Küche oder zum Tod von Menschen.

Für Küchen und speziell für größere Fritteusen gibt es auch geeignete Brandlöschanlagen (z. B. Ansul); dabei kommt meist eine wässrige, leichte Schaumlösung aus feinen Düsen mit hohem Druck, die das Feuer erstickt. Üblich sind solche Löschanlagen ab 50 l Füllvolumen einer Fritteuse. Doch diese Löschanlagen lösen relativ spät aus – lange zuvor könnte man schon mit einem F-Löschmittel aus einem Handfeuerlöscher oder einer Lösch-Spraydose gelöscht haben.

Zwei Dinge muss man hier vor allem wissen: Erstens, Wasser in heißem Fett (auch wenn es noch nicht brennt) führt zu einer ggf. tödlichen Explosion. Dabei ist es unerheblich, ob 2 l, 5 l oder 60 l Fett in der Fritteuse sind oder ob 0,1 l in der Pfanne ist. Die Größe der Explosion hängt von der Fett-Temperatur und der Wassermenge ab, nicht von der Fettmenge! Zweitens: Füllt man vorsätzlich oder fahrlässig eine auf Wasser basierende Flüssigkeit in eine heiße, aber noch nicht brennende Fritteuse, so kann dieser Vorgang bereits eine ggf. tödlich endende Folgewirkung haben – nämlich die Explosion auslösen. Bevor das Gemisch explodiert, entsteht bereits eine ca. 250 °C heiße Wolke mit ca. 4 m^3 Volumen – das allein ist für alle Menschen im Gefahrenbereich tödlich. Also bloß keine Flüssigkeit in Fritteusen kommen lassen – und auch Pommes Frites mit Eisanbackungen vom gefrorenen Wasser befreien, bevor man sie in die Fritteuse gibt.

5.2 Küchenbrandschutz: Automatisch

Es gibt von praktisch allen Löschanlagen-Errichtern spezielle Löschanlagen für Speisefette in Pfannen und Fritteusen. Diese lösen erst aus, wenn die Küche aufgrund des Feuers verlassen wurde; der Löschvorgang dauert meistens nur einen Sekundenbruchteil und das Feuer ist aus. Doch so weit soll und muss es nicht kommen, denn mit einem AF-Handfeuerlöscher oder, noch einfacher, mit einer hierfür geeigneten Löschspraydose kann das Feuer schon deutlich früher, preiswerter und mit weniger Aufwand gelöscht werden – und dies bei korrektem Verhalten ohne Personengefährdung. Warum dann also noch automatisch löschen? Die beiden Antwortmöglichkeiten sind einfach: weil man es will oder weil man es aufgrund von gesetzlichen Vorgaben machen muss. Wer sich eine solche Löschanlage anschafft, erhöht natürlich den Schutz und die Sicherheit für Menschen, Sachwerte und Gebäude freiwillig. Wer es machen muss, unterliegt der Bauordnung für die Gastronomie oder den Vorgaben der Berufsgenossenschaften, die eine derartige Löschanlage ab 50 l Frittierflüssigkeit je Fritteuse fordern.

Nun mag eine brandschutztechnisch nicht informierte Person, die Kosten senken will, möglicherweise auf die Idee kommen, eine 60-l-Fritteuse durch zwei à 30 l oder drei à 20 l zu ersetzen – ein legaler Trick, der jedoch einen großen Nachteil hat: Ob man 20 ml Wasser in eine Fritteuse mit 2 l oder in eine Fritteuse mit 600 l kippt, ist nicht von Relevanz. Relevant ist, wie heiß das Fett ist, denn die Reaktion ist in beiden Fällen bei angenommenen 180 °C gleich: Es entsteht eine ungefähr ebenso heiße, und deswegen tödliche, Wolke mit knapp 34 l Volumen oberhalb. Wenn das Fett jedoch eine Temperatur von 240 °C oder höher hat, so wäre die Wolke zwar auch knapp 34 l mächtig, doch würde sie jetzt mit vielleicht 850 °C brennen. Die Wirkung auf unseren Körper ist bei 240 °C das gleiche wie bei 850 °C – tödlich! Somit ist klar, dass Pfannen- und insbesondere Fritteusenbrände durch Schulung und Achtsamkeit zu vermeiden sind – und wenn es doch einmal brennt, dann löscht man richtig und derart vorsichtig, dass es nicht zu gefährlichen Situationen kommt.

Küchenlöschanlagen für Pfannen und Fritteusen lösen automatisch aus und bringen einen leichten, schnell löschenden Stoff aus, der sich erstickend auf die Flüssigkeit legt und dort lange genug verbleibt, sodass ein Wieder-Entzünden nicht eintreten wird. Somit ist die Aussage „Wiederentzündung wahrscheinlich" in der ASR A2.2 schlicht falsch. Man kann diese Löschanlagen meist auch per Hand an einer horizontal entfernt liegenden Stelle auslösen. Es empfiehlt sich, die Belegschaft gut zu unterweisen, denn gerade in Kantinenküchen ist die Fluktuation groß und die Qualifikation meist niedrig. Es darf nicht zu Verwechslungen zwischen unterschiedlich möglichen Auslöseeinheiten kommen wie: Entrauchungen, Hausalarm, Feuerwehrnotruf, Panikalarm und Löschanlage.

5.3 Regale und Hochregallager

Ab einer Höhe von 7,50 m gelten Regallager laut den Landesbauordnungen als Hochregallager und werden als „ungeregelte“ Sonderbauten eingestuft. Ungeregelt bedeutet, es gibt keine allgemeine Bauvorgabe und somit kann jedes Bauamt und jedes Landratsamt unterschiedliche Forderungen stellen. Bei Industriebauten kann dies auch schon ab einer Höhe von 5,0 m der Fall sein. Aber darum soll es jetzt hier nicht gehen, sondern stattdessen wollen wir uns der brandschutztechnischen Absicherung von Lagerbereichen zuwenden. Hier sind vor allem drei Dinge zu betrachten:

1. Was muss gesetzlich erfolgen?
2. Was muss versicherungsrechtlich erfolgen?
3. Was will das eigene Unternehmen?

Gesetzlich fordern die Bauordnungen ab 5 bzw. spätestens ab 7,5 m Lagerhöhe Löschanlagen. Doch diese müssen lediglich die obersten Ebenen bis 7,5 m Bodenhöhe abdecken, denn unterhalb kann die gerufene Feuerwehr ja mit C- oder gar B-Lösch-Schläuchen (und in harmlosen Fällen auch mit F-Wandhydranten, ausgerüstet mit dünnen D-Schläuchen) löschen. Somit wäre also dem Gesetz Genüge getan, wenn man die Decke in einem Lager mit 8,30 m Raumhöhe besprinklert, darunter aber nicht. Das ist jedoch nicht sinnvoll, denn die Versicherungen geben dafür 0 % Rabatt – wäre alles besprinklert, würde man im Extremfall bis zu 65 % Rabatt bekommen – und dies jährlich für die drei Versicherungen Gebäude, Inhalt und Betriebsunterbrechung. Sprinkleranlagen sind die einzige sicherheitstechnische Investition, die sich nach wenigen Jahren (abhängig von den Werten früher oder etwas später) amortisiert. Wer nur in die Deckenbesprinklerung investiert, hat Kosten von vielleicht 65 %; und für die „gesparten“ 35 % zahlt man dann Jahrzehnte mehr als das Doppelte an Feuer-Versicherungsprämien. Unintelligent, aber oftmals gelebte Realität!

Kommen wir zum Punkt 2, die Feuer-Versicherung – was die wünscht, kann bei Versicherung A anders als bei Versicherung B sein. Langfristig ist es immer sinnvoller, sicherheitstechnisch besser ausgestattet zu sein, denn so bekommt man günstige Prämien und im Extremfall überhaupt erst Versicherungsschutz. Die eigentlich wichtige Frage ist aber: Welche

Ansprüche hat man denn an sich selbst? Was, wenn die Produktion steht (weil es keine Ausgangsprodukte mehr gibt, weil das Lager abgebrannt ist) oder die Kunden nicht mehr beliefert werden können (weil das Fertigteilelager abgebrannt ist)? Schon aus Gründen des Selbsterhalts sollte man also Brandschutz im Lager sehr ernst nehmen. Etwa ein Drittel aller Brände bricht laut dem Verband der Schadensversicherer im Lager aus; und die dabei entstehenden Kosten sind in aller Regel natürlich deutlich höher als der von den Versicherungen zu deckende Anteil. Also versucht man in einem Lager, in dem man ja die Brandlasten nicht minimieren kann, wenigstens die Zündquellen zu beseitigen, zu kapseln oder zu minimieren. Das geht durch brandsichere Beleuchtungen, durch baulich abgetrennte Flurförderzeuge-Beladung und durch die richtige Schulung der Belegschaft.

Bei Hochregalen kommt man um eine Besprinklerung meist, zumindest mittelfristig, nicht herum – es sei denn, man lagert dort unverpackte und nicht brennbare Gegenstände wie Glasplatten oder Metallteile. Die Sprinkleranlage dann bis zur Boden-Lagerebene herabzuziehen macht Sinn, denn meist fängt dort ja ein Brand an und schafft es bis nach oben und nicht etwa umgekehrt. Um ein solches Feuer löschen zu können, installiert man meist rote Sprinklerköpfe, die an einer sogenannten nassen Anlage angeschlossen sind – die Montage erfolgt bitte so, dass die Köpfe nicht dazu veranlassen, fahrlässig beschädigt oder ausgelöst zu werden. In Gefahrstoffbereichen installiert man fluorfreie Schaumlöschanlagen, Sauerstoff-Reduzierungsanlagen oder gasförmige Löschanlagen – aus Kostengründen meist solche mit CO_2. Doch dieses sauerstoffverdrängende Löschgas ist tödlich und sollte in größeren Mengen nicht mehr zum Einsatz kommen, denn Personenschutz steht in der Priorität nun einmal weit oberhalb vom Sachwerteschutz.

Wer Angst hat, dass versehentlich ausgelöste Sprinklerköpfe einen immensen Schaden anrichten, dem sei gesagt, dass die Schäden fast immer im kleineren fünfstelligen Bereich liegen: Das ist zwar immer ärgerlich, aber niemals wirklich existenzbedrohend. Ein Sprinkler deckt vielleicht 16 m^2 ab – gehen wir mal von 20 m^2 aus und davon, dass acht Lagerebenen übereinander liegen. Somit werden auf ca. 160 m^2 Produkte nass und beschädigt. Wenn das Lager aber 5.000 m^2 Fläche hat und überall über acht Lagerebenen verfügt, dann bleiben demnach 39.840 m^2 Lagerfläche unbeschädigt und lediglich 0,4 % werden beschädigt. Somit überleben 99,6 % die Fehlauslösung unbeschadet – und selbst wenn es weniger als das sein sollte, ist ein Wert in diesem Bereich immer noch großartig. Man berücksichtige zusätzlich den Versicherungsrabatt sowie die Tatsache, dass sich Fehlauslösungen durch intelligente Verlegung von Rohrleitungen praktisch auf 0 % reduzieren lassen.

Wer eine Sprinkleranlage plant, sollte langfristig planen. Schließlich wird die Anlage wohl 30 oder mehr Jahre ihre Dienste tun. Es gab nach der VdS-Richtlinie 2092 vier Klassen 4.1–4.4 und nach der CEA-Richtlinie 4001 ebenfalls vier Klassen, hier 1–4 genannt, und danach unterteilt, ob es sich um Lager- oder Produktionsbereiche handelt (HHP, HHS). VdS- und CEA-Anlagen unterscheiden sich nicht wesentlich. Worum es geht, ist Folgendes: Eine Sprinkleranlage kann nachträglich nicht oder nur mit unverhältnismäßig viel Aufwand verändert (upgegradet) werden. Es lohnt sich demnach, bei der Planung bereits auf zukünftige Veränderungen (hier: mehr Brandlasten je m^2) Rücksicht zu nehmen und somit besser jetzt 8 oder 12 % mehr in die Neuanlage zu investieren – um langfristig eine funktionierende Löschanlage zu haben. Denn die Nachrüstung ist entweder nicht möglich, wird nicht so optimal sein oder kostet sehr viel mehr. Die Löschwahrscheinlichkeit bei einer leicht überdimensionierten Löschanlage ist deutlich höher als die einer Anlage, die an ihre Grenzen stößt. Der VdS gibt die Löschfähigkeit von Sprinkleranlagen seit Jahrzehnten mit 98 % an. Die fehlenden 2 % sind immer auf menschliches Versagen, meistens der Betreiber und selten der Errichter, zurückzuführen: Es wird deutlich zu nahe am Sprinklerkopf gelagert, es werden deutlich zu viele Brandlasten je m^2 eingelagert oder es erfolgt keine Wartung und keine Reparatur der Anlage. Hochwertige Sprinkleranlagen verfügen über zwei unabhängig voneinander funktionierende Löschwasserpumpen. In seltenen Ausnahmefällen versagen Pumpe 1 und Pumpe 2 zugleich oder andere schädigende Dinge passieren, die wir nicht verhindern können: dann spricht man von sogenannter „höherer Gewalt" und senkt demütig den Kopf (und die Versicherungen müssen zähneknirschend wohl den Schaden bezahlen).

Besonders problematisch sind, um ein weiteres Problem aufzuzeigen, die sogenannten Paternoster-Systeme in Regallagern. Das sind meist blecheingehauste, also geschlossene Regallagerbereiche für Kleinteile, die wie ein Paternoster-Lift die Produkte in beide Richtungen zur Be- und Entnahmestelle fahren können. Brennt es innerhalb des Systems, kann das Löschen problematisch oder unmöglich sein und Hitze sowie Verrauchungen können außerhalb große Schäden anrichten. Deshalb ist bei einer Lagerbesprinklerung auch ein geeignetes Löschsystem innerhalb der Paternoster-Lagerung anzubringen, worauf in diesem Buch an anderer Stelle eingegangen wird. Da die Landesbauordnung fordert, dass Brände von den Feuerwehr-Profis gelöscht werden können, muss es demnach mindestens eine Löschmitteleinlassöffnung an der oberen Stelle von diesen geschlossenen Systemen geben, um dieses Ziel im Brandfall auch zu erreichen. Ist das Lager gesprinklert, muss auch dieses – nicht brandschutztechnisch abgetrennte, aber eingehauste System – geschützt sein.

5.4 Aerosol als Brandlöschmittel (Dieter Olinewitsch)

Ein Brandschutzsystem funktioniert mit einem Aerosol als Löschmittel sehr gut. Bei einem Feuer gilt: Je eher es erkannt und eingegriffen wird, desto geringer ist der Schaden. Ziel ist es also, dass ein Brandlöschmittel einen Entstehungsbrand unverzüglich und nachhaltig löscht; nach Möglichkeit mit keinen oder minimal geringen Sekundarschäden, damit die Betriebsausfallzeit auch nur gering ist und Natur und Menschen keinen Schaden nehmen. Die meisten am Markt etablierten Löschsysteme arbeiten mit Wasser in z. B. Handfeuerlöschern oder Sprinklersystemen bzw. auch mit Gasen, die den Sauerstoff verdrängen und ein Feuer somit aufgrund von Sauerstoffmangel zum Erlöschen bringen. Beim Wassereinsatz, manchmal auch ironisch ozeanisches Löschen genannt, benötigt man ein vorhandenes Hydrantensystem, muss Schläuche zu Löschteichen verlegen oder durch Tankwagen versorgt werden. Zunehmend findet man bei Fabrikgebäuden auch riesige Vorratsbehälter mit einem Heizsystem, damit das Löschwasser auch im Winter wirksam zum Einsatz kommen kann.

Beim Gaseinsatz, sehr gebräuchlich ist Kohlendioxid, ist im Alarmfall eine Personenevakuierung zwingend erforderlich! Denn für einen Menschen wird es hier schnell tödlich: Es kommt bei erhöhter CO_2-Konzentration in der Atemluft zu einem Sauerstoffmangel; Folgen können Kopfschmerzen, Schwitzen, Kurzatmigkeit, Herzrasen, Atemnot, Schwindel, Sehstörungen, Zittern, bzw. Bewusstseinsstörungen oder der Tod sein. Ab ca. 5 % wirkt CO_2 narkotisch, oberhalb von ca. 8–10 % CO_2 in der Atemluft kann es zur Bewusstlosigkeit und innerhalb kurzer Zeit zum Tod durch Ersticken kommen.

Soll CO_2-Löschmittel ein Feuer löschen, muss es den Luftsauerstoffgehalt von 20,9 Vol.-% auf unter 15 % reduzieren. Hierzu ist eine CO_2-Konzentration von mindestens 30 % erforderlich, für Menschen ist das also mindestens um das 10-Fache zu hoch.

Ganz anders verhält es sich mit dem Löschmittel Aerosol Kaliumkarbonat unter Beachtung der Zulassung gem. DIN EN 15276. Durch den kontrollierten Abbrand geringer Mengen von z. B. Nitrozellulose (als Brandbeschleuniger) in Verbindung mit Kaliumnitrat entsteht das Aerosol Kaliumcarbonat, also Pottasche. Gelangen diese Aerosolpartikel in eine Flammenzone, entziehen sie den dort befindlichen, reaktionsfähigen Teilchen durch Ionisation ihre Energie und unterbrechen dadurch die chemische Kettenreaktion: das heißt, das Aerosol „frisst" die Flammen förmlich auf. Das ist ein endothermer Prozess; dem Feuer wird auf molekularer Ebene Energie entzogen. Die freien Radikale werden gebunden, mit dem Erfolg, dass die Flammen in sich zusammenbrechen und somit gelöscht sind. Schnell sinkt die Temperatur: Aus dem Feuer wird zuerst ein kleiner Glutbrand bis zum vollständigen Erlöschen und zur Eliminierung jeder Gefährdung. Das Gebäude muss nicht evakuiert werden und der Luftsauerstoffgehalt bleibt nahezu unverändert. Es entsteht also – anders als bei Kohlenstoffdioxid – keine Gefahr für Leib, Leben und die Umwelt, das Lösch-Aerosol fügt ihr auch keinen Schaden zu. Alle Ausgangsstoffe und die beim Abbrand des Löschsatzes (Prinzip: Tischfeuerwerk) und beim Löschen selbst entstehenden Reaktionsprodukte sind brandhygienisch und toxikologisch geprüft und als ungiftig, umweltneutral und als Halon-Ersatzstoff „green-agent" eingestuft. Mit einer kleinen Haltezeit sind Backdraft und Flashover verhinderbar. Nach einigen Minuten kann man nahezu bedenkenlos die Tür zur Rettung von Menschen und zur Durchlüftung öffnen. Bereits unmittelbar nach Brandausbruch kann der Löschangriff erfolgen; nach wenigen Minuten ist die Lage sicher und nach 20 Minuten ist der Raum gefahrlos betretbar.

Der Abbrand des „Löschkekses" ist nicht ganz rückstandsfrei: Wird im Brandfall eine Feuerlöschanlage aktiviert, entstehen Flammen, Temperaturen, Rauchgase, Rauchschwaden und Brandrückstände; der Abbrand des Löschkekses ist somit vernachlässigbar. Wichtig ist beim Aerosol-Einsatz, dass unmittelbar nach Ausbruch eines Feuers mit der Brandbekämpfung begonnen werden kann; es ist keine Evakuierungszeit zu berücksichtigen.

Ein Aerosol-Löschsystem wird nach EN DIN 15276 ausgelegt und die Menge des erforderlichen Aerosols wird durch eine Konzentrationsberechnung ermittelt. Das Löschsystem ist in der Anschaffung und im Unterhalt kostengünstig, auch da die Aerosol-Löschgeneratoren lediglich alle 15 Jahre zu tauschen sind. Die Installation der Anlage ist durch eine Fachkraft mit einfachen elektrischen sowie mechanischen Kenntnissen möglich. Die Anlage ist sehr übersichtlich und vom Gewicht her sehr leicht und kompakt; es ist kein Löschrohrsystem erforderlich. Eine Nachrüstung ist grundsätzlich problemlos und ohne zusätzliche Kosten möglich.

Abb. 21 Der Löschgenerator wird „einfach" eingeworfen; er entwickelt das löschende Gas – weitere Maßnahmen zum Löschen sind nicht erforderlich. (D. Olinewitsch)

Diese langlebige Technik ist robust (Strahlung, Kälte, Wind, ...), leicht und für die Brandklassen A, B, C sowie F geeignet. Alle Produkte werden gemäß ISO 9001:2000 produziert und vertrieben, erfüllen somit die höchsten Qualitätsstandards und wurden von folgenden Instanzen getestet: UL/ULC, RINA, ISO, BRE, PrCEN/TR 15276-1, PrCEN/TR 15276-2, NFPA 2012, TNO. Es wird dringend empfohlen, mit anerkannt qualifizierten Schadensanierern, welche z. B. die Befähigung zur „Besteigung von WKA" haben, 24/7-Service-Rahmenverträge abzuschließen. Nun folgen fünf sinnvolle und unterschiedliche Anwendungsbeispiele:

1. Zimmerbrand in einer Wohnunterkunft oder Büroeinheit

   Stellen Sie sich vor, Sie sind ausgebildete Ersteinsatzkraft bei der Feuerwehr oder angelerntes Sicherheitspersonal in einer Wohnanlage (z. B. JVA-

Arrestbereich, Pflegeheim, Altenheim, Krankenhaus, Studentenwohnheim, Kaserne, ...), erhalten in Ihrer Zentrale einen Brandalarm aus einem Zimmer, entnehmen den nur wenige Kilogramm wiegenden Aerosol-Löschgenerator aus seiner Wandhalterung und gehen zu dem brennenden Raum, an dessen Zugangstür man bereits oben, unten oder seitlich Rauch austreten sieht. Nun machen Sie den Löschgenerator durch Ziehen an der Sicherheitsschnur scharf, öffnen die Tür einen Spalt breit und werfen aus sicherer Position mit der Tür als Schutz (so wie es DIN-14695-gerecht ist) diesen löschenden Generator nicht gezielt in den mit Flammen und Rauchgasen gefüllten Raum und schließen die Tür. Im Generator wird nach ca. fünf Sekunden ein Löschmittel thermisch erzeugt und freigesetzt, das Flammen löschende Aerosol. Durch radiale Öffnungen tritt das Aerosol leicht fließend aus, verteilt sich im gesamten Raum, dringt auch durch kleine Ritzen (z.B. in elektrische und elektronische Geräte) und löscht zuverlässig, schnell und – ganz wichtig – ohne Löschmittelschaden. Wenige Minuten nach erfolgtem Löschangriff kann man nahezu bedenkenlos die Tür zur Rettung von Menschen und zur Durchlüftung öffnen. Nachgeordnete Einsatzkräfte können mit Drucklüftern die Sicherheit und Bewohnbarkeit wieder herstellen.

2. Brand in der Gondel einer Windkraftanlage

   Stellen Sie sich vor, die Feuerwehr wird zu einem Brand in der 140 m oberhalb des Bodens befindlichen Gondel eines Windrads gerufen. Die Drehleiter schafft bei einer Entfernung vom Windrad von 12 m lediglich 23 m Höhe, das heißt ein Löschen ist nicht möglich und die Technik des Windrads wird unlöschbar abbrennen. Es bleibt der Feuerwehr also gar nichts anderes übrig, als zur Gefahrenabwehr die Bodenfläche der Anlage mit Trassierband abzustecken und herabfallende, brennende Teile zu löschen. Nun ist es aber möglich, die Gondel mit einer automatischen-Aerosol-Feuerlöschanlage auszustatten. Man muss wissen, dass Windräder der Bauordnung unterliegen – und diese fordert, dass wirksame Löscharbeiten möglich sein müssen. Abhängig vom Raumvolumen besteht die hier vorgestellte, automatisierte Löschmethode aus branddetektierenden Elementen (Rauch- und Temperaturmelder), einem Steuergerät, den Lösch-Generatoren sowie den dazu gehörenden Elementen. Die Auslösung der Löschung kann automatisch und auch manuell erfolgen. Optional kann man eine Kamera in der Gondel oben platzieren, welche sich bei Brandalarm aufschaltet und ein Lagebild zur Beurteilung in eine Zentrale sendet.

Abb. 22 Bei derart hohen Bränden ist jede Feuerwehr überfordert – nicht jedoch ein bereits installiertes Löschsystem, das für die Art und das Volumen ausgelegt wurde. (D. Olinewitsch)

3. Feuer in einem Bungalow

   Bei der Zentrale einer Feuerwehr schlägt ein Brandalarm auf. Der diensthabende Einsatzleiter wird benachrichtigt, er startet das Navi an seinem Einsatz-Cross-Motorrad, in den Packtaschen befinden sich mehrere unterschiedlich große Aerosol-Löschgeneratoren, und er begibt sich auf schnellstem Wege zum Einsatzort. Dort erfasst er mit Erfahrung und Sachverstand die Lage, gibt an die Zentrale eine Lagebeurteilung für nachrückende Einsatzkräfte ab, nimmt einen oder zwei Löschgeneratoren und beginnt den Löschangriff. Er wirft den scharf gemachten Löschgenerator durch eine geöffnete Tür oder ein eingeschlagenes Fenster in den brennenden Raum. Binnen kurzer Zeit wird sich die Situation ändern; möglicherweise wirft er auch zwei Generatoren ein. Wenige Minuten nach erfolgtem Löschangriff kann man nahezu bedenkenlos das Haus zur Rettung von Menschen und zur Durchlüftung öffnen. Nachgeordnete Einsatzkräfte können mit Drucklüftern die Sicherheit und Bewohnbarkeit wieder herstellen.

4. Brand in einer geschlossenen Lagereinheit (Paternoster- oder Liftregalschrank)

   Ein gewöhnlicher Lift-Regalschrank hat quadratische Bodenabmessungen von 4 m und 7–9 m Höhe und stellt für eine industrielle Fertigungsstraße eine kritische Infrastruktur dar.

   Manch verantwortlicher Betriebsführer sichert sie brandschutztechnisch mit einer automatischen Aerosol-Feuerlöschanlage ab, denn andere Systeme sind hier oft nicht effektiv. Grundsätzlich ist sie von der Ausstattung her vergleichbar mit der aus der Gondel einer Windkraftanlage: branddetektierende Elemente (Rauch- und Temperaturmelder), ein Steuergerät, Lösch-Generatoren sowie die dazu gehörenden Elemente. Es muss gesagt werden, dass das von einigen Versicherungen noch favorisierte Wasser-Sprinklersystem hierfür nicht geeignet ist.

5. Lithium-Ionen-Brand, z.B. bei einem Smartphone, E-Auto, E-Bike oder E-Werkzeug

   Wie durch regelmäßige Pressemitteilungen bekannt ist, stellt ein Lithium-Ionen-Brand alle Beteiligten vor enorme Herausforderungen. Diese Akkus sind empfindlich bei Tiefentladung (unter 20 %), Überladung (über 80 %), mechanischer Beanspruchung (z.B. Biegebeanspruchung oder Verkehrsunfall), Stoßbeanspruchung (Fall des Radakkus aus einer Höhe ab 80cm, Verkehrsunfall) und bei Umgebungstemperaturen über 60°C. Es kann sehr schnell zum sogenannten „Thermal Runaway“ kommen, bei dem sehr schnell Temperaturen bis zu 1.000°C entstehen und Flusssäure freigesetzt wird (hochätzend, frisst Löcher in Metallteile, das Gemisch Löschwasser mit Flusssäure ist Sondermüll, darf nicht in die Kanalisation). Bei der Verbrennung entsteht Sauerstoff (das heißt Löschmittel mit Wirkrichtung Sauerstoffentzug funktionieren hier nicht) und in Verbindung mit Löschwasser entsteht hochexplosives Knallgas. Die wichtigste Empfehlung und Nutzungsvorgabe ist, dass man besonders umsichtig damit umgeht und Smartphones etc. nicht am Körper trägt – vor allem beim Autofahren. Eine Separierung macht immer Sinn, um die Brandlast möglichst gering zu halten (das gilt auch für Autotransporterschiffe, Busdepots und dergleichen). Besonders in der Lagerhaltung ist wichtig: möglichst immer ein eigener Ort, nach Möglichkeit entfernt von anderen Gegenständen.

Hat ein Elektroauto Feuer gefangen, rückt die Feuerwehr mit einem Lkw aus, der einen 3,5 Tonnen schweren Löschcontainer trägt. Dieser wird vor dem Brandfahrzeug platziert, eine Seilwinde zieht das Auto in den geöffneten Container, danach wird die Klappe geschlossen. Über einen externen Tank wird der Container mit bis zu 10.000 l Wasser geflutet, bis das Auto und vor allem die Batterie bedeckt ist. Einer unserer Versuche zeigte, dass mit Aerosol auch ein Li-Akkubrand erfolgreich gelöscht werden kann – bei deutlich geringerem Aufwand.

Fazit: Was althergebrachte Brandschutzkonzepte manchmal bewirken können, hat sich 2023 beim Autofrachter „Fremantle Highway" gezeigt. Maritime Brandschutzkonzepte geben vor, dass auf einem Schiff nur Löscheinrichtungen sein sollen, die einen Brand nur so lange klein halten, bis das Löschboot zur Löschung kommt. Doch dann kann es passieren, dass man Löschversuche abbrechen muss, weil das Boot voll Löschwasser ist und deshalb droht, unterzugehen. Mit etwas kreativer Fantasie (manchmal auch etwas quer gedacht), innovativer Technik und etwas Mut zu Neuem lässt sich sicherlich so manche Katastrophe erheblich minimieren, wenn auch nicht gänzlich verhindern. Aber auch die Versicherungen könnten mit „innovativen" Versicherungsprämien (das heißt Rabattierungen) zur Steigerung des Verantwortungsbewusstseins mancher Betreiber beitragen, anstatt – wenig konstruktiv – lediglich die Prämien zu erhöhen.

5.5 Fluchtwege und Treppenräume durch Wassernebel sichern (Günter Knopf)

Das Problem, Menschen aus rauchgefährdeten Bereichen rechtzeitig zu evakuieren, ist so alt wie die Menschheit selbst. Rauchdichte Türen in Fluchtbereichen sind nur dann wirkungsvoll, wenn sie geschlossen sind. Passieren aber Personen in Massen und unter Panik diese Türen und stürzen einige dabei, ist die Schutzwirkung dieser Türen nicht mehr gegeben. Der Rauch breitet sich in den fortsetzenden Fluchtbereichen aus und nachfolgende Personen sind gefährdet. Anders sieht es aus, wenn dort anstatt von Türen Wasserschleier-Nebelanlagen zum Einsatz kommen, wie sie seit über 50 Jahren existieren und immer mehr Anwendungsgebiete finden. Entweder werden sie alternativ zu bisherigen Löschverfahren oder, in besonderen Einzelfällen, als einzig machbare Lösung angewendet.

Aus der Vielzahl der vorhandenen Feuerlöschverfahren soll hier das sogenannte WNF-Verfahren mit seinen Besonderheiten und einzigartigen Einsatzmöglichkeiten beschrieben werden. Um dies besser zu veranschaulichen, muss man seine Verfahrenszielrichtungen näher betrachten. Für die Anwendung des WNF-Verfahrens sind verschiedene Zielorientierungen bekannt und möglich, wie Strahlungswärmeabsorption, Brandniederhaltung/Begrenzung der Brandausbreitung, Rauchabsorption und -ableitung, Rauchgasneutralisierung sowie eine Brandlöschung. Gebäude und Anlagen werden also vor Brandgefahren geschützt. Das WNF-Verfahren weist die folgenden Löscheffekte auf:

- Kühlwirkung durch Verdampfung in der Reaktionszone und an der Grenzfläche Flammensäule/Brandgasströmung
- Ausbildung einer lokalen Inertisierung (Sauerstoffverdrängung) am Brandherd infolge der Verdampfung mit einer entsprechenden Teilchendichte an Wassertropfen
- Verdünnung der Reaktionszone durch Verdampfung
- Rauchpartikelbindung bis zu 97 %
- Auswaschung toxischer Gase bis 75 %
- Heterogene Inhibition in der Mischzone der Flamme durch die Erzeugung eines Wandeffektes mit einem Löschmittelstrahl von entsprechender Tropfendichte durch Energieentzug; dies führt zu Kettenabbruchreaktionen und zum Verlöschen der Flammen
- Verhinderung der Strahlungswärmerückkopplung durch Sedimentation der Wassertropfen in der Verbrennungszone oder durch Erreichen des Trenneffekts

Das WNF-Verfahren ist ein Wasserlöschverfahren, bei dem Wassertropfen mit einem Durchmesser von 0,05–0,4 mm erzeugt und in ein zu löschendes Volumen eingebracht werden. Man benötigt ca. 85 % weniger Wasser als bei konventionellen Sprinkleranlagen. Bei dieser Anwendung wirkt neben dem Kühleffekt auch der Stickeffekt. Da die Kühlwirkung zur Herabsetzung der Brandtemperatur nur aus der Oberfläche des Tropfens kommt und es sich hier um ein Vielfaches an kleinsten Wassertropfen handelt, entsteht im Gegensatz zu konventionellen Sprinkleranlagen eine sehr große Oberfläche, welche den Kühl- und damit den Löscheffekt wesentlich erhöht. Dies bewirkt nicht nur die Kühlung der Flammenzone, sondern reduziert auch die Brandreaktion durch Verdünnen des Sauerstoffanteils in der Luftströmung zur Reaktionszone (Stickeffekt), vergrößert die Wärmeabfuhr und unterbindet die Rückkopplung der Strahlungswärme. Betrachtet man speziell die Brandlöschung bei vorrangiger Ausnutzung des Stickeffektes bzw. der Volumen- und Flammenlöschung, so sind deren Grenzen abhängig vom Brandstoff, vom Brandwärmestrom, von der Tropfengröße sowie der Raumgröße. Diese Grenzen müssen sehr genau definiert und in der Anwendung akribisch ausgelegt werden, um in jedem individuellen Einzelfall eine schnelle und effektive Brandbekämpfung erreichen zu können.

Dabei sollten Ihre örtlichen Besonderheiten, wie sehr geringer Wasserbedarf (sehr geringe Wasserschäden), nicht elektrisch leitend, große Rauchpartikelbindung, Rauchgasrückhaltung und Temperaturabsenkung unter 40 °C, große Entscheidungshilfen sein. All diese Eigenschaften werden in verschiedenen Anlagenkonfigurationen genutzt. Je nach Brandgefahr oder örtlichen Gegebenheiten kommen unterschiedliche WNF-Verfahren zum Einsatz. Hierbei werden die WNF-Verfahren in die zwei Hauptkategorien A (Sprinkler-Feinsprüh-Niederdruckanlage – SNF) und B (Feinsprüh-Niederdruckanlage – FNF) unterschieden. Die Kategorie A ist eine sinnvolle Alternative zu der seit über 170 Jahren bestehenden Sprinkleranlage. Die Auslösung erfolgt ebenfalls thermisch über den Sprinklerkopf. Der dabei ausgebrachte Schwebnebel verteilt sich gleichmäßig im Schutzraum bzw. am Schutzobjekt. Mit nur ca. 15 % Wasseranteil gegenüber konventionellen Sprinkleranlagen reduziert sich der Wasserbedarf exorbitant, und auch die Wasserschäden werden dadurch wesentlich minimiert. Hinzu kommt, dass hierbei nicht nur der Kühleffekt, sondern hauptsächlich der Stickeffekt ausschlaggebend ist. Der Brand wird in Sekundenschnelle gelöscht. Die SNF-Anlage kann in den meisten Bereichen (Bürohäuser, Einkaufscenter, Tiefgaragen, Hochhäuser, historische Bauwerke usw.) eingesetzt werden, welche bisher durch konventionelle Sprinkleranlagen geschützt wurden.

Mit Anlagen der Kategorie B lassen sich Rauchabschnittsbildungen an nicht brandschutzmäßig verschließbaren Bereichen und Öffnungen bilden, insbesondere im Bereich der Fluchtwege oder in historischen Gebäuden.

Bei der Bauplanung kommt dem anlagentechnischen Brandschutz in zunehmenden Maße eine zentrale Bedeutung zu. Seit über 100 Jahren ist bekannt, dass Brandrauch die Hauptursache für Todesfälle im Brandfall ist und nicht die Flammen. Eine gesicherte Rauchableitung oder Rauchgastrennung ist daher bei der Erarbeitung von Brandschutzkonzepten von besonderer Wichtigkeit. Daher wird – insbesondere bei der Planung von Sonderbauwerken im Rahmen der Baugenehmigung – der Nachweis verlangt, dass die Flucht- und Rettungswege über einen hinreichend langen Zeitraum nicht tödlich verrauchen können. Diese Forderung ist – abgesehen von baulichen Maßnahmen – jedoch nur dann zu erfüllen, wenn eine effektive Rauchableitung gegeben ist. Mit dem FNF-Verfahren (offene Düsen) können in den Fluchtwegen und Fluchttreppen die Rauchpartikel des anfallenden Rauchs fast komplett gebunden werden. Die toxischen Gase werden durch den Wassernebel zu ca. 75 % ausgewaschen und damit neutralisiert. Auch die Temperatur im Fluchtbereich wird auf unter 40 °C gesenkt. Über eine automatische Lautsprecheranlage sollen die Personen in etwa so informiert werden: „Bitte verlassen Sie das Objekt durch die wasservernebelte Treppe". Die diesen Wassernebel erzeugenden Düsen befinden sich bündig in den Wänden und Decken und sind durch ihre farbgleichen Staubkappen optisch kaum von der Schutzbereichsdecke zu unterscheiden. Damit sind die relevanten Auflagen für Fluchtwege erfüllt, ohne dass sich der bauliche und damit der optische Zustand ändern muss.

5.6 Brandlöschanlage für Lager mit Höchstbrandlasten (Günter Knopf)

Mit neuen Technologien und Materialien erhöhen sich häufig auch die Brandlasten. Konventionelle Löschverfahren durch Besprinklerung stoßen hier immer mehr an ihre Grenzen, sodass manchmal nur noch durch Reduzierung der Lagermengen ein Weiterbetrieb gestattet ist. Der Feuerlöschanlagenmarkt hat sich ebenfalls weiterentwickelt. Es wurden verbesserte Alternativlöschanlagen zur konventionellen Besprinklerung entwickelt, welche mit verhältnismäßig geringem Aufwand auch sehr hohe Brandlasten beherrschen:

- Aerosollöschanlagen
- Dampflöschanlagen
- Diverse Schaumlöschanlagen
- Heißschaum-Feuerlöschanlagen
- Gaslöschanlagen
- Permanent-Inertisierung
- Sprenglöschverfahren

- PyroBubbles®-Löschverfahren
- Pulverlöschanlagen
- Modifizierte Wasserlöschanlagen: Sprinkler, Sprühwasser, Wassernebel
- F-500 EA Löschwasserzusatz
- Novec-1230-Anlagen
- Vakuum-Feuerlöschanlagen

Es stellt sich die Frage, welches dieser zahlreichen Systeme aus Sicherheits- und Wirtschaftlichkeitsgründen jeweils am besten geeignet ist. Auch hier kommt es stark auf die zu löschenden Produkte sowie auf die individuellen örtlichen Bedingungen an. Im Folgenden soll nun das noch weitgehend unbekannte **Heißschaum-Löschverfahren** vorgestellt werden, welches Anfang dieses Jahrhunderts entwickelt wurde und für sehr hohe Brandlasten geeignet ist.

Dieses Löschverfahren beherrscht sehr große Brandlasten und ist fast universell anwendbar: im Lagerbereich etwa für Reifen, Sprühdosen, Archive (Trockenschaum), Kunststoffe, brennbare Flüssigkeiten, Paternosterlager, Papierrollen oder Batterien/Akkumulatoren. Die Löschtechnik funktioniert auch zuverlässig in Hydraulikkellern, Tresorräumen, Tiefgaragen, Lackierbereichen, im Bergbau, in Laboren, Flugzeughallen oder in den im Brandfall sonst nur schwer zu beherrschenden Galvanikunternehmen.

Hier wird in einem hermetisch geschlossenen Raumvolumen die rauchhaltige Luft 1:1 in rauchhaltigen Schaum verarbeitet – und dies ohne Luftdruckveränderung und in einem Temperaturbereich von 0–1200 °C. Mit verhältnismäßig geringem Wasser- und Verrohrungsaufwand und ohne elektrisch betriebene Leichtschaumgeneratoren lässt sich eine Halle auf diese Weise sehr schnell und mit geringen Mitteln schützen. Das heißt, hier wird auf ein vollkommen neues Schaumerzeugerprinzip zurückgegriffen, welches nicht dringend Frischluft von außen benötigt, sondern den beim Brand entstandenen toxischen Rauch unmittelbar über dem Brandherd im Schaum bindet. Geplant werden diese Anlagen nach der DIN EN 13565-2/2009-09.

Die Löschmittelzentrale besteht, wie bei einer konventionellen Leichtschaum-Feuerlöschanlage, primär aus den drei Komponenten Wasserpumpe, Schaummittelpumpe und Schaumzumischer. Das Wasser-Schaum-Gemisch wird in den brennenden Schutzraum zu den an der Decke oder den Wänden befindlichen Heißschaum-Erzeugern geleitet. Ähnlich wie beim Mittelschaumverfahren wird hier ohne elektrische Luftgebläse und ausschließlich mit Düsen und Keilsieb eine ca. 600-fache Verschäumung erreicht. Dies ist an sich erst einmal keine Besonderheit, aber durch das mit besonders hoher Viskosität verwendete Schaumkonzentrat ist es nun möglich, den aufsteigenden Rauch vollständig in die Schaumblasen zu binden. Damit ist es auch erstmals möglich, ohne Druckentlastung und Frischluftzufuhr rauchhaltigen Leichtschaum zu erzeugen, welcher mit der vollständigen Füllung des gefährdeten Raums den Brand beherrscht – und dies unabhängig von der Quantität der Brandlasten. Der Aufbau der Heißschaumgeneratoren ist sehr einfach (auch weil keine Schaumgeneratoren benötigt werden), wodurch die Kosten für Anschaffung und Unterhalt deutlich geringer als bei Schaumlöschanlagen gehalten werden können. Mit einer bis zu 600-fachen Verschäumung gelingt eine weitgehend höhenunabhängige, minutenschnelle Raumfüllung und das Feuer wird durch die Komplettausschäumung des gesamten Raumvolumens erstickt. Die vertikale Raumlage oder die Lagerhallenhöhe spielen hierbei keine Rolle. Der Rauch wird bis zu einer Temperatur von 1200 °C nahezu komplett im das Feuer erstickenden Schaum gebunden und höhere Temperaturen treten bei den oben angeführten Produkten im Brandfall auch nicht auf. Durch das Binden des Rauchs treten fast keine Rauchpartikel aus, was die Umwelt und die Nachbarschaft schützt. Die Anschaffung dieser Löschtechnik erfordert keine bauliche Veränderung und es werden auch keine Druckentlastungsöffnungen benötigt.

Abb. 23 Dreistellige Millionenwerte in Hochregallagern lassen sich mit individuell auf das Risiko ausgelegten, automatischen Brandlöschanlagen zuverlässig schützen. (G. Knopf)

Dazu ein Beispiel: Ein Produzent betreibt eine 20.000 m^2 große Halle mit hydraulisch angetriebenen Blechstanzen. Unter diesen Maschinen befinden sich zusammenhängende Hydraulikkeller mit einem Raumvolumen von 4.000 m^3 für Ölbehälter, Rohre und Pumpen. Produktionsbedingt ist eine Verölung hier unten unvermeidbar. Die Werkfeuerwehr stuft den Kellerbereich als „nicht löschbar" ein, auch weil die sehr starke Rauchentwicklung ein Vordringen und eine sinnvolle Brandbekämpfung unmöglich macht. Das ist für das Heißschaumlöschverfahren jedoch kein Problem – denn je mehr Rauch entsteht, umso größer und schneller tritt der Löscheffekt ein. Die Feuerwehr speist im Brandfall an der Hallenaußenwand das Gemisch ein und die Heißschaumgeneratoren im Hydraulikkeller erzeugen den rauchbildenden und erstickenden Schaum.

Ein weiteres Beispiel, um die unterschiedlichen Einsatzmöglichkeiten des Heißschaumlöschverfahrens aufzuzeigen: Ein Tabakwarenlager im Untergeschoss muss aufgrund von Behördenvorgaben ein nachvollziehbares Brandschutzkonzept vorlegen, denn sowohl eine Brandlöschung als auch eine Rauchableitung ist baugesetzlich gefordert. Mit dem Heißschaum-Feuerlöschverfahren wird nicht nur das Problem der Rauchbeseitigung geklärt, sondern man hat zusätzlich eine sichere Brandlöschung – und dies ohne Personengefährdung vor Ort. Es wird nicht nur das Lagergut vor weiterem Abbrand geschützt, sondern das gesamte Bauwerk bleibt erhalten.

Autoreifen sind immer dann brandgefährlich, wenn sie ohne Felgen gelagert werden, denn dann ist ein Löschen nur noch bedingt möglich. Doch auch Reifenlager können durch diese Technik geschützt werden. Während eine konventionelle Feuerlöschanlage – abhängig von der Lagergröße – bis zu 1 Mio. Liter Löschwasser und eine Löschwasser-Rückhaltung benötigt, ist der Aufwand mit dieser Technik deutlich geringer. Die Rückhaltung bei der konventionellen Feuerlöschanlage kann aufgrund der großen Wassermenge für den Gebäudekomplex auch schnell zum statischen Problem werden. Hierfür wäre das Heißschaum-Feuerlöschsystem geradezu prädestiniert, denn hohe Kosten und technische Probleme können aufgrund des sehr geringen Wasseranteils und des zuverlässigen Löschvermögens vermieden werden.

5.7 Recyclinganlagen (Günter Knopf)

Angesichts wachsender Müllberge und damit verbundener Entsorgungsproblematiken gewinnen Recyclingunternehmen in der Wirtschaft zunehmend an Bedeutung – und dies nicht nur national, sondern auch international. Die zielgerichtete Aufbereitung von Abfällen und die Wiederverwertung der Rohstoffe leisten einen wichtigen Beitrag zur Schonung der Ressourcen unserer Erde. Die zur Zwischenlagerung verwendeten festen Fraktionen, wie Papier, Pappe, Kartonagen und Kunststoffe, mit Heizwerten von über 14 MJ/kg, bilden mit ihrer Brandlast ein erhebliches Gefahrenpotenzial für -menschen und Gebäude. Nach der Bestimmung der Art, der Menge und der Konfiguration der Brennstoffe geht es darum, diejenigen Anwendungsstoffe und -methoden auszuwählen, die in Bezug auf das Ausmaß der zu schützenden Brandgefahren am wirkungsvollsten sind. Entstandene Brände können sich hier sehr schnell ausbreiten und bedeuten daher ein hohes Risiko für die in diesem Bereich tätigen Mitarbeiter und Sachwerte. Die Verbrennungsprodukte erzeugen sogenannte Ultragifte wie Dioxine und Furane, sind also eine extreme Umweltbelastung.

Zur Löschung dieser Brände wird üblicherweise mit Schwerschaum oder Sprühflutanlagen gearbeitet. Ein wirksames alternatives Löschverfahren ist das sogenannte One-Seven-Löschverfahren, das auf Schaum basiert: Hier wird das Wasser eines Wassertropfens mit einem Durchmesser von einem halben Millimeter auf die Oberfläche von sieben Schaumblasen in der Größe des Wassertropfens gebracht. Die Wärmebindung vergrößert sich dadurch von 0,83 auf 10,3°C/s. Dies ergibt eine 12,4-fach schnellere Wärmebindung gegenüber der reinen Wasserlöschung! Also steht noch vor dem Stickeffekt wie bei herkömmlichem Schaum der Kühleffekt. Dies ergaben zahlreiche Versuche in der Forschungsstelle für Brandschutztechnik in Karlsruhe.

Der in der Löschmittelzentrale fertig hergestellte und komprimierte Druckluftschaum entspannt sich im Rohr und kann bis zu 1 km Länge und 250 m Höhe zur Auswurfvorrichtung (Wurfweite ca. 30 m) gedrückt werden. Dabei sind die Druck- und Reibungsverluste verschwindend gering. Die Dichte des Druckluftschaums erreicht mit zunehmender Rohrlänge kaum messbare Werte. Dadurch ist die Förderung des Druckluftschaums über lange Rohrleitungsstrecken ohne Beeinträchtigung der Schaumqualität und der Löscheigenschaften des Schaums möglich und die Schaumkonsistenz bleibt vollständig erhalten. Diese ist ausschlaggebend bei der Löschung aus großen Höhen, wie z.B. in Recyclinglagerhallen. Der One-Seven-Druckluftschaum wird auf den Brandherd aufgebracht und kühlt diesen tiefgründig durch. Die Rauchentwicklung wird auf diese Weise schlagartig unterbrochen. Je nach Anforderungsprofil (Haftungsvermögen, Eindringvermögen, Verweildauer, Wasserverträglichkeit usw.) kann das Luftverhältnis im Schaumgenerator automatisch variiert werden; dies ist besonders bei der Vielzahl von Brandszenarien in Recyclinganlagen wichtig.

5.8 Tunnelbrandschutz (Günter Knopf)

Im Allgemeinen wurde bisher den neu gebauten Tunneln nachgesagt, sie seien die sichersten Tunnel überhaupt. Richtig ist, dass man durch die Überwachungskameras weiß, wo es brennt und was brennt, dass die Personen sich in den bis zu 60 m entfernten Fluchtgängen retten können, und dass durch die Ventilatoren eine Entrauchung erfolgt – es bei alledem aber weiterhin brennt. Sachschäden an der zerstörten Tunneldecke machen anschließend monatelange Ausbesserungsarbeiten erforderlich. Um ein effektives wie effizientes Brandlöschen zu erreichen, wurde eine automatische Feuerlöschanlage konzipiert, welche umgehend den Brand erkennt und löscht: Ein fertiger Kompaktschaum wird über lange Wegstrecken transportiert (Abschnitt je 1 km) und über Auswurfvorrichtungen gleichmäßig über den brennenden Fahrzeugen verteilt. In Thüringen sind ca. 30 % der Tunnel mit diesem Feuerlöschsystem ausgestattet. Sinnloserweise fordern die veralteten Richtlinien für die Ausstattung und den Betrieb von Straßentunneln (RABT) bei Tunneln ab 400 m Länge nach wie vor lediglich Wandhydranten für den mobilen Löscheinsatz der Feuerwehr!

6. Konventionelles und unkonventionelles Löschen von Bränden

Konventionelles Löschen funktioniert seit einigen Jahrtausenden mit Wasser. Bei unkonventionellem Löschen gilt der aus der Medizin entlehnte Spruch: „Wer löscht, hat recht". Soll heißen, dass praktisch alles, was ein Feuer gelöscht hat, richtig war. Man behalte etwa immer im Kopf, dass 100 g Schaumstoff ca. 230 m^3 tödliche Rauchgase freisetzen und somit eine Wohnung mit 92 m^2 Fläche tödlich verrauchen. Das ist wichtig, weil nicht feuerwehrtechnisch ausgebildete und nicht mit Atemschutz versehene Personen lediglich Entstehungsbrände löschen sollen. Dies gilt sowohl Zuhause als auch am Arbeitsplatz. Der Personenschutz (Eigenschutz) ist höher anzusetzen als der Sachwerteschutz. Sobald ein Feuer etwas größer geworden ist, heißer wird, viele Flammen erzeugt oder lediglich viel Rauch freisetzt, sollen sich die in der Nähe befindlichen Personen entfernen, die Türen zu dem Bereich schließen, andere warnen, die Feuerwehr rufen und das Gebäude verlassen.

Natürlich gibt es Graubereiche und die meisten Menschen werden beim Brand von wenigen Gramm Schaumstoff vielleicht doch versuchen, die eigene Wohnung durch einen beherzten Löscheinsatz zu retten. Dabei kommt man, gerade im Wohnbereich, schon auf unkonventionelle Ideen: So hat ein Mann versucht, mit einer Wohnzimmerdecke das explosionsartige Feuer einer brennenden Lithiumbatterie zu ersticken – natürlich erfolglos und mit schweren thermischen Verletzungen am Körper! Dieses Beispiel zeigt die Emotionalität der Brandsituation – man ist ja zum einen nicht darauf vorbereitet und will zum anderen den Schaden minimieren, meist ohne sich souverän und abwägend darauf vorzubereiten. Doch man *kann* sich vorbereiten, und im beruflichen Umfeld *muss* man das sogar (laut ArbStättV, DGUV Vorschrift 1 und ASR A2.2); im privaten Bereich sind das lediglich Empfehlungen.

6.1 Löschanlagen mit Wasser, Gas, Schaum oder Pulver

Während es in den USA heute schon üblich ist, Wohnhäuser mit Sprinkleranlagen zu errichten, bleibt diese gute, aber aufwendige und somit auch teure Technik bei uns der größeren Industrie vorbehalten. Automatische Löschanlagen sind großartig, weil sie effektiv und effizient sind. Aber noch großartiger wäre es, wenn sie nie aktiv werden müssten und zwar deshalb, weil es überhaupt nicht erst zu einem Brand kommen würde. Wie eine Unfallreparaturwerkstatt nur dann Umsatz macht, wenn es Unfälle gibt, so ist es auch hier: Wer Unfälle oder Brände verhindert, handelt intelligenter als die Person, die Brände und Unfälle entstehen lässt, um anschließend die Schäden zu minimieren und den Normalzustand wiederherzustellen. Prävention steht also im Vordergrund und nicht kuratives Verhalten, hier wie dort. Doch mit Prävention lassen sich nicht 100 % Sicherheit erreichen – und das ist auch der Grund, weshalb man sich eben noch um den abwehrenden Brandschutz kümmern muss. Eine Brandlöschanlage hat man, wie ein Gebäude auch, für vielleicht 30 Jahre oder mehr. Es ist also ratsam, sich gut zu überlegen, für welche Bereiche welche Löschanlagen Sinn machen. Grundsätzlich stehen die vier in der Überschrift genannten Löschmittel zur Verfügung. Pulver scheidet in fast 100 von 100 Fällen aus; konzentrieren wir uns also auf die anderen Löschmethoden Wasser, Gas und Schaum. Wasserlöschanlagen nennt man auch Sprinkleranlagen. Diese Technik sollte den Leserinnen und Lesern dieses Buchs geläufig sein – es gibt sie schon sehr lange und die Erfolge sind auch nicht von der Hand zu weisen. Wichtig zu wissen ist, dass die horizontale und vertikale Platzierung der Sprinklerköpfe einen entscheidenden Einfluss darauf hat, ob auch hohe Brandlasten gelöscht werden können. Natürlich hat die Quantität der Sprinklerköpfe auch einen Einfluss darauf, welche Kosten anstehen. Aber eine Nachrüstung ist wirtschaftlich eigentlich nicht machbar und deshalb soll man sich bei der Anschaffung darum kümmern, dass die Anlage auch langfristig löschbereit ist. Die Sprinklerköpfe sind so zu platzieren, dass sie durch ein- und ausgefahrene Paletten nicht abgerissen werden können – das ist meist gut möglich, wird in der Praxis jedoch nicht immer beachtet!

Gaslöschanlagen funktionieren durch die Verdrängung des Luftsauerstoffs; für diesen Zweck kommen primär Kohlendioxid (CO_2), das Edelgas Argon (Ar) und Stickstoff (N_2) in Frage oder auch deren Gemische (z. B. Inergen, eine Mischung aus 52 % Stickstoff, 40 % Argon und 8 % Kohlendioxid, oder Argonit, eine 1:1-Mischung aus Argon und Stickstoff). Es gibt auch andere gasförmige Löschmittel wie FM-200™, das sich chemisch so zusammensetzt: C_3HF_7, oder Novec™ 1230, dessen Summenformel wie folgt laut: $C_6F_{12}O$.

Diese beiden Löschmittel sind sicherlich sehr gut und auch deutlich weniger personengefährdend als z. B. CO_2 – aber ob diese F-haltigen Stoffe auch langfristig eingesetzt werden können, ist noch nicht geklärt.

6.2 Gaslöschanlagen

Gaslöschanlagen löschen alle ausschließlich nach dem Prinzip der Sauerstoffverdrängung. Diese führt dazu, dass Brände schwächer und somit weniger heiß brennen, bis sie schließlich ausgehen. Der Nachteil dieser Technik ist verständlicherweise, dass auch für Lebewesen der zum Überleben wichtige Sauerstoff weniger wird, bis eine möglicherweise tödliche Atmosphäre entsteht. Demgegenüber sind Löschanlagen mit Wasser, Schaum oder gar Pulver deutlich harmloser – oftmals aber wiederum schädlicher für Geräte, Anlagen, Gebäude und Einrichtungsgegenstände. Man muss also abwägen, womit was gelöscht wird und ob man dabei den Schutz von Menschen (dazu gehören selbstverständlich auch die Feuerwehrleute!) adäquat gewährleisten kann. So ist es heute bei praktisch allen Automobilherstellern üblich, die Lager- und Montagebereiche mit einer Sprinkleranlage zu versehen und die Lackierbereiche für die Karosserie – auch die Hand-Arbeitsplätze dort – mit einer Gaslöschanlage abzusichern. Kompensiert wird diese Gefahr dann durch fähige, kräftige, gesunde, unterwiesene und untersuchte Personen in der Belegschaft, die sich im Normal- und Branddetektionsfall voraussichtlich souverän und damit richtig verhalten werden. Hinzu kommt, dass ein Entfernen von der Gefahrstelle meist mit nur wenigen Schritten möglich ist und es eine hinreichend lange Vorwarnzeit mit optischem und akustischem Alarm gibt, um geordnet den Bereich verlassen zu können. Oftmals gibt es auch eine Hand-Stopp-Taste, die Außenstehende drücken können, bevor die automatische Flutung eingeleitet wird: dies macht man dann, wenn sich noch hilflose Personen im gleich gefluteten Gefahrenbereich aufhalten. So lange die Stopp-Taste physikalisch gedrückt ist, wird die Zeit bis zur Flutung (meist 30 Sekunden) angehalten; lässt man die Taste los, läuft sie weiter nach unten. Auch bei unberechtigten Auslösevorgängen kann man somit das Austreten des teuren und gefährlichen Löschgases unterdrücken, bis die Anlage wieder zurückgestellt worden ist.

Seit dem Verbot des Löschmittels Halon für Handfeuerlöscher und Löschanlagen gibt es kein einiges Löschmittel, das nicht auf der Verdrängung vom Luftsauerstoff basiert. Halon war also ein für Menschen harmloses bzw. unschädliches Löschmittel, das aber ein extrem hohes Ozonzerstörungspotenzial hat und deshalb verboten wurde. Problematisch dabei ist der Anteil von Fluor (F). Das Löschmittel Hexafluorpropan (EPA-Information: HFC236fa) enthält ebenfalls Fluor, so auch FM 200 (C_3HF_7). Die Halone gab es mit der Bezeichnung 1301 und 1211; die Zahlen geben an, wie viele Atome Fluor, Chlor, Brom und Jod an der Atomkette angebunden sind. Da die Variante 1301 nach dem Austrittsvorgang etwas länger flüssig blieb, konnte man sie weiter werfen; somit war sie für Handfeuerlöscher besser. Halon 1211 hingegen ging etwas schneller in die gasförmige Phase über und war somit für Raumlöschanlagen besser. Wie auch immer, beide Arten sind schon längst verboten. Und es ist anzunehmen, dass auch andere Löschmittel, in denen „F" enthalten ist, eines Tages auf diese Verbotsliste gesetzt werden. Das muss nicht sein, aber dieses Damoklesschwert sollte man nicht unterschätzen – kostet eine Gaslöschanlage doch schnell einige 100.000 € –, und mit einem einfachen Ersatz des Löschmittels ist es eben nicht getan. Sprich, nach einem Verbot müssten die Anlagen rückgebaut und andere eingebaut werden.

Das preiswerteste Löschmittel unter den gasförmigen ist nach wie vor Kohlendioxid oder Kohlenstoffdioxid. Dieses Gas ist ein Abfallprodukt der Industrie und steht damit fast kostenfrei zur Verfügung. Es ist geruchslos, ab einem Anteil von ca. 10 % an der Luft schnell tödlich und ca. 50 % schwerer als diese; und seitdem es in diesem Zusammenhang zu zwei Todesfällen kam, muss es in Gaslöschanlagen odoriert werden. Das bedeutet, dass ein Geruchskonzentrat (starker Zitronengeruch) zugemischt werden muss, um bei schleichendem Austritt die Menschen vor der Gefahr zu warnen. Bei Handfeuerlöschern ist dieser Geruchszusatz nicht nötig, denn diese verfügen nur über eine wenige Kilogramm Löschmittel – die CO_2-Löschanlage jedoch über einige Hundert oder sogar einige Tausend.

Es gibt EDV-Unternehmen, die Doppelböden mit CO_2 geflutet und den Raum mit Wassernebelanlagen abgesichert haben. Ob das grundlegend Sinn ergibt oder nicht, soll hier nicht weiter erörtert werden – aufgezeigt werden soll der Sinn für den Personenschutz, der somit natürlich deutlich höher ist.

Da die Wassernebeltechnik mit ca. 90 % weniger Wasser auskommt und bei Strombränden keine bzw. keine nennenswerten Schäden oder Kurzschlüsse an und in elektrischen und elektronischen Geräten anrichtet, ist sie der konventionellen Sprinklertechnik hier weit überlegen. Doch man kann eben auch ein Löschgas verwenden – und da gibt es neben Kohlendioxid auch Argon, reinen Stickstoff oder eine Mischung aus CO_2, Ar oder N_2, die haben dann von den jeweiligen Herstellerfirmen noch eigene Produktnamen verliehen bekommen wie z.B. „Inergen" (52 % N_2, 40 % Ar und 8 % CO_2) oder „Argonit" (je 50 % Ar und N_2).

Bevor eine Gaslöschanlage eingebaut wird, sollte dies mit der Feuerversicherung für Gebäude, Inhalte und Betriebsunterbrechung und auch mit der zuständigen Berufsgenossenschaft besprochen und ergebnisoffen diskutiert werden. Darüber hinaus ist es sinnvoll, sich über Verbände und das Internet zu informieren, ob das jeweils vorgesehene Gas wohl noch langfristig als Löschgas eingesetzt werden darf. Hinzu kommt, dass in manchen Gebieten zu große Löschgasmengen aus Gründen des Personenschutzes nicht ausgebracht werden dürfen, so z. B. im Innenbereich größerer Städte, dort, wo sich viele Personen aufhalten, oder wenn Firmen in Senken liegen.

Beispiel: Vor vielen Jahren hat eine CO_2-Flutung in Mönchengladbach motorbetriebene Kraftfahrzeuge vor einem Gebäude zum Stillstand und Menschen zum Umfallen gebracht, weil die Sauerstoffkonzentration zu gering war. Lediglich weil ein Hubschrauber mit den Rotorblättern die tödliche Gaswolke wegblies, kam es nicht zu einer Katastrophe.

Gaslöschanlagen können für kleine Teilbereiche, für einzelne Racks, Serverräume oder Bereiche oder auch innerhalb von Computern sinnvoll sein: effektiv, effizient und zugleich auch nicht gefährdend für Personen. Doch größere Bereiche oder längere Räumlichkeiten wie lange Kabeltrassen können heute auch mit alternativen Techniken, wie z. B. Wassernebelanlagen, flammhemmende Beschichtungen und/oder Sauerstoffreduzierung, sehr gut abgesichert werden.

6.3 Hochdruckwassernebel (Günter Knopf)

Unternehmen haben zahlreiche Löschverfahren entwickelt, welche durch die verschiedenartigsten Löschwirkungen das Feuer bekämpfen oder dieses erst gar nicht entstehen lassen. Zu den bisherigen Kühl- und Stickeffekten mit konventionellen Löschmitteln wie Wasser, Schaum, Gas und Pulver kommen jetzt neue Verfahren zur Anwendung, welche wirksamer im Kühl- und Stickeffekt sind oder zu molekularer Kettenabbruchreaktion führen; es setzen sich immer stärker wirkungsvollere und große Löschmittel einsparende Verfahren durch. So hat das Hochdruck- und Niederdruck-Wassernebellöschverfahren nur ca. 10 bis 15 % Wasserbedarf gegenüber einer konventionellen Sprinkleranlage – und dies bei zusätzlich erhöhtem Stickeffekt.

Aus der Fülle der neuen Löschverfahren soll hier das aus der Schifffahrt kommende Hochdruck-Wassernebel-Löschsystem näher beschrieben werden. Es ist ein sehr effektives Feuerlöschverfahren, welches mit einem verhältnismäßig geringen Aufwand eine hohe Löscheffizienz bei ca. 90 % weniger Wassereinsatz erreicht. Diese Technik erreicht durch eine sehr feine Zerstäubung des Wassers mittels Hochdruckpumpen (60–120 bar) besondere Löscheffekte, wodurch es nicht nur zur Durchkühlung der Flammenzone, sondern durch die Symbiose der Brandtemperaturen und der großen

Oberfläche der feinen Wassertropfen zur Dampfbildung kommt; dadurch wird ein zusätzlicher Stickeffekt erreicht, denn Wasserdampf ist momentan mit Abstand der wirtschaftlichste Sauerstoffverdränger.

Hier wird nicht die zu schützende Fläche, sondern das zu schützende Raumvolumen als Grundlage für die Berechnung verwendet – und da man deutlich weniger Wasser benötigt, müssen die Leitungen auch über wesentlich geringere Rohrquerschnitte verfügen: die Hauptrohre der Düsennetze benötigen statt 100 nur noch 25 mm; und da bei der Flächenberechnung der Radius quadratisch eingeht, sind das über 90 % weniger! Ein weiterer nicht zu vernachlässigender Aspekt ist die Bindung der aufsteigenden Rußpartikel, denn große Teile der wasserlöslichen Brandgase können ausgewaschen werden.

Abb. 24 Wasser als Nebel (hier: Hochdrucknebel) kann wesentlich effizienter und schneller löschen sowie deutlich weniger Löschmittel-Folgeschäden anrichten. (G. Knopf)

Schutzbereiche können horizontal bis zu 6 m und vertikal bis 11 m sicher erreicht werden. Da bei manchen Schutzobjekten nicht immer eine redundante Stromversorgung möglich ist, besteht bei der Hochdrucknebel-Sprinkleranlage die Möglichkeit, dies durch 200-bar-Behälter zur Betreibung von gasgetriebenen Hochdruckpumpen zu gewährleisten; druckseitig ist elektrische Antriebsenergie unnötig, denn hierfür werden Gasflaschen mit Stickstoff oder Luft verwendet. Im Löschbetrieb tritt dann ein Zweistoffgemisch aus den Düsen aus, ohne den Löschvorgang zu beeinträchtigen. Im Ruhezustand wird das Wasser im System mit einem Druck von ca. 10 bar vorgehalten. Beim Platzen eines Glasfasses wird die Pumpeneinheit der Löschanlage über einen Druckschalter automatisch gestartet. Der hohe Druck und die geeignete Dimensionierung der Austrittsöffnungen sorgen für eine optimale Feinvernebelung des Löschmittels. In der Regel können alle Schutzobjekte, welche bisher durch konventionelle Sprinkleranlagen geschützt wurden, auf diese Art geschützt werden.

6.4 Wandhydranten

Wandhydranten sind laut ASR A2.2 als manuelle Löscheinrichtungen anrechenbar, aber lediglich zu 1/3 der insgesamt benötigten Löschmitteleinheiten. Sind Wandhydranten brandschutztechnisch positiv zu sehen? Der fachfremde Laie mag diese Frage mit einem absoluten „Ja" beantworten, doch wie meist im Leben ist die Welt auch hier nicht so einfach. Natürlich nützen Wandhydranten bei größer gewordenen Bränden; und aufgrund des – im Gegensatz zum Wasser-Handfeuerlöscher – unendlich vorhandenen Löschmittels und der weiteren Wurfweite haben sie Vorteile. Doch müssen Brände erst größer werden, bis man sie angeht? Kann man sie nicht frühzeitig mit einem Handfeuerlöscher oder gar einer Löschspraydose löschen? Und fordert die ASR A2.2 uns nicht auf, größere Brände den Profis zu überlassen, um uns selbst nicht zu gefährden? Sie sehen, wie komplex die Thematik ist und dass es wichtig ist, hier zwischen dem Personen- und Sachwerteschutz abzuwägen. Natürlich steht der Personenschutz oberhalb der Sachwerte von Gebäuden oder ihren Inhalten!

Es gibt Wandhydranten mit der Einstufung F und solche mit S. Das S steht für Selbsthilfegruppen und die F-Hydranten sind für den Einsatz der Feuerwehr gedacht. Im Brandfall darf jede Person einen F-Hydranten zum Löschen verwenden, doch Feuerwehrler verwenden eben keine S-Wandhydranten. Doch auch das ist nicht so einfach, denn nicht wenige Feuerwehrprofis verwenden selbst die F-Gerätschaften nicht – und das deshalb, weil sie wissen, dass diese in einigen Fällen nicht funktionsfähig sind, während die eigenen Gerätschaften zum Löschen aber funktionieren.

Angenommen, eine Halle hat 5.000 m^2 und ist 3 m hoch und eine ebenso große Halle ist 12 m hoch. Somit hat Halle 1 ein Volumen von 15.000 m^3

und Halle 2 von 60.000 m^3. Geht man davon aus, dass unterhalb von 2 m Fußbodenhöhe eine weitgehend raucharme Sicht und niedrige Temperatur nötig sind, hat Halle 1 nur 5.000 m^3 Puffer zum Aufnehmen von Hitze und Rauchgasen oberhalb der Bodenhöhe von 2 m und die viermal höhere Halle hat hier 50.000 m^3, also die zehnfache Menge an Volumen. Gehen wir weiter davon aus, dass das große Feuer in den beiden Hallen a) nicht bekämpft wird und b) im Brandfall pro Minute 500 m^3 Rauch erzeugt. Somit hätte man in Halle 1 also ausreichend Zeit für die Flucht, nämlich – bei idealer Absenkung des Rauchs – zehn Minuten. In Halle 2 jedoch könnte man noch lange über die Zeit hinaus verweilen und löschen, bis schließlich die Profis der Feuerwehr vor Ort sind, sich ein eigenes Bild machen können und mit richtiger Schutzkleidung und Druckluft auf dem Rücken die Brandbekämpfung abschließen. Dass man darüber hinaus natürlich in beiden Fällen zügig die RWA-Anlage aktiviert, um deutlich länger in den Hallen verweilen zu können, ist eine andere Sache. Dieses theoretische Beispiel soll zeigen, dass Wandhydranten eben dann Sinn machen, wenn ein Feuer größer geworden ist und man sich dann noch ohne Atemschutz ohne Eigengefährdung in dem betreffenden Bereich aufhalten kann.

Wandhydranten zu aktivieren ist eine Sache für Halbprofis. Nicht formstabile Schläuche gibt es heute leider immer noch und diese sind für Amateure dermaßen schwer zu aktivieren, dass es auch regelmäßig im Brandfall schief geht. Davon ist also abzuraten, zumal sie auch deutlich länger brauchen, bis sie einsatzfähig sind – dreht man das Wasser nicht weisungskonform auf, sind sie für viele Minuten nicht mehr einsatzfähig! Die Wandhydranten mit formstabilen Schläuche sind schneller einsatzbereit und Bedienungsfehler sind eigentlich nicht möglich.

Die ASR A2.2 zwingt die „normale" Belegschaft dazu (unabhängig, ob Brandschutzhelfer oder nicht), Entstehungsbrände umgehend und eigenverantwortlich zu löschen – unabhängig vom Geschlecht, der betrieblichen Stellung oder der Ausbildung. „Entstehungsbrände" sind eben kleine, erst einmal harmlos wirkende Brände ohne unmittelbare Gefahr für Personen in der näheren Umgebung. Doch dafür reichen Handfeuerlöscher und man benötigt keine Wandhydranten – und hier liegt genau das Problem, denn Wandhydranten sind heute eigentlich unnötig. Die Feuerwehr-Profis starten einen Löscheinsatz lieber von außen mit leistungsfähigen C-Schläuchen und die Belegschaft löscht lieber mit Handfeuerlöschern; zudem werden aus Gründen der Legionellenbildung im Trinkwasser zunehmend mehr Wandhydranten mit fahrbaren Löschern ersetzt, denn die verschärfte Trinkwasserverordnung zwingt uns dazu, eine sogenannte physikalische Trennung zwischen dem regelmäßig laufenden Trinkwasser und der eigentlich nie laufenden Löschwasserversorgung von Wandhydranten zu errichten. Das bedeutet, man muss ggf. bestehende Hydranten (unabhängig davon, ob S oder F) umrüsten und hierfür sind Kosten im fünfstelligen Bereich eher üblich als die Ausnahme. Nun will ich die Kosten nicht dafür verwenden, um den abwehrenden Brandschutz zu minimieren. Aber es muss die Frage erlaubt sein, ob es Sinn macht, weiter Wandhydranten zu stellen. Die Belegschaft soll ja ausschließlich Entstehungsbrände löschen und die Feuerwehr verwendet, wie gesagt, lieber die eigenen Schläuche. Somit sind – vereinfacht herunter gerechnet – die Wandhydranten schlicht aus der Zeit gefallen. Wir brauchen sie nicht mehr, jedenfalls in mindestens 90 % aller Fälle.

Und wo man sie dennoch – warum auch immer – für nötig hält, dort kann man ja entweder die Umrüstung angehen oder fahrbare Löscher mit 30 oder 50 kg Löschmittel an den Stellen aufstellen, an denen früher die Hydranten montiert waren. Wenn ein 6-kg-Löscher 50 Sekunden einsatzfähig ist, so kann (linear hoch gerechnet) ein 30-kg-Löschgerät über vier Minuten und ein 50-kg-Löscher ca. sieben Minuten einsatzbereit ein Feuer bekämpfen. Meist ist die Feuerwehr ja nach acht Minuten vor Ort. Doch ein außer Kontrolle geratenes Feuer, das nicht binnen Sekunden oder innerhalb von ein bis zwei Minuten von uns Amateuren (also den Brandschutz-Theoretikern) gelöscht wird, ist kein Entstehungsfeuer mehr und muss demzufolge aus Gründen des Eigenschutzes nicht mehr bekämpft werden, denn jetzt sind die Profis gefragt.

6.5 Bürobrände

Büros sehen aus der Sicht des abwehrenden Brandschutzes alle identisch aus: jede Menge Strom- und Datenleitungen, dazu passend viele und unterschiedliche elektrische Geräte mit Elektronik und ein paar Möbel sowie Akten und Papier. Bei den elektrischen Geräten ist es von entscheidender Bedeutung, jedenfalls nach einem Brand, dass sie erfasst, für den gewerblichen Einsatz zugelassen und geprüft sind. Erfassung bedeutet, die Geräte stehen in den Büchern des Unternehmens. Die geforderte Prüfung muss nach der DGUV Vorschrift 3 erfolgt sein und darüber hinaus (je nach Versicherungsvertrag) auch nach der VdS 3602. Nun brennt es ja bekanntermaßen, wenn Brandlasten mit ausreichend hohen Zündquellen zusammen kommen – und das passiert beispielsweise, wenn es einen Defekt in einem Elektrogerät gibt oder wenn Zuluftöffnungen oder Abwärme-Austrittsöffnungen zugestellt sind. Dann kommt es drauf an, ob die Situation als „nur" fahrlässig oder gar grob fahrlässig einzustufen ist – entsprechend wird die Versicherung zahlen oder sich verweigern. Übrigens, jede ein Gerät (unabhängig davon, ob elektrisch oder nicht elektrisch) benutzende Person muss dieses visuell in Augenschein nehmen, um es vor Benutzung auf offensichtliche Mängel, Beschädigungen oder Gefahren hin zu prüfen. Bei Elektrogeräten bedeutet das, bis zur festen Steckdose in der Wand oder im Bodentank einen kurzen optischen Check durchzuführen: Sind Kabel gequetscht? Ist Wasser eingedrungen? Riecht es „nach Strom“ oder ist das Gehäuse mechanisch beschädigt?

Es können in erster Linie also Elektrogeräte brennen, denn ein Aktenordner oder der Bürostuhl fangen ja nicht „einfach so“ zu brennen an. Und echte, brennende Wachskerzen – die sollten seit der Erfindung der optisch gelungenen digitalen Kerzen ein Relikt der 90er-Jahre sein. Somit muss man sich also in Büros weniger mit Feststoffbränden auseinander setzen, jedenfalls nicht mit Möbel- oder Aktenbränden. Nein, die Gerätebrände sind hier das vordringliche Thema, und auch Schmorbrände in wenig hohen und nicht/kaum zugänglichen Doppelböden oder in den abgehängten Decken. Wie aber dort löschen und womit? Löschmitteleinlassöffnungen sollten vorhanden sein, müssen sie aber nicht. Wer jetzt bei einem Brand in der abgehängten Decke großflächig eine Platte heraus nimmt, um hineinzublicken, gefährdet sich unnötigerweise und gibt dem Schmorbrand den vielleicht erst benötigten Sauerstoff zur Durchzündung. In unklaren Situationen und bei nicht nachvollziehbar sich ausbreitenden Bränden, bei denen man ggf. lediglich an mehreren Stellen Rauch austreten sieht, soll man nicht selbst löschen. Denn man wird an die Stelle des Brandes nicht herankommen und gefährdet sich. Hier ruft man umgehend die Feuerwehr und räumt den Bereich. Dann – und das ist wichtig – schließt man die Zugangstür und auf dem Weg ins sichere Freie kann man, so es keine zusätzliche Zeit kostet, noch einen Laptop, die Jacke und sein Smartphone mitnehmen.

Wenn jedoch Rauch aus dem Bodentank austritt, so spricht erst einmal nichts dagegen, einen vollen 5-kg-CO_2-Handfeuerlöscher dort (und ggf. noch in einen anderen Bodentank in der Nähe, aus dem kein Rauch austritt) hinein abzublasen. Die jetzt langsam gefährlich werdende Fläche mit zu wenig Sauerstoff wird von der VBG mit unter 28 m^2 angegeben. Da man das Löschmittel in vielleicht 40 Sekunden ausgebracht hat, kann man in der Zeit ja wenig und bewusst atmen – um anschließend den Bereich zügig zu verlassen. Ideal ist es, wenn eine zweite Person in diesem Zeitraum bereits die Feuerwehr herbei ruft: Noch während des Gesprächs holt die angerufene Person sich weitere Informationen und die Einsatzkräfte rücken bereits aus (respektive, bei den Freiwilligen Wehren, werden gerufen).

Sollte eine Kaffeemaschine mit Heizplatte brennen und oberhalb befindliche Aktenordner bereits entzündet haben, so kann man ein Feuer noch zügig mit einem schnell eingesetzten Wasser- oder Schaumlöscher ausmachen. Und das gelingt auch mit einem CO_2-Löscher, selbst wenn die Glut damit ggf. nicht gänzlich zu löschen ist. Danach ist es wichtig, den Bereich umgehend zu entrauchen und auf Rückzündung zu achten. Die Feuerwehr zu rufen, ist nicht verkehrt, denn diese Profis können ohne Aufregung und somit objektiv feststellen, ob noch ein Glutbrand zu befürchten ist, und sie stellen auch fest, ob eine Person eine Rauchvergiftung hat oder nicht. Dass diese Einsätze grundlegend kostenfrei sind (auch wenn das Feuer bereits komplett gelöscht wurde!), muss der Belegschaft immer wieder vermittelt werden.

6.6 Gartenschlauch mit Sprühkopf

Wasser kann eigentlich alles löschen, womit wir uns zu Hause oder an „normalen" Arbeitsplätzen umgeben. Nun ist es jedoch entscheidend, *wie* das Wasser an die brennende Stelle heran kommt, denn es löscht primär, indem es die Wärme aufnimmt. Verdampfendes Wasser verbraucht ca. zehnmal so viel Energie wie erwärmtes Wasser – das heißt, man muss möglichst fein verteiltes Wasser möglichst nahe an die brennende Stelle bringen, um den Löscherfolg herbeizuführen. Man kann mit einem bereitstehenden 10-l-Wassereimer sicherlich den brennenden Adventskranz löschen, nicht aber den brennenden Weihnachtsbaum. Wenn man jedoch eine Löschspraydose einsetzt, so kann man mit vielleicht 0,3 l Löschmittel den brennenden Baum noch aus 2 m Entfernung löschen – der Grund hierfür ist, dass das flüssige, wässrige Löschmittel eben so fein verteilt ausgebracht wird und (anders als Wasser aus dem Eimer) sich auch gezielt anzubringen lässt. Wasser ist also gut, wenn es zügig vor Ort ist und gezielt angebracht werden kann – und somit sind auch Handfeuerlöscher und Löschspraydosen prinzipiell sehr gut geeignet. Ob sie dann Wasser, eine wässrige Lösung oder Schaum enthalten, ist erst einmal nachrangig.

Ganz anders ist Wasser in einem Gartenschlauch mit angeschlossenem Sprühkopf – das ist eine unkonventionelle und in der ASR A2.2 auch nicht berücksichtigte Löschform, die aber deutlich sinnvoller und besser ist als ein Wasserlöscher mit 6 oder 9 l Wasser. Dies zum einen, weil man eine deutlich größere horizontale Entfernung zum Brandherd haben kann, und zum anderen, weil man eben nicht nur 9 l, sondern – solange die Wasserrechnung beglichen wird – nahezu unendlich viel Löschwasser zum Benetzen, Kühlen und Löschen einsetzen kann.

6.7 Brandverhütung in der EDV

Man stelle sich eine hochwertige, teure und für das Unternehmen sehr wichtige EDV-Anlage vor – und dabei ist es nicht relevant, ob es sich um Rechen- oder Speichereinheiten handelt. Diese hochempfindliche Elektronik wird von unterschiedlichen Gefahren bedroht, doch in diesem Buch geht es ausschließlich um die Abwehr von Bränden. Folgendes wäre hier möglich (Reihenfolge ohne Wertung), von a bis z:

a) Im Brandfall ausschließlich eine Geräteflutung vornehmen (mit einem Löschgas) und die Bereiche außerhalb brandlastfrei halten
b) Im Brandfall ausschließlich eine Raumflutung vornehmen (mit einem Löschgas)
c) Im Brandfall ausschließlich eine Doppelbodenflutung vornehmen (mit einem Löschgas oder mit Wassernebel)
d) Doppelboden mit Gas fluten, Raum mit Sprinkler schützen
e) Als Löschgas kann z. B. CO_2, Argon, Inergen oder Argonit eingesetzt werden
f) Eine Wassernebel-Löschanlage auf allen relevanten Ebenen installieren
g) Eine Sprinkleranlage im Raum installieren (und ggf. auch im Doppelboden)
h) Keine Löschanlage, dafür FI-Schutz und Brandschutzschalter installieren
i) Eine Brandmeldeanlage installieren und bei Brandalarm die Anlagen zügig herunter fahren, um sie anschließend stromlos zu schalten
j) Die Sauerstoffkonzentration permanent auf unter 15 Vol.-% halten (Sauerstoffreduzierungsanlage)
k) Keine technische Lösung, aber die Rechnerleistung auf zwei Brandabschnitte mit je 100 % (also komplette Redundanz) ausbilden
l) Keine technische Lösung, aber die Rechnerleistung auf drei Brandabschnitte mit je 50 % Leistung ausbilden
m) Regelmäßige Thermografie-Kontrollen der elektrischen und elektronischen Bauteile und Elemente; darüber hinaus die DGUV Vorschrift 3 (ist ohnehin immer Pflicht) regelmäßig durchführen, ebenso wie die VdS 3602-Prüfungen
n) Es wird nichts Bauliches oder Anlagentechnisches umgesetzt, da es gesetzlich nicht erforderlich ist und man die Meinung vertritt, dass Schäden ohnehin nicht zu 100 % abzuwenden sind und Ersatz relativ schnell vor Ort wäre

o) Brandmeldeanlage mit Raumüberwachung (Rauchmelder)

p) Brandmeldeanlage mit linienförmigem Brandmelder (Lichtschranken)

q) Brandüberwachung mit Rauchgas-Ansaugsystemen (RAS-Anlagen) im Raum

r) Brandüberwachung mit RAS-Anlagen an/in den Geräten

s) Man hat einen 24/7-Werkschutz und fahrbare Löscher mit CO_2 sowie Doppelboden-Einlassöffnungen

t) Eine der vielen Kombinationsmöglichkeiten der o. a. Punkte

u) Räumliche oder bauliche Redundanz der gesamten EDV-Anlage inklusive deren Infrastruktur

v) Teilredundante Lösungen, etwa gespiegelte Speichereinheiten

w) Ständige Anwesenheit von qualifiziertem Personal

x) Keine Maßnahmen, aber Versicherungsschutz abschließen (Elektronikversicherung)

y) Fahrbare Löschgeräte mit Gas und Atemschutzgeräten bereitstellen

z) Weitere Schutzmöglichkeiten gegen Feuer, die hier nicht aufgelistet sind

Was nun sinnvoll oder „richtig“ ist, lässt sich oftmals erst nach einem Brandschaden sagen. Wenn man nun aber weiß, dass ca. 85 % aller Brände, die EDV-Geräte beeinträchtigen, von außerhalb der eigentlichen EDV-Geräte herrühren, wird der Schutz der Umgebung deutlich wichtiger als der Schutz der Rechen- und Speichereinheiten. Auch wird es jetzt besonders wichtig, die Brand- und Rauchübertragung von außerhalb zu unterbinden und unnötige Brandgefahren (etwa Wasserkocher, Mikrowellen, Kaffeemaschinen, Durchlauferhitzer usw.) möglichst anderswo zu platzieren.

Abb. 25 ABC-Pulver richtet an, auf und in elektrischen und elektronischen Bauteilen meist Totalschäden an – deshalb sollte es möglichst nicht mehr eingesetzt werden. (Friedl)

6.8 Vorbeugender Brandschutz und innovative Löschtechnik

In diesem Unterkapitel geht es um eine revolutionär neue Idee, wie man preiswert und zuverlässig Entstehungsbrände in Räumen löschen kann, ohne teure Investitionen vornehmen zu müssen oder baulich/anlagentechnisch etwas zu verändern: ein kompakter Rauchwarnmelder in Kombination mit einer Brandlöschanlage, beides in einer Einheit an der Decke eines Raums. Das kann ein Wohnraum sein, ein Schlafraum, sogar eine Küche und grundlegend die Räume im Altenheim oder auch ein kleiner Büroraum.

Wie die anderen Unterkapitel dieses Buchs belegen, haben innovative Lösungstechnologien für Brände und Brandverhütung in den letzten Jahren große Fortschritte erzielt. Die drei wesentlichen sind:

1. Künstliche Intelligenz (KI): Fortschrittliche KI-Systeme werden in Brandmeldesysteme integriert, um zuverlässig und frühzeitig potenzielle Brandquellen zu erkennen und Alarm auszulösen. Sie können auch in Feuerlöschrobotern (vgl. das entsprechende Unterkapitel hierzu im Buch) eingesetzt werden, um gänzlich oder auch teilweise autonom Brände zu bekämpfen.
2. Innovative Löschmittel: Neben herkömmlichen Löschmitteln wie Wasser und Schaum werden auch neue Löschmittel erforscht, z.B. Aerosole und Löschwasser-Zusatzstoffe wie F 500 für Li-Brände, die gezielt in Brandherden eingesetzt werden können, um das jeweilige Feuer souverän und mit möglichst wenig Löschmittelschäden zu löschen.
3. IoT-gestützte Überwachungssysteme: Das Internet der Dinge (= IoT) ermöglicht die intelligente und komplexe Vernetzung von Brandmeldern, Sprinklersystemen und anderen Sicherheits- sowie internen und externen Alarmierungsvorrichtungen. Diese Systeme können automatisch reagieren, um Brände zu bekämpfen und die Evakuierung zu erleichtern. In Verbindung mit KI können zukünftig auch intelligente Entscheidungen eigenständig getroffen werden.

Diese Technologien zeigen, wie Innovationen in verschiedenen Bereichen dazu beitragen können, Brände zu verhindern, frühzeitig zu erkennen und effektiv zu bekämpfen – was letztendlich Menschenleben retten und Sach- sowie Betriebsunterbrechungsschäden vermeiden oder minimieren lässt. Vorbeugender Brandschutz bleibt aber einer der entscheidendsten Punkte, um Brände überhaupt zu verhindern oder ihre Auswirkungen zu minimieren. Denn der Schutz ihres Eigentums ist für viele Menschen von großer Bedeutung, sei es das persönliche Eigentum in einem Zuhause oder das geschäftliche Eigentum in einem Unternehmen – und sei es existenziell oder ideell. Betrachten wir kurz einmal den Fall einer Fehlauslösung der hier vorzustellenden Technik: dabei sind ein paar Liter Wasser fein im ganzen Raum verteilt – und das dürfte wohl noch als akzeptabel und nicht oder wenig schädlich bzw. zerstörend einzustufen sein, selbst für Elektrogeräte! Ein umgestoßener 10-l-Wassereimer wäre hingegen sowohl quantitativ als auch punktuell deutlich mehr, denn das Wasser wird hier ja nicht gleichmäßig verteilt. Und selbst zehn Liter Wasser plötzlich am Boden in einer Wohnung sind noch nicht als ernsthaft/schlimm einzustufen – anders etwa eine für längere Zeit aus- und überlaufende Badewanne.

Einer der wichtigsten Punkte im vorbeugenden Brandschutz ist die Bereitstellung von jeweils richtigen Feuerlöscheinrichtungen wie Feuerlöschern, Wandhydranten oder anderen geeigneten Löschsystemen entsprechend den spezifischen Anforderungen des Gebäudes oder der Anlagen bzw. Einrichtungen. Die größte Innovation darunter sind die modernen, intelligenten und ständig bereiten automatischen Systeme – denn sie sind eine wichtige Komponente im Brandschutz, da sie Brände schon frühzeitig erkennen und ohne zeitliche Verzögerung auch effektiv bekämpfen oder zumindest begrenzen können. Hier seien genannt (Reihenfolge ohne Wertung):

- Sprinkleranlagen
- Gaslöschanlagen
- Wassernebelanlagen
- Automatische Feuerlöschroboter
- Automatische Feuerlöscher
- Automatisch angesteuerte Rauchabzugsanlagen mit ebensolchen Nachströmöffnungen
- Automatische Ansteuerung von Brandschutztüren und -vorhängen

Da ca. 1/3 aller Brände außerhalb der Anwesenheit von Personen stattfinden, diese jedoch über 60 % der Schadenkosten bewirken (Quelle: VdS), ist es wichtig, dass Löschsysteme möglichst automatisiert sind. Die Integration automatischer Feuerlöscheinrichtungen in Gebäuden und Anlagen verbessert die Reaktionszeit bei Bränden erheblich und trägt somit dazu bei, Menschenleben zu schützen sowie Sachschäden zu minimieren. Es ist naturgemäß wichtig, diese Systeme regelmäßig und korrekt zu warten, um ihre ständige Zuverlässigkeit sicherzustellen. Das ist auch nicht zuletzt für den Versicherungsschutz von Bedeutung! Durch die Kombination verschiedenster sinnvoller Brandschutzmaßnahmen kann man also Menschen und Wertgegenstände effektiv schützen – das ist in Unternehmen eher üblich als die Ausnahme, aber im privaten Bereich noch Neuland. Es sei jedoch erwähnt, dass in manchen Bundesstaaten der USA bereits heute Wohngebäude mit einer Einheit gesprinklert werden müssen – allerdings sind diese Anlagen weit unterhalb des anlagentechnischen Niveaus, wie wir es in Europa kennen.

Völlig anders also im privaten Bereich, wo seit der Einführung der Rauchmelderpflicht für Wohn- und Schlafräume nichts weiter gefordert wird, also auch keine Löschspraydosen oder Handfeuerlöscher. Doch ein neues System ermöglicht jetzt auch für private Bereiche die Verbindung von Branddetektion und Brandlöschung – und das für akzeptabel geringe Kosten. Somit wird ein Brand nicht nur gemeldet, sondern auch automatisch und verzögerungsfrei begrenzt und im Idealfall auch gelöscht. Dieses System ist in allen Wohnräumen möglich, selbst in Küchen – hier ist die eingebaute Verzögerungszeit sinnvoll, denn ggf. könnte sonst Wasserdampf den Löschmittelaustritt auslösen. Wasserdampf indes entsteht in Küchen ja lediglich dann, wenn man kocht – und dabei ist man selbst vor Ort und kann somit die Verzögerungszeit zum Abbruch nutzen. In Badezimmern ist dieses System, auch aufgrund der geringen Zündquellen und Brandlasten, zwar möglich, aber eher nicht sinnvoll. Umso mehr in Wohn- und Schlafräumen, wo man ja ausreichend Elektrogeräte betreibt; und diese enthalten nicht zur Brandlasten, sondern auch Zündquellen. Man muss berücksichtigen, dass die Einführung der Rauchmelderpflicht die Zahl der Brandtoten in Deutschland um über 50 % reduziert hat: von über 800 auf ca. 300 Personen pro Jahr. Die Sachschäden sinken dadurch jedoch nicht – und genau dafür ist diese Löschtechnik gedacht.

Neue Techniken haben es aus unterschiedlichen Gründen oft sehr schwer und müssen mit bis zu 30 Jahren „Akzeptanzzeit“ rechnen. Beispielhaft sei nochmals die 1998 vorgestellte Erfindung von Löschspraydosen genannt, die von Anfang an hochwertig waren und sehr gute Leistungen zeigten – doch erst am 12.09.2022 wurden sie vom Bundesministerium für Arbeit und Soziales zugelassen und können nun unter eng definierten Voraussetzungen auch Handfeuerlöscher ersetzen.

Sinnvoll ist es aber, neben all der Innovation auch zu erkennen, dass dieses Löschsystem zwar völlig autark funktioniert, aber dennoch in andere Systeme integriert werden kann, ohne (wesentliche) Veränderungen am Gebäude vornehmen zu müssen.

Abb. 26 Heimlöschanlage in einer Küche. (ZG Sicherheitstechnik GmbH)

Diese bedeutende Innovation aus Deutschland ist aus einem Buch wie diesem nicht wegzudenken, denn diese – privat finanzierbare und automatisierte – Löschtechnik ist erst seit 2023 verfügbar. Fachleute im Bereich Brandschutz sollten von ihrer Existenz wissen.

Das Besondere an diesem neuen System ist, dass es sich – einer Sprinkleranlage vergleichbar – um eine autarke automatische Feuerlöscheinrichtung handelt, die sowohl als Stand-alone-Lösung für den privaten, gewerblichen und ungeregelten Bereich als auch als Ergänzung oder Backup für geregelte Bereiche eingesetzt werden kann.

Der Schwerpunkt des Unternehmens, das diese Technik entwickelt hat, liegt auf der Bekämpfung von Entstehungsbränden. Im Folgenden wird deren Funktionsweise knapp und klar erklärt: Die frühzeitige Erkennung von Rauch spielt eine entscheidende Rolle bei der Prävention von Entstehungsbränden. Deshalb aktiviert ein empfindlicher Rauchmelder, der schnell auf Rauchentwicklung reagiert, die integrierte Löschtechnik. Dieser Melder ist mit intelligenten Algorithmen ausgestattet, um Fehlalarme zu vermeiden und eine zuverlässige Branderkennung zu gewährleisten. Im Falle eines Entstehungsbrands mit Rauchentwicklung ertönt ein akustisches Signal von 85 dB(A), während gleichzeitig ein Verzögerungsmechanismus den nachfolgenden Löschvorgang zurückhält. Diese Verzögerung kann auf 25 bis 65 Sekunden eingestellt werden. Während dieser Zeit werden anwesende Personen, ähnlich wie bei einem herkömmlichen Heimrauchmelder, mit einem Piepston gewarnt. Diese Zeitspanne gibt selbst schlafenden Personen die Möglichkeit, das Löschsystem zu deaktivieren – sei es, weil eigene Löschversuche erfolgreich waren, oder um eine Fehlfunktion zu verhindern. Erfolgt keine Deaktivierung, startet nach Ablauf der Verzögerungszeit der Löschvorgang, und das Löschmittel wird durch eine Düse fein im Raum verteilt. Der Löschmittelbehälter enthält ein biologisch abbaubares Löschmittel für die Brandklassen A und F, das gezielt auf den Brandherd abgegeben wird, um den Entstehungsbrand zu löschen oder zumindest die Ausbreitung des Feuers zu reduzieren. Erwähnenswert ist, dass auch die Brandklasse B (dazu zählen thermoplastische Kunststoffe) im Anfangsstadium eines Brandes sehr zuverlässig gelöscht werden kann – wie übrigens auch die Beispiele im Anhang der ASR A2.2 belegen.

Selbst für den Fall einer unerwünschten Löschmittelausbringung sei nochmals angemerkt, dass 5 l auf 16 m^2 keinen nennenswerten Wasserschaden verursachen – ein umgestoßener Eimer Wasser oder eine überlaufende Badewanne richten hingegen durchaus „echte“ Schäden an.

Das Löschmittel wird in einem drucklosen Tank aufbewahrt; ein präziser Druckregler sorgt dafür, dass es bei Bedarf mit optimalem Druck ausgestoßen wird. Eine Berstscheibe dient als Sicherheitsvorrichtung, um zu garantieren, dass das Löschmittel nur dann freigesetzt wird, wenn zuvor der Auslösemechanismus aktiviert wurde. Die effektive Ausbringung des Löschmittels erfolgt über eine speziell für den Anwendungsfall ausgewählte Vollkegeldüse, die eine optimale Verteilung des Löschmittels über einen ausreichend großen Bereich ermöglicht. Die Komponenten Rauchmelder, Druckregler, Berstscheibe und Düse sind darauf ausgelegt, eine sehr effektive Brandbekämpfung mit minimalem Löschmitteleinsatz zu gewährleisten. Bei einer Deckenhöhe von ca. 2,5 m in Wohnräumen kann eine Fläche von etwa 14 m^2, das entspricht einem Durchmesser von ca. 4,4 m, abgedeckt werden. Übliche Wohnräume lassen sich somit mit einem System, größere Räume mit zwei Systemen, vollständig schützen. Eine weitere Besonderheit dieser Technik ist ihre Eignung für Küchen mit brennenden Pfannen und Fritteusen, dank des speziell für diesen Zweck entwickelten AF-Löschmittels. Selbstverständlich handelt es sich bei dem Löschmittel um PFAS-freie, umweltverträgliche Substanzen.

Ein weiterer wichtiger Aspekt des Systems ist seine einfache Integration in bestehende Sicherheitssysteme. Der Auslösevorgang und die Branddetektion können mit verschiedenen Gefahrenmeldeanlagen, Alarmübertragungsanlagen und Brandschutzsystemen verbunden werden. Dadurch lassen sich vorhandene Sicherheitssysteme erweitern, ohne dass bestehende Anlagen ausgetauscht werden müssen. Die Integration erfolgt über standardisierte Schnittstellen und Protokolle, was die Implementierung erleichtert.

Für das Design der ersten Anlagen wurde eine halbmondähnliche Form gewählt. Dadurch können mehrere Einheiten aneinandergereiht werden, um optisch ansprechende Strukturen zu schaffen, einschließlich gerader, runder und geschwungener Formen bis hin zu kompletten Kreisen. Für verschiedene Anwendungsorte sind unterschiedliche Farbvarianten erhältlich, wobei sowohl die Farbe des Schirms als auch der Inlays angepasst werden können.

Besonderes Augenmerk wurde auch auf die Energieeffizienz gelegt. Die Rauchmelder und die Steuereinheit sind so konzipiert, dass sie einen minimalen Stromverbrauch haben; moderne Lithium-Batterien verlängern zudem die Einsatzdauer. Darüber hinaus ist das System wartungsarm, was die Betriebskosten weiter senkt.

Eine weitere sinnvolle Option ist die Möglichkeit, das Löschsystem mit einer Leuchtfunktion auszustatten, die als Add-on verfügbar ist. Diese Funktion umfasst einen LED-Treiber und eine LED-Platine und lässt sich bei Nachrüstung einfach durch Schraubmontage einbauen. Um die Leuchtfunktion zu nutzen, ist jedoch ein separater 230-Volt-Anschluss erforderlich, der bei der Planung berücksichtigt werden sollte. Die Leuchtfunktion ist vollständig unabhängig von der Löschfunktion.

Ein weiterer wichtiger Aspekt des Systems ist seine Skalierbarkeit. Es kann problemlos an die Größe und Anforderungen einer Immobilie angepasst werden. Es ist daher möglich, mehrere Rauchmelder und Löschmittelbehälter zu installieren, um flächenunabhängig eine vollständige Abdeckung zu gewährleisten.

Das Löschsystem bietet somit eine effektive und benutzerfreundliche Lösung zur Bekämpfung von Entstehungsbränden. Mit seiner frühzeitigen Rauchdetektion, seinen intelligenten Funktionen und der einfachen Integration in bestehende Sicherheitssysteme stellt es eine sinnvolle und bezahlbare Löschtechnik für Wohnbereiche und Gewerbeimmobilien dar.

7. Professionelles Löschen

Den Profis will dieses Buch nur insofern Hilfestellung geben, als auf neue Löschmittel für Sonderbereiche hingewiesen wird. Über Löschstrategien im professionellen Bereich gibt es andere Informationsquellen. Doch ein paar wirklich erfahrene und fähige Feuerwehrleute werden hier berichten – und auch andere sollen davon profitieren können.

7.1 Feuerwehreinsatz, Löschmittel, Löschtaktik

Es gibt eine Reihe von guten Fachbüchern und Broschüren über die Löschtaktik bei unterschiedlichen Brandszenarien und dieses Buch, respektive dieses Kapitel, kann und will hierzu keine Konkurrenz sein. Für den betrieblichen Brandschutz-Theoretiker oder auch -Praktiker mag es jedoch trotzdem interessant sein zu erfahren, was die Löschprofis hier zu berichten haben.

7.1.1 Löschen durch freiwillige Wehren (Giovanni Aichele)

Feuerwehren löschten asbestbelastete Gebäude ohne besondere Vorsorgemaßnahmen – weil die tödlichen Gefahren durch das Einatmen der Fasern noch unbekannt waren oder vertuscht wurden. Vor über 30 Jahren wurde noch mit Halon gelöscht und bis Mitte 2024 auch mit AFFF-Schäumen, die heute (da biologisch kaum abbaubar) als hochgiftig bewertet werden. Was heute Regel und Stand der Technik ist, kann also schon morgen als gefährlich gelten und übermorgen verboten werden. Darum muss sich die Aus- und Weiterbildung permanent anpassen und neue Lösungsansätze werden nötig. Die Löschtaktik ist dabei ebenso im Wandel; so werden etwa E-Fahrzeuge anders als konventionelle Kraftfahrzeuge gelöscht. Man stellt deutschlandweit nun auch in den Ortsfeuerwehren Atemschutz – vor einigen Jahren war das noch den Stützpunktwehren vorbehalten. Es werden heute auch verstärkt die Gefahren durch kontaminiertes Löschwasser beim Löscheinsatz vermieden. Generell lassen sich die realen Gefahren für die Feuerwehr-Einsatzkräfte beim Löschen jedweder Brände durch die Buchstaben 4A-1C-4E angegeben: Ausbreitung, Angst, Atemgifte, Atom, Chemie, Einsturz, Elektrizität, Explosion und Erkrankung. Diese muss die Einsatzleitung permanent bei Anweisungen und Vorgehensweisen berücksichtigen, denn dort liegt ja die Verantwortung für Leben und Gesundheit der mutigen Menschen. Die Löschausbildung in Richtung einer individuellen Vorgehensweise, geeigneter Löschmittelauswahl und spezifischer Taktik ist demnach enorm wichtig – alle drei Aspekte hängen zusammen und entscheiden über Löscherfolg und Gesundheit der Kameraden.

Mit dem Löschmittel „Wasser" wendet die Feuerwehr-Einsatzleitung eine völlig andere Löschtechnik an als z.B. mit CO_2, Löschschaum oder Pulver. Nur wenige wollen oder können sich effektivere Löschmittel wie F-500 EA anschaffen. Das macht es nötig, jedes Löschmittel einzeln zu betrachten und die daraus resultierenden Techniken und Gefahrenmomente gesondert zu analysieren. Wasser kühlt den brennenden Gegenstand – meist ein Feststoff wie Holz, Einrichtungsgegenstände oder Schaumstoffe – schnell und zügig löschend ab und führt die Energie in Form von Dampf ab. Dies primär deshalb, weil Wasser extrem viel Energie aufnehmen kann. Wasser ist hauptsächlich für feste und glutbildende Stoffe geeignet. Für ein effizientes Löschen muss Wasser die Glut erreichen, aber es gilt gleichzeitig, vermeidbare Wasserschäden zu vermeiden; das Wasser ist also gezielt und sparsam einzusetzen. Dann sind Sicherheitsabstände bei elektrischer Spannung zu beachten – im Winter gibt es ggf. Unfallgefahren durch Eisbildung, aber es besteht auch die reale und ggf. tödliche Gefahr des Verbrühens durch Verdampfen in geschlossenen Räumen. Auch ist das Überlaufen von Behältern bei brennbaren Flüssigkeiten zu beachten sowie die Möglichkeit, dass Behälter in Regalen so schwer werden können, dass sie einstürzen. Nicht zuletzt ist die Gefahr von Fett- und Staubexplosionen durch Zerstäubung oder Aufwirbelung durch das Löschwasser zu vermeiden. Wasser kann aber auch ein guter Schutz für die Feuerwehrleute sein. Bei Innenangriffen gehen diese immer mit Atemschutz vor und setzen als Löschmittel pauschal Wasser ein. Mit dem Hohlstrahlrohr kann mit dem Waser ein sogenanntes Hydroschild produziert werden, das eine vor der Temperatur und den Flammen schützende Schneise bildet.

Feuerwehrleute setzen den Sprühstrahl auch gezielt ein, um damit den Rauch niederzudrücken und abzukühlen – das ermöglicht das weitere Vordringen und verhindert Rauchgasexplosionen durch das vom Brand erzeugte Kohlenstoffmonoxid (sog. Flashover). Feuerwehren setzen auch sogenannte Monitore (das sind feststehende Wasserwerfer) ein, um z.B. Gasflaschen abzukühlen: Damit lassen sich Löscherfolge erreichen, ohne dass Feuerwehrleute in Gefahr geraten.

Es gibt unterschiedliche taktische Vorgehensweisen dazu, wie man am schnellsten zum erfolgreichen Löscherfolg kommt; dazu ist neben fähigen Feuerwehrleuten auch ausreichend Löschwasser nötig und es braucht diverse Gerätschaften, wie etwa Wasser führende Armaturen. Strahlrohre haben den Zweck, dass durch verschiedene Strahlformen eine gezielte Wasserabgabe durch die Einsatzkraft möglich wird. Dabei wird zwischen einem Sprüh- und einem Vollstrahl unterschieden.

Der Sprühstrahl schafft eine große Wasserverteilung bei weniger Wasserdurchfluss, erzeugt geringere Wasserschäden, wirbelt keine Stäube auf und hat eine hohe Wärmeenergiebindung. Nachteilig sind die relativ geringe Wurfweite; das heißt die Einsatzkräfte müssen deutlich näher an das Feuer herantreten und setzen sich so einer größeren Gefahr durch Hitze und Flammen aus. Der Vollstrahl ermöglicht eine große Wurfweite bei erheblich größerem Wasserdurchfluss und eine physikalisch große Kraft des Aufpralls. Vollstrahl-Löscheinsätze sind bei Vollbränden üblich und bei solchen mit hoher Wärmestrahlung. Dabei besteht jedoch die Gefahr von Aufwirbelung und hohen Wasserschäden – aus diesem Grund ist mit dem Vollstrahl sehr vorsichtig und überlegt umzugehen.

Doch primär wichtig ist beim Löschen der Schutz der vom Feuer gefährdeten Personen und das sind zum einen Menschen, die sich ggf. noch in den brennenden Gebäuden aufhalten und zum anderen die Einsatzkräfte der Feuerwehr selbst. Deren Gesundheit steht im Vordergrund – und nicht die Vermeidung von Löschmittelschäden um jeden Preis oder das umgehende Löschen eines Brands.

Das DM-Strahlrohr (Wandhydrant) liefert je Minute ca. 25 l mit Mundstück; die CM- und BM-Strahlrohre sind meist den Feuerwehren vorbehalten. Sie liefern 100 bzw. 400 l/min; allerdings gibt es auch Wandhydranten mit C-Rohren. Lässt man die Mundstücke weg, so bringen alle drei ungefähr die jeweils doppelte Wassermenge aus, also 50 l/min., 200 l/min. und 800 l/min. Nun darf man nicht vergessen, dass 1.000 l Wasser auch 1.000 kg Gewicht haben und im Brandfall nur der geringste Anteil verdunstet: Laufen Behälter in Regalen voll oder saugen die gelagerten Gegenstände das Wasser auf, können Regalsysteme physikalisch versagen und zusammenbrechen; das gefährdet das Leben der Einsatzkräfte und darf nie (mehr) passieren – etwas, worauf insbesondere die Einsatzleitungen der Feuerwehren zu achten haben.

Nun gibt es auch noch das Hohlstrahlrohr, das immer mehr Einzug in der Feuerwehr findet. Hohlstrahlrohre haben mehrere rastende oder stufenlos wählbare Einstellungen. Der Feuerwehrmann kann also noch deutlich individueller die Form des Wasserstrahls sowie die auszubringende Wassermenge einstellen und somit flexibler arbeiten, um den Löscheinsatz zu optimieren; je mehr Berufserfahrung (sprich: Löscherfahrung) vorliegt, umso souveräner läuft dabei der Löscheinsatz ab.

Ein Zusatz für Löschwasser ist Netzmittel: dieses verringert die Oberflächenspannung des Wassers. Das hat den großen Vorteil, dass das zum Löschen verwendete Wasser schneller und tiefer in das Brandgut eindringen kann, und erhöht so die Löschwirkung. Netzmittel werden vorwiegend für die Bekämpfung der Brandklasse A verwendet (feste und glutbildende Stoffe), aber auch bei Pkw-Bränden kommen sie zum Einsatz. Die Zumischung erfolgt direkt am Hohlstrahlrohr oder am Zumischer; das Netzmittel kann somit durch den Feuerwehrmann gezielt und effektiv eingesetzt werden. Der Wasserschaden wird verringert, da sich der Löscherfolg früher als bei der Verwendung von Wasser ohne Netzmittel einstellt.

Neben Wasser ist Löschschaum ein sehr gutes Löschmittel; auch dieses hat eine abkühlende Wirkung und darüber hinaus auch noch eine erstickende Löschwirkung. Schäume sind für die Brandklassen A und B, also für feste, glutbildende Stoffe sowie darüber hinaus auch für flüssige und bei Erwärmung flüssig werdende Stoffe. Der Schaum wird auf den Brand aufgetragen. Er bildet eine Sperrschicht zwischen dem brennenden Gegenstand und der ihn umgebenden Luft; dadurch wird die weitere Sauerstoffzufuhr unterbunden – und da Schäume zu über 95 % aus Wasser bestehen, tritt auch der Kühleffekt ein: Das Wasser im Schaum verdampft und führt große Wärmemengen ab.

Durch eine geschlossene Schaumdecke wird zudem verhindert, dass weiter explosive Dämpfe aus dem Brandgut in die Verbrennungszone austreten können; somit stellt sich ein noch schnellerer Löscherfolg als beim Einsatz von reinem Wasser ein.

Es gibt Leicht-, Mittel- und Schwerschäume; der Unterschied zwischen diesen liegt lediglich in der prozentualen Beimischung zum Wasser. Beim Fluten mit Leicht- oder Mittelschaum in Kellern, Gefahrstofflagern oder anderen schwer zugänglichen Gebäudeteilen wird durch den Schaum der Luftsauerstoff vom Brandgut getrennt und die Bildung brennbarer bzw. explosiver Dämpfe verhindert – das Feuer wird erstickt. Die Schäume werden mit Schwerschaum- bzw. Mittelschaumrohren ausgebracht. Schwerschaum ist ein nasser, feinblasiger Schaum mit geringerem Volumen als Mittelschaum; er ist fließfähig, gasdicht und besonders rückzündungshemmend. Die Wurfweite ist höher als beim Leichtschaum. Mittelschaum ist in der Regel ebenfalls ein feinblasiger Schaum; er verfügt aber über ein geringeres Gewicht als der Schwerschaum und hat demzufolge auch ein größeres Volumen. Er ist vielseitig einsetzbar – je nach Verschäumungszahl, die von der das Löschrohr haltenden Person eingestellt wird, kann dieser Schaum zum Löschen von Kunststoffen, Glut und praktisch allen Flüssigkeitsbränden eingesetzt werden. Die Wurfweite ist logischerweise geringer als die von Schwerschaum. Doch der Einsatz von Schaum will sehr gut überlegt sein, denn fließt der Schaum in offene Gewässer, wird unsere Lebensgrundlage kontaminiert, was der Natur und Tieren Schaden zufügt. Auch muss verhindert werden, dass größere Schaummengen in das Kanalsystem fließen, denn dadurch werden auch die Kläranlagen belastet.

Kriterien für die Entscheidung, (heute: fluorfreie) Schäume einzusetzen: sind a) die Brandart, b) die Brandausbreitung, c) die vorhandene und benötigte Schaummenge sowie d) die Berücksichtigung der Natur bzw. des Umweltschutzes (z. B. Gewässer in der Nähe).

Feuerwehren setzen bei Bränden auch Handfeuerlöscher ein. Gerade wenn eine automatische Brandmeldeanlage ausgelöst wird, geht der Atemschutztrupp zur Erkundung der Lage in der Regel mit einem Handfeuerlöscher zum sofortigen Löschen von kleinen Entstehungsbränden vor. Grundsätzlich löschen Feuerwehren kleine Entstehungsbrände mit den jeweils geeigneten Löschmitteln in Handfeuerlöschern. Auf den Fahrzeugen der Feuerwehr sind jedoch meist lediglich die ABC-Pulver-Handfeuerlöscher, und mit diesem Löschmittel werden oftmals großflächig Schäden angerichtet – ein Grund, diese nicht zu verwenden und an ihrer Stelle auf die in den Unternehmen vorgefundenen Handfeuerlöscher zurückzugreifen.

7.1.2 Löschen durch öffentliche Feuerwehren (Peter Bachmeier)

Brände können hochdynamische Prozesse mit katastrophalen Folgen für Menschen, Tiere, Umwelt und Sachwerte verursachen, aber auch nach einem Zündinitial wieder von selbst verlöschen. Bei der Beantwortung der Fragen, welche Löschmittel sinnvoll sind, wie diese richtig eingesetzt werden, und ob die Alarmierung der Feuerwehr überhaupt notwendig ist, sollten daher die unterschiedlichen Phasen und ihre wesentlichen Einflussparameter bekannt sein. Die auch gängigen Einstufungen Kleinbrand A, Kleinbrand B, Mittelbrand und Großbrand sind hiervon getrennt zu betrachten. Die Einstufung in diese normativen Begriffe erfolgt erst nach einem Brandereignis und dient der Einsatzbeschreibung bzw. der Einsatzstatistik.

Welches ist nun das richtige Löschmittel? Relativ einfach ist die Aussage, wenn allein die Wirksamkeit eines Löschmittels betrachtet wird und die Folgeschäden ausgeblendet werden. Die DIN EN 3 unterscheidet fünf Brandklassen; und auf den Kleinlöschgeräten ist die Angabe der Brandklasse einschließlich des dazu gehörenden Piktogramms verpflichtend.

In der nachstehenden Übersicht werden die einzelnen Löschmittel bewertet und Hinweise für den praktischen Einsatz aufgeführt:

- Brandklasse A – Feste Stoffe, hauptsächlich organischer Natur, die normalerweise unter Glutbildung verbrennen. Als Löschmittel zugelassen sind etwa Wasser, wässrige Lösungen, Löschschaum und ABC-Pulver. Wasser ist in der Regel das Mittel der Wahl, da preiswert und in großer Menge vorhanden. Aus nicht kontaminierten Löschmitteln entsteht keine Umweltgefährdung. Bei Bränden in elektrischen Anlagen und von Kunstgegenständen handelt es sich meist um Materialien der Brandklasse A. Aus Sachschutzgründen sollte jedoch versucht werden, diese mit Kohlendioxid zu löschen, wenngleich dieses Löschmittel nur für die Brandklasse B zugelassen ist. Die mögliche Rückzündungsgefahr ist zu beachten. Der Einsatz von ABC-Pulver ist hoch wirksam – insbesondere in geschlossenen Räumen ist damit jedoch eine starke Verunreinigung verbunden und es kann sogar die Eigenrettung von Personen eingeschränkt werden. Dies resultiert aus der massiven Sichteintrübung durch das sehr feine Löschpulver; zudem kann es auch zusätzlich Atembeschwerden verursachen.
- Brandklasse B – Flüssige oder flüssig werdende Stoffe. Als Löschmittel zugelassen sind Löschschaum, ABC-Pulver, BC-Pulver und Kohlendioxid. Die Löschmittel müssen vorsichtig aufgebracht werden, damit sich der Brand beim Löschen nicht durch Verteilen der brennbaren Flüssigkeit ausbreitet.
- Brandklasse C – Gase. Als Löschmittel zugelassen sind ABC-Pulver, BC-Pulver sowie spezielle Löschgeräte mit Kohlendioxid. Das Ablöschen eines Gasfeuers ist wenig sinnvoll, wenn nicht gleichzeitig die Gaszufuhr gestoppt werden kann, da dies nur zum Ausströmen von unverbranntem Gas führt, das sich jederzeit mit hoher Intensität wieder entzünden kann. Oftmals ist es sinnvoller, die Gasflamme nicht zu löschen und nur eine Brandausbreitung zu verhindern.
- Brandklasse D – Metalle. Als Löschmittel zugelassen ist lediglich Metallbrandpulver. Es können auch andere nicht brennbare und trockene Materialien wie gesinterter Sand, Salz, Zementpulver und Grauguss-Späne verwendet werden. Diese Brände finden teilweise auch unbemerkt statt, etwa bei bestimmten Fahrzeugteilen. Entsteht beim Einsatz von Löschwasser eine Stichflamme, sollte das mögliche Vorliegen eines Metallbrandes in Erwägung gezogen werden.
- Brandklasse F – Speiseöl und Speisefett. Als Löschmittel zugelassen sind Speziallöschmittel für die Brandklasse F. Aufgrund der vielfältigen An-

wendung und der großen Gefahr einer Fettexplosion wurde für Speiseöl und Speisefett eine eigene Brandklasse definiert. Keinesfalls darf Wasser (auch im Löschschaum enthalten) aufgebracht werden. Ein Löscherfolg stellt sich auch ein, wenn Fritteusen oder Fettpfannen mit einem dicht schließenden Deckel abgedeckt werden.

Welche Löschtaktik ist zu beachten? Alle Maßnahmen an Einsatzstellen werden anhand der im vorangegangenen Kapitel aufgeführten Gefahrenmatrix 4A-1C-4E bewertet und danach, welche Gefahr für Menschen, Tiere, der Umwelt und Sachen (Gebäude, Inhalte) zu sehen und wie diese einzustufen sind.

Nicht bei jedem Brand sind alle Gefahrenmerkmale tangiert; dennoch haben die Löschmaßnahmen einen großen Einfluss auf den Einsatzablauf. Anhand von Beispielen sollen hier die wesentlichen taktischen Maßgaben für Ersthelferinnen und Ersthelfer im Löscheinsatz beschrieben werden.

Mit ganz wenigen Ausnahmen besteht bei Bränden eine immense Menge an Rauch (bis zu mehrere 1000 m^3 Rauch pro kg verbranntem Material). Auch wenn die Löschwirkung von Löscheinrichtungen wie Feuerlöscher geeignet sein könnte, um einen lokalen Brand zu löschen, so wird sich deren realer Einsatz auf den reinen Entstehungsbrand begrenzen müssen. Die regelmäßige Forderung nach möglichst vielen Löschmitteleinheiten bei hoher Brandbelastung läuft somit ins Leere, da diese ohne Atemschutz nicht vertretbar eingesetzt werden können. Keine Einsatzkraft würde einen Brand innerhalb eines Gebäudes ohne Atemschutz und vollständige persönliche Schutzausrüstung für den Brandfall bekämpfen.

Auch die Löschmittel, hier Löschgase, können als Inertgase eine Gefahr darstellen. Ihre Löschwirkung basiert auf der Verdrängung von Sauerstoff, den wir aber auch zum Atmen benötigen. Gefahr droht hier vor allem in kleinen Räumen, etwa beim Einsatz eines oder mehrerer Kohlendioxidlöscher in einem kleinen Schaltraum, aber auch im Großen bei der Inertisierung – und somit ganz allgemein bei der Verdrängung von Sauerstoff aus einem Raum oder einem kompletten Gebäude.

Als Feuerwehr-Einsatzleiter sehe ich immer wieder die Gefahr einer Fettexplosion bei Verwendung des falschen Löschmittels; zunehmend wird aber auch eine von bereits erhitzten oder beschädigten Akkus ausgehende Gefährdung beobachtet. Tritt Wasser in brennende Flüssigkeit mit einer Temperatur von mehr als 100 °C ein, führt dies zu einer schlagartigen Volumenzunahme des Wassers, das vom flüssigen in den gasförmigen Aggregatzustand wechselt. Mit der Volumenzunahme tritt mit dem Wasserdampf auch brennbare Flüssigkeit in fein verteilter Form aus, wodurch eine für den Verbrennungsvorgang optimale Verteilung entsteht: Es kommt zur Fettexplosion. An einem Beispiel soll dies verdeutlicht werden: In einen Behälter mit 3 l brennendem Speisefett wird 1 l Wasser mit 10 °C eingebracht. Das Volumen des 1 l Wasser führt zu 1,04 l bei 100 °C. Im Rahmen des schlagartigen Verdampfungsvorgangs in der brennenden Flüssigkeit mit mehr als 100 °C entstehen daraus aber 1.740 l Wasserdampf! Alle brennbaren Speisefettbestandteile kommen damit gleichzeitig zur Zündung.

Vor dem Zerknall von Akkus werden meist Rauchaustritte (anfangs meist weißer Rauch) oder offensichtliche Ausbeulungen festgestellt. In beiden Fällen muss mit einer baldigen Explosion gerechnet werden. Wird dies wahrgenommen, ist der sofortige Rückzug der Ersthelferinnen und Ersthelfer und die Warnung der Feuerwehr geboten. Eine sogenannte Durchzündung in einem Raum hat eine vergleichbare Wirkung wie eine Explosion; sie entsteht bei einem Brand in einem Raum unter Sauerstoffmangel. Bei einem Brand mit Sauerstoffmangel, einem sogenannten ventilationsgesteuerten Brand, sammeln sich nicht verbrannte brennbare Gase im Raum. Kommt es zum Zutritt von Sauerstoff (Öffnen der Tür, Zerstörung eines Fensters), kommt es zur Zündung der im Brandraum entstandenen brennbaren Gase, die sich als heiße Gase unter der Decke sammeln. Ohne Schutzausrüstung und mit Wasser an einem leistungsfähigen Strahlrohr kann eine Durchzündung nicht überlebt werden. Ein unabdingbarer Grund, Erstmaßnahmen auf die Brandentstehung zu begrenzen.

Strom ist eine real vorhandene, im üblichen Niederspannungsbereich aber beherrschbare Gefahr. Die DIN VDE 0132 gibt die erforderlichen Schutzabstände an; diese sind auch auf den Feuerlöschern vermerkt. Allein schon aus Gründen des Schutzes vor Rauch sollte der angegebene Abstand (meist 1 oder 3 m bis 1.000 Volt Spannung) eingehalten werden.

Löschmittel für sich dürfen nicht umweltgefährdend sein. Aus diesem Grund sind sehr leistungsfähige Löschmittel, wie Halon oder fluorhaltige Schaumlöschmittel, bis auf wenige Sonderfälle verboten. Aber auch das Löschmittel kann eine Umweltgefährdung darstellen; dies ist der Fall, wenn es kontaminiert ist und anschließend in das Erdreich eindringt oder in Gewässer fließt. Im Zweifel sollte stets die Umweltbehörde zur Bewertung hinzugezogen werden.

Die Verbindung von Löschwasser und Löschschaum mit den Bestandteilen der Brandfolgeprodukte führt zu einer hoch korrosiven Flüssigkeit. Dies lässt sich meist nicht verhindern – daraus folgend muss jedoch möglichst sparsam mit dem Löschmittel umgegangen und möglichst umgehend mit der Trocknung und Brandsanierung begonnen werden. Der Schaden durch eine nicht sofort eingeleitete Brandschadensanierung kann weit über dem originären Brandschaden liegen.

Ein Sonderfall, der dennoch immer wieder anzutreffen ist: Löschwasser, das sich in Deckenhohlräumen von sogenannten Fehlbodendecken sammelt, kann zum Einsturz der Deckenplatte führen. Ebenfalls kommt es zu einer statischen Überlastung, wenn quellfähige Stoffe (Holzspäne, Pellet, anderes saugfähiges Schüttgut) mit Wasser oder Schaummittel gelöscht werden.

Es ist bei der Löschtaktik also doch einiges zu beachten – bei einer Beschränkung von Selbsthilfemaßnahmen auf Entstehungsbrände mittels Feuerlöscher oder Wandhydranten und einer sofortigen Alarmierung der Feuerwehr sollten die Risiken jedoch beherrschbar sein. Die Feuerwehr muss dann darauf achten, dass mit Ablauf der Feuerwiderstandsfähigkeit der einzelnen Bauteile kein Einsturz stattfindet.

Neben der Verhinderung eines Brands, was jedoch nie gänzlich möglich sein wird, sollen Selbsthilfemaßnahmen für den Brandfall hinsichtlich des taktischen Vorgehens geschult werden. Der Schwerpunkt muss jedoch nicht im optimierten Einsatz der Löschgeräte gesucht werden, sondern im sofortigen Einsatz dieser und in der umgehenden Alarmierung der Feuerwehr. Wie etwa auch bei der Ersten Hilfe zählt nicht die „fehlerfreie" Ersthilfetätigkeit, sondern das schnelle Tätigwerden ohne Eigengefährdung und die Verständigung der Hilfskräfte. Der Umfang der Unterstützung der Feuerwehr ergibt sich aus der Brandschutzordnung und sollte etwa die folgenden Punkte enthalten:

- Alarmierung der Feuerwehr über Rufnummer 112; sind Handfeuermelder vorhanden, sind diese parallel zu betätigen
- Erstmaßnahmen durchführen, wenn dies ohne Eigengefährdung vertretbar ist
- Andere Personen warnen
- Tür zum Brandraum schließen (nicht verschließen); bei Bedarf der Feuerwehr die Schlüssel übergeben
- Feuerwehr einweisen und auf besondere Gefährdungen hinweisen
- Vollständigkeit der Belegschaft prüfen
- Betriebspersonal (Verantwortliche, Technik, Pflege bei Betreuungseinrichtungen, ...) sollten der Feuerwehr für Rückfragen und Abstimmungen zu Verfügung stehen

Liegen besondere Gefahren vor wie atomare oder biologische Gefahren (AI, AII, AIII, BII, BIII nach FwDV500) oder auch die Lagerung von Druckgasbehältern oder polaren Flüssigkeiten, sollte das Brandschutzkonzept zwingend mit der Feuerwehr abgestimmt sein. Bei polaren Flüssigkeiten muss geprüft werden, ob nicht sogar die Lagerung von geeigneten Schaumlöschmitteln für die Feuerwehr geboten ist.

Der Begriff „Feuerwehr" wird für den privatrechtlichen Verein verwendet, dessen Aufgabe die Unterstützung der gemeindlichen Feuerwehr ist, aber auch für die gemeindliche Feuerwehr, die ein Bestandteil der Kommune und entsprechend hoheitlich tätig ist. Die Bürgermeisterin oder der Bürgermeister ist oberster Dienstherr der Feuerwehr und muss diese nach dem örtlichen Bedarf, unter Berücksichtigung der Leistungsfähigkeit der Gemeinde, aufstellen. Die Feuerwehr kann auch bei lokalen Bränden und Vollbränden tätig werden, da das Personal eine geeignete Schutzausrüstung, insbesondere den erforderlichen Atemschutz, und die entsprechende Qualifizierung hat. Wie viel Personal in welcher Zeit einsetzbar ist, ergibt sich aus dem Regelkreis des Brandschutzes und variiert aufgrund der unterschiedlichen Risiken stark. Im Bereich der Freiwilligen Feuerwehren kann es auch zu starken tageszeitlichen Schwankungen bei der Verfügbarkeit kommen.

Im Vergleich zum üblichen betrieblichen Standard haben die Feuerwehren vielfältig erweiterte Möglichkeiten eines möglichst wirkungsvollen, aber vor allem schadensmindernden Vorgehens. Hierzu zählen die taktische Ventilation, in der gerichtete Luftströmungen – vom Brandraum ins Freie – mittels Lüfter hergestellt oder Rettungswege unter Überdruck gesetzt werden können. Als Löschmittel stehen Schaumlöschmittel, Kohlendioxid und oftmals auch Druckluftschaum zur Verfügung. Ziel ist eine Minimierung der Löschmittelmenge, um den Sachschaden gering zu halten und die Umwelt zu schonen.

Um die Ausbreitung von Rauch über geöffnete Türen zu verhindern, wird häufig die Kombination Rauchschutzvorhang und taktische Ventilation eingesetzt; dies erfordert jedoch eine Öffnung des Brandraumes ins Freie. Größere Feuerwehren verfügen oftmals auch über Löschmethoden für Sonderfälle wie Kaminbrände, Dehnfugenbrände oder Hohlraumbrände (Schneidlöschverfahren) sowie über Druckluftschaum und Wasserwerfer zum Einsatz bei Großbränden und bei Bränden von Druckgasbehältern und Tanklagern.

Bauordnungskonforme Kamine sind dafür geeignet, dass ein Brand im Kamin keine Schäden verursacht; ein „Ausbrennen" durch den Schornsteinfeger kann sogar notwendig sein. Bei einem Brand in einem Kamin kann aber nicht immer von einer ordnungsgemäßen Ausführung ausgegangen werden. Es gilt, die Gefahr einer Brandausbreitung sowie die Kohlenmonoxid-Anreicherung bei einem undichten Kamin zu bewerten.

Keinesfalls darf der Kamin mit Wasser gelöscht werden. Die Volumenausdehnung des Wassers würde möglicherweise zur Zerstörung des Kamins führen. Kann zeitnah kein Schornsteinfeger erreicht werden, wird die Feuerwehr versuchen, den Kamin von der Mündung aus zu reinigen.

Abb. 27 Solche Rauchschutzvorhänge verhindern ein Verrauchen des Treppenraums, wenn die Feuerwehr eine brennende Wohnung in einem Mehrfamilienhaus betritt. (P. Bachmeier)

Werden brennbare Materialien in nicht zugängliche Hohlräume eingebracht, so wird bei einer Entzündung derselben die Brandbekämpfung zu einer Herausforderung. Regelmäßig ist dies bei sogenannten Dehnungsfugen zwischen Gebäudeteilen der Fall. Sind hier brennbare Materialien verbaut, so kann dieser Brand zu einer Brandweiterleitung in alle Geschosse führen, aber auch zu einem sehr langsam voranschreitenden Glimmen mit einer starken Kohlenmonoxid-Exposition. Nach einer Bohrung in das Bauteil wird hier über eine Sonde Löschmittel (Wasser mit Schaummittelzusatz) abgegeben. Oftmals muss der betroffene Bereich alle 50 cm injiziert werden, damit der Brand gelöscht wird.

Ähnlich der Funktion bei der Dehnfugenbrandbekämpfung kann aber sehr viel rascher ein Schneidlöschverfahren angewandt werden. In diesem Fall erfolgt keine klassische Bohrung in die Bauteile, in die dann eine Sonde eingesetzt wird, sondern mittels Hochdruck schneidet sich die Löschsonde ihr eigenes Zugangsloch. Ist die Öffnung einer Tür zu einem Brandraum nicht mehr möglich oder aber zu gefährlich, so kann Löschmittel sehr rasch durch die Tür in den Raum abgegeben werden und somit eine Brandbekämpfung stattfinden. Als Beispiel für eine Anwendung dient auch der Einsatz bei brennenden Müllfahrzeugen. Während vormals noch der Müll abgeladen und abgelöscht wurde, um Schaden am Fahrzeug zu verhindern, kann mittlerweile eine Brandbekämpfung teilweise im beladenen Fahrzeug stattfinden und der Müll der Entsorgung zugeführt werden.

Eine in der Praxis bewährte Löschtechnik ist die Verwendung von Druckluftschaum als Ersatz für das bisher verwendete Wasser (in der Regel mit 0,5 % Schaummittelzusatz). Beim Druckluftschaum wird das gleiche Gemisch mit Druckluft versehen, was zu einem gut haftenden Löschmittel mit einer hohen Kühlwirkung führt. Hierdurch lässt sich die Löschmittelmenge (Sachschutz, Umweltschutz) bei vielen Bränden reduzieren.

Auch bei Entstehungsbränden sollte umgehend die Feuerwehr alarmiert werden; wenn die Erstmaßnahmen erfolgreich waren, kann diese wieder abbestellt werden. Um dies zu fördern, stellen die Brandschutzgesetze der Länder sicher, dass dadurch keine Kosten entstehen. Die Feuerwehr braucht eine gewisse Zeit bis zum Eintreffen (Zielvorgabe meist zehn Minuten nach Notruf). Wenn es sich bei der Alarmierung noch um einen Entstehungsbrand handelte, kann es bis dahin bereits ein lokaler Brand sein, der sich zum Vollbrand entwickelt. Oberste Prämisse des Betriebspersonals sollte daher die Eigenrettung und die Begrenzung der Rauchausbreitung sein. Sind Löschmaßnahmen bei einem Entstehungsbrand ohne Eigengefährdung möglich, sollten diese zügig nach oder parallel zur Alarmierung durchgeführt werden.

7.1.3 Alarm- und Ausrückeordnung (Bernd Weißhaupt)

Eine Alarm- und Ausrückeordnung (= AAO) besteht aus definierten Alarmstichworten, verschiedenen Alarmstufen und den daraus folgenden Alarmreaktionen. Sie enthält Grundregeln für die Alarmierung bei Alarmfällen der Behörden und Organisationen mit Sicherheitsaufgaben. Jede Feuerwehr hat eine eigene AAO. Der Grund hierfür ist, dass jede Stadt oder Gemeinde andere Voraussetzungen aufweist – insbesondere hinsichtlich der Bebauung z. B. mit Industriegebieten, speziellen Wohnbebauungen oder angesiedelten Gewerbeunternehmen, durch die jeweils besondere Gefahren entstehen können. Die in der AAO enthaltenen Grundregeln für die Alarmierung sind in der Einsatzleitstelle hinterlegt. Je nach Alarm (Alarmstufe, Tageszeit und Wochentag) werden dann vorher bestimmte Gruppen und Einheiten der zuständigen Feuerwehr alarmiert. Dies ist wichtig für die erfolgreiche Gefahrenabwehr. Dabei wird einem Alarmstichwort und einer Alarmstufe eine Kette von Alarmreaktionen zugeordnet (z. B. „Feuer 3“). Das Alarmstichwort besteht aus einem kurzen, prägnanten Wort, das die Art des Alarms definiert. Die Alarmstufe beschreibt das Ausmaß bzw. die Größe eines Alarmes in Form einer Ziffer oder eines Buchstabens oder durch beschreibende Wörter wie klein, mittel oder groß.

Abb. 28 Profis beherrschen jede Brandsituation, die sie eingeübt haben. (Friedl)

Der Kombination von Alarmstichwort und Alarmstufe stehen Alarmreaktionen gegenüber – also was in einem bestimmten Fall alarmiert werden soll und muss. Aus diesen Definitionen richtet sich z. B. die Anzahl der Einsatzfahrzeuge, die gemeinsam zu diesem Notfalleinsatz alarmiert werden. Hieraus (Fahrzeugbesatzungen der Einsatzfahrzeuge) ergibt sich dann die Gesamtanzahl der eingesetzten Kräfte. Ein Truppfahrzeug hat drei Einsatzkräfte, ein Staffelfahrzeug hat sechs Einsatzkräfte und ein Gruppenfahrzeug hat neun Einsatzkräfte. Außerdem hat jeder Feuerwehrangehörige auf dem Fahrzeug eine bestimmte Aufgabe und die Einsatzkräfte werden nur entsprechend ihrer vorgegebenen Aufgabe eingesetzt. Die Anzahl der eingesetzten Feuerwehrfahrzeuge sowie deren technische Ausstattung richtet sich jedoch stets nach der Alarmmeldung. Die Feuerwehr geht immer vom schlimmsten Ausmaß einer Alarmmeldung aus, um keine wertvolle Zeit für Nachalarmierungen zu vergeuden. Da sich der Umfang eines Einsatzes oft erst an der Einsatzstelle feststellen lässt, kann es sein, dass mehr Einsatzfahrzeuge und -kräfte an der Einsatzstelle sind, als benötigt werden. Alle evtl. benötigten Fahrzeuge fahren zunächst die Einsatzstelle an, um im Bedarfsfall sofort eingesetzt werden zu können. In den Anfangsphasen eines Einsatzes braucht man oft eine große Anzahl an Einsatzkräften, um Gerätschaften in Stellung zu bringen und Schlauchleitungen zu verlegen. In der Endphase, wenn es um Rückbau- und Aufräumarbeiten geht, werden ebenfalls wieder viele Einsatzkräfte benötigt. Gibt es für ein Fahrzeug also keinen Auftrag, verbleiben die Einsatzkräfte an der Einsatzstelle in Bereitschaft oder rücken nach der Entscheidung des Einsatzleiters wieder an den Standort ein. Früher war die Feuerwehr überwiegend mit dem Löschen von Bränden beschäftigt, doch im Laufe der Zeit haben sich das Aufgabenfeld und die Zuständigkeit der Feuerwehr stark erweitert. Es werden viele verschiedene Gerätschaften je nach Art des Einsatzes benötigt. Diese können unmöglich auf einem einzigen Fahrzeug verlastet werden, denn dieses muss weiterhin schnell und wendig sein, um möglichst überall hinzukommen. Das sind – zusammenfassend – die Gründe, derentwegen nach der AAO mehrere spezielle Einsatzfahrzeuge zur Einsatzstelle fahren.

7.2 Löschmittelzusatz F-500 EA

Da fluorhaltiger Schaum als Löschmittelzusatz aus Gründen des Umweltschutzes in Deutschland und der EU nicht mehr in Betracht kommt, hat die Industrie verschiedene andere Produkte entwickelt mit den beiden Zielen, Brände zu löschen und der Umwelt möglichst keinen Schaden zuzufügen. So gibt es zum einen fluorfreie Schaummittel und zum anderen weitere, besondere Additive zum Löschwasser für besondere Bereiche – und diese sind dann sowohl in Handfeuerlöschern als auch in Löschanlagen möglich oder auch als Zumisch-Stoff für die Feuerwehren bei Löscheinsätzen. Sinn und Ziel sind schnelleres Löschen; es geht also darum, in weniger Zeit den Löscherfolg zu erreichen und somit auch weniger Löschmittel zu verbrauchen – auch das ist aktiver Umweltschutz! Ein weiteres Ziel besteht darin, dass das Löschmittel auch zugelassen und langfristig erlaubt wird. Hier sei nur an das Halonverbot erinnert: ein einzigartig-großartiges Löschmittel, das aber aufgrund seines sehr hohen Ozonzerstörungspotenzials verboten wurde (zunächst für Unternehmen, später dann auch in der Luftfahrt).

Eines dieser neuen Löschmittel, das eine echte Berechtigung auf dem Markt hat und sich bereits vielfach bewähren konnte, wird mit F-500 EA bezeichnet. Mit ihm lassen sich umweltfreundlich und zuverlässig Brände unterschiedlicher Art löschen und dies zum einen beachtlich schnell und zum anderen mit wenig Löschmittel. Pauschal ist das Mittel als Ersatz für fluorhaltige Schaummittel einsetzbar. Brennende Stoffe werden eingekapselt, Toxine gebunden und durch die verbesserte Durchtränkung werden die Stoffe dauerhaft unbrennbar. Es gibt Einsatzberichte, bei denen 50–80 % des sonst benötigten Löschwassers ohne Zuschlagstoff eingespart worden sind. Da das Mittel flüssig und leicht pumpbar ist, kann es sowohl dem Löschwasser in Sprinkleranlagen als auch dem Löschwasser in Feuerwehrschläuchen problemlos zugegeben werden – um effektiver und effizienter zu löschen. Dabei ist eine Zumischung von 0,1 bis 3,0 % möglich und ausreichend. Auch in Handfeuerlöschern kann F-500 EA die Löschleistung steigern und somit die LE erhöhen. Es ist geeignet zum Löschen von Feststoffen, Flüssigkeiten, Speisefetten und Lithium-Energiespeichern.

Das Löschmittel ist unter dem Namen F-500 EA in Europa durch die MPA Dresden nach DIN EN 2 für die Brandklassen A und B amtlich als Löschmittel nach DIN EN 2 zugelassen und entspricht dem Standard NFPA 18A als Encapsulator Agent. Die biologische Abbaubarkeit des Stoffes ist heute von großer Wichtigkeit (das ist ja der Grund, weshalb fluorhaltige Schäume verboten wurden!); sie wird gemäß OECD 306 und OECD 301b belegt.

Es gibt bereits einige Industrieversicherungen, die von dem Löscherfolg so überzeugt sind, dass sie ihren Kunden die Beimischung von F-500 EA im Löschwasser der Sprinkleranlage nahelegen: durch die Reduzierung der Oberflächenspannung kann die Löschwirkung der wässrigen Lösung, gerade in Lagerbereichen, erheblich vergrößert werden.

Früher gab es verschiedene Wassergefährdungsklassen, beginnend mit „0“. Als diese harmloseste Einstufung (0) abgeschafft wurde, sind diese Stoffe von WGK 0 in WGK 1 hochgestuft worden. F-500 EA liegt in dieser vertretbar harmlosen WGK 1 (schwach wassergefährdend) und bei einer Beimischung von bis zu 3 % zum Löschwasser entfällt auch noch diese Klassifizierung.

Das wirklich Besondere unter Brandlöschaspekten an F-500 EA ist jedoch nicht, dass man feste Stoffe, flüssig werdende Stoffe wie thermoplastische Kunststoffe und brennbare Flüssigkeiten gut, respektive besser löschen kann als mit vielen anderen Löschmitteln. Nein, das wirklich Besondere sind gleich mehrere Dinge, die nachfolgend (wiederum ohne wertende Anordnung) genannt werden:

- Auch in Brandklasse C (brennende Gase) einsetzbar; hier gab es bis heute ja fast nur ABC-Pulver, das hochkorrosiv und somit zerstörend wirkt (es sind Fälle bekannt, in denen das Pulver 95 % und das eigentliche Feuer 5 % des Schadens ausmachte!)
- Auch in Brandklasse F (brennende Küchenfette) einsetzbar

- Aber auch in Teilbereichen der Brandklasse D löscht F-500 EA – und zwar für Stoffe, die bis jetzt noch keine eigene Einstufung haben; namentlich bei Legierungen aus Aluminium und Magnesium gilt es als das derzeit wohl beste Löschmittel (Stand: 03/2024)
- Wirklich außergewöhnlich an F-500 EA ist seine Löschfähigkeit bei Lithium-Ionen-Batterien – eine der großen technischen Brandschutz-Herausforderungen unserer Zeit, da zunehmend mehr Fahrzeuge auf diese Weise angetrieben werden

Wohl kaum ein Löschmittel ist also in vergleichbarem Maße als Allrounder einsetzbar und dabei in geringen Mengen bereits so wirksam. Die Lebensdauer des Zuschlagstoffs wird vom Hersteller mit 15 Jahren angegeben; konventionelle Schaummittel erreichten meist keine 50 % davon.

Welche Tenside nun in F-500 EA enthalten sind, ist dem Datenblatt zu entnehmen. Momentan (Stand: 03/2024) ist es jedoch so, dass dieses Löschmittel das – abgesehen von reinem Wasser und CO_2 – am wenigsten umweltschädliche Löschmittel ist; es handelt sich um verschiedene Tenside, die auch einzeln löschen, aber in dieser speziellen Kombination noch einmal exponentiell besser. Es ist die prozentuale Zusammensetzung dieser Tenside, die einen großen Löscherfolg garantieren. F-500 EA bildet mit Wasser zusammengelagerte Molekülkomplexe aus amphiphilen Molekülen mit sogenannten grenzflächenaktiven Substanzen. Somit wird die Grenzflächenspannung der Flüssigkeit verringert, was zu einem deutlich besseren Löscheffekt führt, auch durch eine verbesserte Kühlwirkung. Fazit: brennbare Stoffe werden auf molekularer Ebene abgekapselt und dauerhaft unbrennbar gemacht. Auch die toxischen und korrosiven Brandprodukte wie Rauch, Toxine und Ruß werden gebunden – was insbesondere bei brennenden elektrischen Energieträgern von großem Vorteil ist. Brennen diese einmal, dann immer schnell und extrem heiß – dieser sogenannte „Thermal Runaway“ lässt sich jedoch unterbinden, sofern das Löschmittel zügig und direkt auf die brennenden und noch nicht brennenden Zellen aufbringbar ist.

Am 20.09.2023 fand in Spanien ein Test in einem zum Parkhaus deklarierten Tunnel statt. Man hat eine Sprinkleranlage mit je zwei Düsen (à 40 l) über je ein Fahrzeug installiert und somit 6 mm Beaufschlagung erreicht; die Anlage erhielt 3 % F-500-EA-Zumischung und es wurden drei Stellplätze wie folgt belegt: mittig ein Fahrzeug mit Porsche-Taycan-Li-Batterie und links ein konventionelles Verbrennerauto; der rechte Platz blieb frei. Die Batterie wurde gezündet, die Sprinkleranlage löste aus. Dass die Batterie unter dem Blechkleid komplett abbrannte, verwunderte niemanden – wie hätte denn das Löschmittel die Zellen erreichen sollen? Was jedoch verwunderte war, dass auf dem freien Parkplatz die Temperatur 20 °C nicht überschritt und am Verbrennerauto Spiegel und Kunststoffteile zwar schmolzen, aber nicht brannten; insgesamt war die Temperatur dort am bzw. im Auto nicht höher als 40 °C und das bei einem horizontalen Abstand von gerade einmal 30 cm. An der Decke wünschte man sich Temperaturen unterhalb 100 °C und maß maximal 70 °C. Eine konventionell-bestehende Sprinkleranlage lässt sich, größenabhängig, innerhalb eines Tages für weit unter 100.000,– € nachrüsten, denn es wird vielleicht ein Behälter von 1.500 l F-500 EA sowie ein passender Zumischer erforderlich, mehr nicht. Das spanische Zertifizierungs-Unternehmen war so überzeugt, dass es kurz darauf eine Zulassung (Zertifizierung) für diese Technik erteilte – es werden wohl viele Sprinkleranlagen mit dieser Methode nachgerüstet.

Die Besonderheit des Tests lag darin, dass das Feuer effizient gelöscht wurde, ohne dass es zu einem Brandüberschlag auf das angrenzende Fahrzeug kam. Dieser erfolgreiche Test bestätigt die Wirksamkeit und Effektivität des entwickelten Feuerlöschmittels, das auch, aber nicht ausschließlich auf die Bekämpfung von Elektrofahrzeug-Bränden in Garagen ausgerichtet ist. Die eingesetzte Technologie und die Strategien zur Brandbekämpfung erwiesen sich als äußerst wirksam, um ein kontrolliertes Löschen des Elektrofahrzeugs zu gewährleisten und gleichzeitig eine weitere Ausbreitung des Feuers zu verhindern.

7.3 EDV, Technik, Kabelkanäle

Ob Brände in EDV-Anlagen und Rechenzentren nun wirklich die größte Gefährdung darstellen, darf kritisch hinterfragt werden. Softwareangriffe und Fahrlässigkeit sind dort deutlich häufiger schädlich, aber auch eingedrungenes Wasser, Stromausfall oder Sabotage. Doch hier geht es jetzt ausschließlich um das Risiko „Feuer" – und auch hierzu muss gesagt werden, dass Brände außerhalb oder von Geräten, die nichts mit der EDV zu tun haben, den größeren Teil ausmachen. Man sieht also, dass eine bauliche Abtrennung hier sehr sinnvoll und zielführend ist, und dies gilt auch *innerhalb* der EDV: Hardware, Programmierplätze, Stromverteilung, Netzersatzanlage, Batterien, Lager, Sozialbereiche usw. gehören untereinander abgetrennt. Und dann ist verständlicherweise ein automatisch oder manuell ausgebrachtes, gasförmiges Löschmittel das einzig sinnvolle (effektiv und effizient). Aber man darf „das Kind nicht mit dem Bade ausschütten" – sprich, der Personenschutz ist natürlich wichtiger als der Sachwerteschutz und in sauerstoffreduzierten Bereichen können Menschen sterben.

Es ist durchaus möglich, brennende Kabelkanäle mit Feinsprühanlagen zu löschen, ohne Kurzschlüsse oder große Wasserschäden zu erzeugen. Hier sollte aber eine individuelle Beratung im Einzelfall klären, ob das auch die beste Methode darstellt. Die Beratung sollte von Personen erbracht werden, die von den Anschaffungen nicht selbst wirtschaftlich profitieren.

Abb. 29 Elektrogeräte sind häufig die Hauptbrandursache; sie korrekt zu betreiben und zu warten, ggf. auch baulich oder räumlich zu isolieren, ist eine sehr wirksame Brandschaden-Minderungsmaßnahme. (Friedl)

Nun ist es jedoch deutlich intelligenter, diese Brände gleich von vorneherein zu vermeiden, anstatt sie nach ihrer Entstehung löschen zu müssen. Das schafft man lediglich durch ein mehrgleisiges Vorgehen: indem Blitz- und Überspannungsschutz beiderseitig der Leitungsenden eingebaut ist, indem man die Leitungen baulich abtrennt und von unnötigen Brandlasten wie Zündquellen fern hält, sowie bei technischen Einrichtungen durch Wartung – letztere auch mittels thermographischer Betrachtung der elektronischen Bauteile.

7.4 Roboter und Drohnen als Löschhilfen

Die Halbwertszeit von Fachwissen nimmt stetig ab, vergleichbar mit dem Verlauf einer Exponentialfunktion. Einfache, sich wiederholende Handgriffe wie das Bohren von Löchern, das Sägen von Metall oder das Setzen von Schweißnähten wurden bereits vor Jahrzehnten automatisiert. Es stellte sich heraus, dass diese Technik präziser und kostengünstiger ist als menschliche Arbeit: Ein Roboter wird nicht krank, fordert weder Gehaltserhöhung noch Urlaub und kann rund um die Uhr arbeiten. Er ist frei von Launen und Stimmungsschwankungen und arbeitet daher stets gleichmäßig präzise. Das waren die Anfänge der Robotertechnik; heute sind wir einige Schritte weiter, und in 25 Jahren wird man diesen Text und unsere heutige Technik vielleicht so empfinden, als würden wir über die erste Eisenbahnstrecke in Deutschland zwischen Nürnberg und Fürth lesen.

Um die Entwicklung von Drohnen und Robotern zu verstehen, muss man auf die bislang vier großen, ja revolutionären Schritte der industriellen Revolution verweisen: Industrie 1.0, wie sie heute genannt wird, begann etwa 1785, als man Wasserkraft (Dampfdruck) nutzte. Kohle und Eisen (später Stahl) bildeten die Grundlage für diesen wirklich revolutionären Schritt: Webmaschinen, Sägen und der Transport von Menschen (Eisenbahn) wurden nicht mehr durch Muskelkraft, sondern durch andere Energien betrieben – Energien, die sich über die Jahrhunderte hinweg veränderten: Kohle, Erdöl, Naturelemente (Wasser, Geothermie, Sonne, Wind), Erdwärme, Kernspaltung und als nächster Schritt wohl die Kernfusion.

Etwa ab 1870 spricht man von Industrie 2.0, als Fabriken mit Fließbandproduktion zwar einerseits soziales Elend verursachten, andererseits aber auch Wohlstand schufen. Strom, der bereits 1752 „entdeckt" wurde, fand erst in der Zeit von Industrie 2.0 seinen gewerblichen und industriellen Einsatz. Ab etwa 1970 begann die Ära von Industrie 3.0, als Automatisierung, erste Roboter, Programmierung und Elektronik (nicht nur) in Fabriken für deutlich mehr Effektivität und Effizienz sorgten. Industrie 4.0 ist die Zeit, die wir derzeit „live" erleben, geprägt von moderner, hochverdichteter Informationstechnologie und der beginnenden künstlichen Intelligenz. Diese wird zukünftig auch in der Brandmeldetechnik die Zahl unerwünschter Alarmierungen auf ein Minimum reduzieren können.

Erst ab Mitte der 1980er-Jahre wurden Computer für den persönlichen Gebrauch eingeführt. Darauf folgte die friedliche Nutzung der Satellitentechnik für private Endverbraucher (GPS-Systeme in Autos) sowie die Smartphone- und Internettechnologie, die schließlich den Niedergang konventioneller Einkaufspraktiken herbeiführte. All diese Techniken haben sich extrem weiterentwickelt und sind heute keine isolierten Systeme mehr, sondern untrennbar und auf intelligente Weise miteinander verknüpft. Es ist logisch und absehbar, dass nicht nur diese Trends, sondern auch andere Entwicklungen weiter voranschreiten werden. Heute sind diese Technologien weit verbreitet und werden weltweit meist friedlich und sinnvoll genutzt. Unser gewohntes Leben ist ohne moderne Kommunikationstechnologie heute unvorstellbar, weshalb wir immer abhängiger von dieser Technik und ihrer Energieversorgung werden. Doch auch die Informatik – speziell die Programmierung – ist von zentraler Bedeutung, da es immer wieder fehlerhafte Programmierungen gibt, aber auch Hackerangriffe, die ganze Systeme lahmlegen, falsch steuern oder auf andere Weise immense Schäden verursachen können.

An dieser Stelle muss auch die Entwicklung von hochleistungsfähigen Batterien und Akkumulatoren erwähnt werden, da diese oft ein extremes und schwer zu kontrollierendes Brandszenario erzeugen (vgl. das Kapitel 7.2 über F 500 in diesem Buch). Auch diese Entwicklung sowie die dafür nötige Löschtechnologie steckt noch in den Kinderschuhen, und es ist absehbar, dass zukünftige Generationen von elektrischen Energiespeichern noch deutlich größere Leistungen erbringen und entsprechend spezielle Löschkonzepte erfordern werden. Die Landesbauordnung schreibt beispielsweise vor, dass Brände *löschbar* sein müssen, was bei vielen Windrädern und zu stark verpackten oder eingehausten Li-Akkus derzeit nicht, beziehungsweise noch nicht, der Fall ist.

Dennoch ist es (Stand: 2025) eine bemerkenswerte Leistung, dass elektrisch betriebene Autos unter Idealbedingungen 500 km weit fahren können. Hierbei ist jedoch zu beachten, dass die Löschtechnik bei diesen E-Autos noch in den Kinderschuhen steckt und erst die Standardisierung von Löschmittel-Einbringöffnungen in Kombination mit geeigneten Löschwasserzusätzen (z. B. F 500) zu zufriedenstellenden Ergebnissen führt. Dazu gehören auch staatliche Vorgaben, denn manche E-Auto-Pioniere investieren lediglich in die Entwicklung der Fahrzeuge, jedoch nicht in die notwendige Löschtechnik. Konstruktive Lösungen und weltweit einheitlich geregelte Vorgaben sind notwendig – und keine Verbote oder Polemisierungen, wie sie teilweise in der Presse zu finden sind, wenn es um neue Entwicklungen, Techniken und Trends geht. Dieser überstaatliche Eingriff ist schon alleine deshalb nötig, weil Unternehmen Gewinne gern privatisieren und Verluste (hier: die Entwicklung von Löschtechniken) der Allgemeinheit überlassen, also den Feuerwehren, und dies oft ohne Rücksicht auf Umweltschäden.

Computer, Navigationsdaten, Robotertechnik, Drohnen und hochleistungsfähige Akkumulatoren sowie deren Vernetzung untereinander und – neu hinzukommend – lernfähige Technik (Stichwort KI), aber auch der Einsatz bewährter Technik (verschiedene Sensoren für Rauchgase, Wärmestrahlung und die Liveübertragung von Bildern) ermöglichen den Einsatz dieser Systeme auch im abwehrenden Brandschutz bei ausufernden oder komplizierten und gefährlichen Bränden.

Nun kommt KI hinzu. Unter „künstlicher Intelligenz" versteht man in der Löschtechnik die Fähigkeit eines Computers oder technischen Geräts, menschliche Handlungen und kognitive Leistungen zu imitieren, zu sortieren und in Abhängigkeit von sich ständig ändernden Situationen vor Ort weiterzuentwickeln – dies geschieht stressfrei, in rasender Geschwindigkeit und ohne menschliche Fehler. Wie man es aus diversen Hollywood-Filmen kennt, sind diese mathematisch basierten Techniken in der Lage, selbstständig Entscheidungen zu treffen, ständig dazuzulernen – auch bzw. gerade in Löscheinsätzen – und sich somit kontinuierlich zu optimieren. Die Rechenleistung leistungsfähiger Prozessoren ist extrem beeindruckend und sprengt – wie die Vorstellung von einem unendlichen Weltraum mit unzähligen Planeten und Sternen – unsere menschliche Vorstellungskraft. Sicherlich wird sich kaum jemand außerhalb der Informatik-Szene unter einem TeraFLOP etwas vorstellen können, aber bereits 100.000 TeraFLOPS gelten als extrem gut; der heute beste Rechner schafft über 1,2 Millionen davon. Ein schneller PC erreicht immerhin 400 PetaFLOPS. Im Vergleich dazu ist die menschliche Rechenleistung fast vorsintflutlich: Wir können pro Sekunde nur wenige Eindrücke (Gerüche, Bilder, gehörte Informationen, andere Empfindungen) aufnehmen und verarbeiten. Die menschliche Rechenleistung liegt bei etwa 4 Petabytes und die Speicherfähigkeit des Gehirns wohl irgendwo zwischen 10 Terabytes und 5 Petabytes – bei einer Verarbeitungsgeschwindigkeit von einigen Megabits bis wenigen Gigabits pro Sekunde. Schachcomputer sind heute deutlich besser als Menschen und können Milliarden von Zügen im Millisekundenbereich vorausberechnen – bei der Löschtechnik durch Roboter und Drohnen verhält es sich ähnlich. Das bedeutet, dass ein Löschroboter, ausgestattet mit entsprechend guter Programmierung und einer Vielzahl von Algorithmen und Informationen, uns Menschen in der Entscheidungsfindung weit überlegen ist: schneller, präziser und objektiver, also zuverlässiger.

Unsere menschliche Denk- und Rechenleistung könnte man vielleicht mit der physischen Kraft eines Schmetterlings vergleichen, während die der Computer der physischen Kraft eines Gorillas entspricht. Oder, um den

Bogen zum Brandschutz zu spannen, mit der Energie eines Teelichts im Vergleich zu einem Vulkanausbruch.

Dieses KI-Lernen basiert zum einen auf Sensoren, die ständig Informationen aus der direkten Umgebung aufnehmen, weiterleiten und verarbeiten, und zum anderen auf intelligenten und komplexen Programmierungen. Hinzu kommt, dass der Mensch von außerhalb auch noch Einfluss nehmen kann, etwa durch manuelle Steuerungen oder die Eingabe von Handlungsvorgaben und Informationen bzw. Schutzzielen. Künstliche Intelligenz greift also einerseits auf programmierte Abläufe zurück und ergänzt ihr Wissen durch die Messdaten der eingebauten Sensortechniken. Ein großer Vorteil gegenüber Menschen ist, dass die Technik stressfrei arbeitet und somit stets objektiv bleibt. Da wir heute, Mitte der 2020er-Jahre, erst am Anfang dieser Entwicklung stehen und sowohl Löschroboter als auch Löschdrohnen bereits Realität geworden sind, ist es kaum vorstellbar, welche Möglichkeiten es in zehn oder mehr Jahren geben wird – nicht nur auf dem Gebiet der Löschtechnik. Denn nicht nur mechanische Tätigkeiten (Stichwort: Schweißroboter) können besser, preiswerter und ohne Ermüdung bzw. Freizeit oder Erkrankung von Robotern erledigt werden, sondern dank KI auch intellektuelle Leistungen wie das Schreiben von anspruchsvollen Texten mit wählbarer Tendenz (Trauerrede, politische Rede, gutachterliche Stellungnahme, Masterarbeit, Betriebsanweisung etc.).

Für überschaubare Zimmerbrände sind Löschroboter oder gar Drohnen nach wie vor weder sinnvoll noch angedacht. Doch bei komplexeren Bränden, beispielsweise in unübersichtlich großen und möglicherweise lebensgefährlichen Bereichen für die Feuerwehrleute, kann es Sinn machen, Roboter einzusetzen. Diese können nicht nur Livebilder vom realen Geschehen übermitteln, sondern sie können auch mechanische Handlungen im Gefahrenbereich vornehmen. Roboter in der modernen Löschtechnik sind als ggf. nicht programmierte Hilfsgeräte mit diversen Freiheitsgraden anzusehen, die von einer Person außerhalb des Gefahrenbereichs individuell gelenkt werden. Dazu benötigen sie verständlicherweise horizontal wie vertikal schwenkende 360°-Kameras zur Übermittlung der Umgebung und damit von Hindernissen sowie Informationen zum Brand. Nun gibt es natürlich auch – wie man es beispielsweise aus der Schweißtechnik kennt – Roboter mit festgelegtem Ritual; das muss man sich wie einen immer wiederkehrenden Algorithmus vorstellen, vielleicht vergleichbar mit einer Menschenkette aus früheren Jahrhunderten, die nahezu unermüdlich Wassereimer weiter zur damals noch händisch betriebenen Wasserspritze reichte. So können Roboter beispielsweise mit ihren Armen und zangenartigen Greiffingern Behälter und andere Gegenstände aus dem Gefahrenbereich aufnehmen, deren Lage verändern und sie somit aus dem brennenden Bereich holen oder auch dort in schützende Umbehälter eingeben. Für einen Menschen wäre aufgrund der Strahlungswärme, des fehlenden Sauerstoffs und der Möglichkeit einer Explosion die Gefahr zu groß, hier zu agieren, mit dem Resultat, dass ein zügiges Löschen oder eine Brandschadenverkleinerung nicht möglich wäre.

Es gibt verschiedenartigste Roboter: Manche sind anatomisch dem Menschen nachempfunden mit zwei gelenkigen Beinen und können standsicher gehen, einen Hindernisparcours stolperfrei zurücklegen und sogar artistische Meisterleistungen vollbringen. Sprich, ein Umkippen oder Stolpern ist entweder nicht möglich oder kein Problem mehr. Andere Roboter in der Löschtechnik ähneln eher kettenbestückten, aber sehr kleinen und unbemannten Panzern. Die zügige Weiterentwicklung von künstlicher Intelligenz wird zukünftig auch diese Branche maßgeblich verändern, denn die Programme ermöglichen ein selbstständiges Lernen. Das bedeutet hier, dass der Löschroboter bei einem dynamischen Brandverlauf aufgrund seiner Sensorik die Wärmestrahlen und Temperaturen der Umgebung wahrnimmt, deren Verlauf berechnet und somit seine Handlungen wie das Einbringen von Löschmitteln exakt steuern kann: schneller und präziser als Menschen. Auch in der Medizin ist es bereits seit Jahren üblich, dass besonders exakte chirurgische Handlungen auf dem Monitor vergrößert und von Robotern ausgeführt besser sind als das direkte Eingreifen von Menschen vor Ort.

Ein Roboter kann in eine brennende Industriehalle fahren und dort funktionsfähig bleiben. Selbst Hitze (bis zu definierten Größen) oder Rauch schaden ihm und seiner Energieversorgung nicht, und aufgrund der Rundumsicht kann er Bilder liefern, die für die Löschtaktik von entscheidender Bedeutung sind. Denn die Sensorik wird durch Rauch oder Wasserdampf nicht „blind", sondern kann Brandherde in Qualität und Quantität exakt definieren.

Drohnen indes können bereits völlig selbstständig Brände löschen und sind Robotern damit ggf. überlegen. So einfach bzw. absolut ist es jedoch nicht, denn beide Löschhilfen haben ihre Einsatzmöglichkeiten und -grenzen, und in der Kombination von Robotern mit Drohnen ergibt sich bei einem passenden Brandereignis eine synergistische Wirkung: Man bekommt Bilder von innen aus brennenden Hallen geliefert, zeitgleich auch solche von weit oberhalb, und kann nun exakt erkennen und sehen, wo es brennt, was brennt und wie sich das Feuer wohl weiterentwickeln wird; denn auch die Windgeschwindigkeit und ggf. Regen gehen in die Berechnung mit ein. Zeitgleich kann von oberhalb und von innerhalb Löschwasser oder auch ein anderes Löschmittel eingebracht werden.

Nun mag diese futuristisch klingende Löschmethode in den meisten Brandfällen nicht nötig sein, aber bei Großbränden, bei Waldbränden, bei Bränden in großen Höhen oder in unübersichtlichen und unzugänglichen Stellen gibt es dazu keine Alternativen. Man stelle sich den brennenden Triebwerksraum eines Windrads in vielleicht 170 m Höhe vor: Natürlich gibt es auch Löschanlagen für diese Räume, und diese sind auch zuverlässig in ihrer Wirkung (vgl. Abb. 22 auf Seite 140). Doch gerade bei Windparks mit einigen hundert Windrädern ist der Einsatz einer Löschdrohne wohl wirtschaftlicher und im Resultat ähnlich effektiv – denn auch diese Technik ist automatisierbar. Bei Drohnen mit Löschwasser muss man sich den Löscheffekt in etwa wie den einer Löschspraydose vorstellen: Diese sind mit ca. 10 % des Löschmittels eines Handfeuerlöschers ungefähr ebenso effektiv wie dieser. Grund ist die feinste Verteilung des Löschwassers mit deutlich höherem Druck und damit eben eine deutlich höhere Löschleistung. Bereits seit einigen Jahrzehnten kennt man ja auch diesen gleichen 1:10-Effekt bei der Wassernebeltechnik im Vergleich zur konventionellen Sprinklertechnik – auch hier ist der Wassereinsatz ungefähr um 90 % geringer und dies bei gleichem Löscheffekt. Somit kann eine große und damit leistungsstarke Löschdrohne, die beispielsweise 50 l Wasser in den Brandherd eingeben kann, eine extrem effektive und effiziente Löschleistung liefern. Intelligente Programmierungen ermöglichen es, dass mehrere Drohnen (der früher üblichen Menschenkette, die Wassereimer im Brandfall weiterreicht, vergleichbar) somit ständig und selbstständig zum Brandherd fliegen, dort mit der Sensorik die Stelle auffinden, an die das Löschwasser zu spritzen ist, um nach der Entleerung zurückzufliegen. Dort tanken sie automatisiert auf, um erneut einen Löscheinsatz zu fliegen. Drohnen können Löschwasser viele Meter weit horizontal werfen – und dies mit nahezu chirurgischer Präzision!

Drohnen können also im Brandfall Menschenleben schützen, gleichzeitig aber auch Brände löschen; und sie können Bilder und damit Fakten übertragen. Eine über dem Brandherd fliegende Drohne sendet an die Einsatzleitung wertvolle Übersichten, aus denen strategisch richtige Entscheidungen getroffen werden können – Entscheidungen, die ohne diese Bilder nicht möglich wären. Da die Drohnen über einen leistungsstarken Elektroantrieb verfügen, werden sie auch nicht von sauerstofffreiem Rauch zum Absturz gebracht, wie es etwa bei einem konventionellen Hubschrauber der Fall wäre. Sensorik und Programmierungen zum Eigenschutz sorgen dafür, dass die Temperatur oberhalb eines Brandherds auch nicht zum Ausfall oder gar Absturz der Drohne führen kann.

Man stelle sich vor, wenn es diese Technik bereits zu Zeiten der mörderischen Terroranschläge in New York am 11. September 2001 gegeben hätte:

Dann wären die Löschdrohnen „einfach“ vertikal nach oben geflogen, hätten Löschwasser in einer Endlosschleife von außen durch die zerstörten Fenster gespritzt und somit die Funktion der zerstörten Sprinkleranlage übernommen. Die offensichtlich unzureichend geschützten Stahlträger des Gebäudes wären gekühlt worden, die Statik der Gebäudekonstrukte hätte wohl nicht nachgegeben, und das Feuer wäre souverän gelöscht worden.

Nun gibt es also Roboter am Boden und Drohnen in der Luft, aber sie konkurrieren nicht miteinander, sondern ergänzen sich sinnvoll. Entsprechend komplexe Programmierungen sowie auch die Möglichkeit des fallbezogenen, individuellen Eingreifens ergeben bei komplexen Großbränden eine Optimierung des Löscheinsatzes: Außerhalb des Gefahrenbereichs sitzt die Einsatzleitung, am Boden nähern sich Roboter dem Gefahrenbereich und von der Luft Drohnen. Beide können Löschmittel wie Wasser oder anderes direkt an den Einsatzort bringen, Bilder übermitteln, und die bodengebundenen Roboter können auch mechanische Handlungen filigran korrekt ausführen.

Während konventionelle Drehleitern öffentlicher Feuerwehren vertikale Höhen von ca. 30 m nicht überschreiten können, schaffen die einiger privater Wehren deutlich größere Höhen. Doch auch 50 und mehr Meter sind bei Bränden in großen Höhen oder an abgelegenen Stellen nicht mit der konventionellen Technik eindämmbar. Man denke an den Pariser Louvre-Brand (09.12.2017), an weltweit vorkommende Windradbrände, aber auch an diverse Hochhausbrände (Paris, London, Mailand, Naher und Ferner Osten).

Übrigens, polemische Ängste vor neuen Techniken wurden und werden nicht nur in Zeitungen und Zeitschriften bei der Bevölkerung geschürt, sondern auch in Filmen beeindruckend realistisch erzeugt. Doch nichts davon hat sich je bewahrheitet, und Maschinenstürmereien wie zur Zeit der Webstuhlerfindung (1784/85) oder romantisch-verklärende Blicke auf angeblich gute alte Zeiten sind noch nie ein Lösungsweg gewesen. Der verantwortungsvolle, geregelte Umgang mit Techniken, Chemikalien und Programmierungen, aber auch mit Gen- oder Medizintechnik, ist jedoch der einzig sinnvolle und konstruktive Weg, den wir weitergehen sollten und müssen.

8. Anspruchsvolle Löschtechniken

Bestimmte Bereiche benötigen besondere Löschtechniken. Dass es noch sinnvoller ist, einen Brand gar nicht erst entstehen zu lassen, steht hier nicht erneut zur Diskussion. 100 % Brandsicherheit erreicht man nicht; und gesetzlich sowie behördlich sind wir nun einmal verpflichtet, für Entstehungsbrände vorzusorgen – oder wir müssen aufgrund von Technischen Regeln oder Bauordnungen vielleicht sogar automatische Löschtechnik einbauen. Manchmal kommt dieser Zwang auch von den Feuerversicherungen, die sonst kein Angebot unterbreiten wollen, bestimmte Risiken zu übernehmen. Viele Techniken sind hier im Buch ja bereits vorgestellt worden – und nachfolgend gehen wir auf bestimmte Bereiche und Brandarten ein, die es besonders überlegt anzugehen gilt.

8.1 Gefahrgutlager

Bei Gefahrgutlagern wird es fast immer sinnvoll sein, eine individuelle Lösung zu finden. Dies erfolgt in Absprache mit Feuerwehr und Feuerversicherung sowie im Hinblick auf die gesetzlichen Anforderungen; denn manchmal muss man keine Löschtechnik einbauen, möchte es aber – und umgekehrt. So gibt es z.B. Gefahrgutlager, die wie folgt abgesichert sind (aber welche dieser Lösungen denn nun richtig, wirtschaftlich oder effizient ist, lässt sich nie pauschal beantworten):

- Komplettbeschäumung
- Einsatz von Gaslöschtechnik
- Sauerstoff-Reduzierungsanlage
- Sprinklertechnik mit Schaumzusatz
- Reine Bodenbeschäumung und zugleich Raumflutung mit einem Löschgas
- Keine Löschtechnik, dafür kleine Brandabschnitte, feuerbeständig abgetrennt
- Heißschaumtechnik
- Wandhydranten
- Reine automatische Entrauchung
- u.v.a.m.

Je nachdem, ob die TRGS 509 oder 510 Gültigkeit besitzt, sowie je nach Fläche, Produktart und Lagergut steigt die Notwendigkeit bestimmter Techniken. Darüber hinaus macht es Sinn, eine Zutrittsbegrenzung anzuschaffen sowie die Einbruch- und Brandstiftungsmöglichkeiten zu minimieren; auch die Entfernung vermeidbarer Zündquellen soll die Eintrittswahrscheinlichkeit eines Brands minimieren. Aber hier im Fachbuch geht es ja primär um die Löschtechnik – und hier sollte stets der Personenschutz im Vordergrund stehen. Das soll heißen, dass das eingesetzte Löschgas möglichst keine Personengefährdung erzeugen darf – denn große Mengen an CO_2 sind schnell hier oder an entfernt und tiefer liegenden Stellen tödlich. Auch kann sich ein Brand hier ggf. so zügig ausbreiten, dass man aus Gründen des Schutzes der im Lager beschäftigten Mitarbeiter besser auf Wandhydranten verzichtet, denn das Fliehen im Brandfall ist weniger gefährlich als ein Löscheinsatz; durch diesen ist man Hitze, Flammen und Rauchgasen ausgesetzt – und eines davon allein kann bereits tödlich sein.

8.2 Sauerstoffreduzierung

Sauerstoffreduzierte Räume gibt es seit über 20 Jahren – und diese Technik ist deshalb so großartig, weil ein Brand aufgrund der geringen O_2-Konzentration nicht entsteht, aber zugleich noch ausreichend Sauerstoff zum Atmen und Überleben vorhanden ist. Natürlich hat diese Technik auch ihre Nachteile, oder besser gesagt (wie jedes Löschmittel und jede Löschtechnik) auch Einsatzbegrenzungen. Zum einen ist die Technik weder baurechtlich noch versicherungsrechtlich gefordert; und da sie in Anschaffung und Unterhalt nicht als günstig einzustufen ist, überlegen sich viele, andere Wege des Brandschutzes zu gehen. Zum anderen muss für diese Art von Technik ein Bereich oder gar ein ganzes Gebäude vorgesehen sein, denn öffenbare Fenster, zu häufiges Betreten, konventionelle Türen oder eine mit anderen Bereichen verbundene Lüftungsanlage lassen den Einbau einer O_2-Reduzierungsanlage nicht zu. Darüber hinaus ist auch nur die gelegentliche Anwesenheit von zuvor medizinisch untersuchten Personen möglich. Man wird diese Technik also auf besondere, wenige Bereiche begrenzen – und zuvor ist immer die möglichst objektive Überlegung anzustellen, ob man nicht mit baulichen oder anderen technischen Maßnahmen den Brandschutz ebenfalls bewerkstelligen kann.

Die Idee ist jedoch nach wie vor faszinierend, in einem Raum Luft zum Atmen und brennbare Gegenstände zu haben – jedoch entzündet sich kein Feuerzeug und kein Streichholz in dieser sauerstoffreduzierten Atmosphäre. Gesunde Menschen spüren nicht einmal, dass sie weniger Sauerstoff aufnehmen, schlicht weil der Körper Amplitude und Frequenz der Atmung von selbst hochfährt, um dieses Manko zu kompensieren. Üblich sind 20,9 Vol. % Sauerstoff in der Luft und – von einigen wenigen Gasen einmal abgesehen – dann 78 % Stickstoff. Eine Luftzerlegungsanlage trennt den bimolekularen Sauerstoff und scheidet ihn aus; über eine semipermeable Membran gelangt das etwas kleinere und ebenfalls bimolekulare Stickstoffmolekül dann in den Raum und der Sauerstoff wird abgegeben.

Ideal ist diese Technik für Gefahrstofflager, die chaotisch betrieben werden, oder auch für selten betretene EDV-Bereiche (Speicher- und Recheneinheiten). Nicht geeignet ist diese Technik hingegen für hohe, große Produktions- und Lagerhallen, in denen sich während der Arbeitszeit grundlegend Personal aufhält.

Für welchen Weg des Brandschutzes man sich auch immer entscheidet – wichtig ist, auch diese Technik zu kennen und dann eben gute Gründe dafür angeben zu können, weshalb man diesen oder jenen Weg einschlägt.

8.3 E-Autos (Bernd Weißhaupt)

Im Internet mag man immer wieder Statistiken darüber finden, ob E-Autos oder konventionelle Verbrenner-Kraftfahrzeuge häufiger brennen. Diese Frage ist jedoch nicht relevant und wird nur von Laien weiter im Detail verfolgt. Relevant für Brandschützer ist jedoch, wie stark und wann sich E-Autos entzünden; und dazu ist festzustellen, dass das eben plötzlich (unvorhersehbar) und sehr hitze- und rauchintensiv geschieht – und dass die Brände praktisch nicht zu löschen sind. Weiter ist festzustellen, dass diese Brände extrem viel Rauch erzeugen und auch Gebäude zerstören können; das kennt man von konventionellen Fahrzeugbränden nicht. Die Akkus können beim Laden, beim Fahren oder auch bei hohen oder niedrigen Temperaturen hochgehen – einfach so, ohne von außen ersichtlichen Grund. Als die *Fremantle Highway* mit über 3.500 Autos (auch ca. 500 E-Autos) beladen Ende Juni 2023 brannte, erzeugte das einen Milliardenschaden, wie es ihn bis dato noch nicht gegeben hatte. Und ohne weitere Vorkommnisse brannte es dann auf dem Schiff – wieder ein mehrere 100 kg schwerer Li-Akkumulator – im August erneut: das sind Ereignisse, die zum Nach- und Umdenken führen müssen.

Die Batterie in E-Autos ist ein Hochvoltspeicher mit extrem hohen Stromstärken und Spannungen. Von ihr geht eine Stromschlag- und Brandgefahr aus. Verschiedene Sicherungssysteme minimieren auch im Falle eines Unfalls diese Gefahren. Im Gefahrenfall wird der Stromfluss automatisch unterbrochen. Aber was passiert im Brandfall? Aus den Medien erfahren wir immer wieder, dass selbst geparkte Elektrofahrzeuge plötzlich in Flammen stehen. Geht evtl. von diesen Fahrzeugen gar eine erhöhte Brandgefahr aus? Dekra und der Gesamtverband der Deutschen Versicherungswirtschaft (GDV) teilten mit, dass von diesen Fahrzeugen angeblich keine erhöhte Brandgefahr ausgehen soll.

Es entstehen jedoch zusätzlich neue Brandgefahren durch Ladestationen, z. B. eine deutliche Steigerung der Anzahl von E-Fahrzeugen, insbesondere im Gewerbe. So parken etwa viele städtische E-Busse in Fahrzeughallen ohne weitere Brandschutzmaßnahmen. Dass in einigen Städten schon ganze Hallen abgebrannt sind, führte jedoch bis heute nicht zur konstruktiven oder juristischen Veränderungen. Vier Empfehlungen gibt es hierzu vom VdS:

- Ladestationen für Elektrostraßenfahrzeuge lt. VdS 3471
- Elektrofahrzeuge in geschlossenen Garagen lt. VdS 3885
- Lithium-Batterien lt. VdS 3103
- Sprinklerschutz für Li-Batterien lt. VdS 3856

Doch wer sich diese Empfehlungen aneignet, wird lediglich wenig brandschadenverhütende oder brandschadenminimierende Hinweise erhalten, die als konstruktiv anzusehen sind. Auch die DGUV Information 205-041 informiert über Li-Gefahren.

Absicherungen wie z.B. in Form einer Brandmeldeanlage, automatischer Entrauchungsanlagen oder Sprinkleranlagen können einen solchen Brand zwar entdecken, aber nicht löschen. E-Fahrzeuge parken und laden – baurechtskonform – in Tiefgaragen; Überlastungen durch Installationsmängel bei vorhandenen Elektroleitungen sind (vgl. die o.a. VdS-Broschüren) eher die Regel als die Ausnahme. Man muss bedenken, dass die doppelte Stromentnahme eine Vervierfachung der Wärmeerzeugung bewirkt, eine Verdreifachung der Stromentnahme eine Verneunfachung der Wärme, usw.

Wenn man E-Fahrzeuge an Gebäuden lädt oder deren Carports direkt an Gebäude baut, kommt es bei einem Brand des Akkus schnell zu einem Brandüberschlag. Hotels haben bereits eigene Laderäume für E-Bikes, damit die Gäste ihre Radakkus nicht im Hotelzimmer laden. Zudem muss man – juristisch wichtig – wissen, dass in Garagen Kraftfahrzeuge abgestellt und mit Strom betankt werden dürfen, nicht aber andere Fahrzeuge: es ist demnach ein großer (versicherungsrechtlich-juristischer) Unterschied, ob ein E-Bike oder ein Pedelec eine Garage entzündet! Gleiches gilt übrigens auch, wenn Büroangestellte ihre Radakkus direkt an ihren Arbeitsplätzen laden und es dort zu einem Brand kommt.

Einen Brandschaden verhüten kann man, indem man sich an die Vorgaben des Ladegerätherstellers hält, das Netz nicht überfordert, den Bereich brandlastfrei und trocken hält und, so möglich, den Ladevorgang im Blick hat. Doch wie verhält man sich im Brandfall? Fängt ein fahrendes E-Auto Feuer, gilt für die Passagiere das Gleiche wie bei dem Brand eines Fahrzeugs mit Verbrennungsmotor: Alle verlassen sofort das brennende Fahrzeug, rufen die Feuerwehr und geben eine möglichst genaue Ortsangabe sowie zusätzlichen Informationen; auch der Hinweis, dass ein E-Auto brennt, ist für die Einsatzzentrale sehr wichtig.

Es gibt heute verschiedene Löschmethoden, nach denen die Feuerwehren jetzt vorgehen: Kühlung durch viel Wasser ist zurzeit eine wesentliche und wichtige Option, und auch der Einsatz einer hierfür konzipierten Löschdecke kann hilfreich sein – denn somit kann man die Brandausbreitung auf andere Fahrzeuge unterbinden. Die Kühlung sieht so aus, dass man mittels einer Vorrichtung das brennende E-Auto in einen mit ca. 12.000 l Wasser gefüllten Container gibt und es dort wochenlang verweilen lässt. Rückzündungen sind möglich; wenn man jedoch einen geringen Zusatz des Löschmittels F-500 EA hinzugibt, ist der Löscherfolg schneller und dauerhafter. Man kann das Wrack aber auch in einen entsprechend großen Container heben und diesen dann mit Sand füllen, doch diese Methode ist weniger verbreitet. Bei allen Optionen ist der Schaden für die Umwelt (kontaminiertes Löschwasser) zu beachten. Die Entsorgung wird durch Fachfirmen durchgeführt.

Es ist anzunehmen, respektive zu hoffen, dass die Industrie zukünftig andere Akkus herstellen oder effizientere Löschmethoden ermöglichen wird; so wäre ein einheitlicher Einfüllstutzen für ein Löschmedium bei allen E-Autos sicherlich ein erster Schritt. Doch trotz unserer Anfragen bei verschiedenen E-Auto-Herstellern (unabhängig vom Kontinent) bekamen wir für dieses Fachbuch keine Hilfestellungen, jedenfalls weder konstruktive noch brauchbare: Löschen sei Aufgabe der Feuerwehren, nicht der E-Auto-Hersteller.

8.4 Bengalische Feuer (David-Neil Strube)

Sog. Bengalos haben insbesondere die drei Nachteile, dass sie extrem heiß brennen, extrem viel (hochgiftigen bis tödlichen) Rauch erzeugen und mit konventionellen Methoden nicht löschbar sind. Eine neue Beimischung für Wasser („TRIDENT" genannt) ermöglicht jedoch genau dieses Löschen: sehr schnell, dauerhaft und ohne Eigengefährdung. Hinzu kommt, dass es eine neue umweltschonende Technologie in der Brandbekämpfung mit den Zielen der Rettung von Menschenleben und Sachgütern bei gleichzeitigem Schutz unserer Umwelt darstellt. Zulassungen und Bescheinigungen liegen uns vor nach MPA Europazulassung (DIN EN 1568-3), ICAO Level B, dem Hygiene-Institut des Ruhrgebiets, und es gibt auch die Zulassung zur Waldbrandbekämpfung. Die Umweltbelastung durch perfluorierte Tenside in den konventionellen Lösch-Schäumen hat seit Jahrzehnten viele Probleme erzeugt und Schäden verursacht, was schließlich zu deren Verbot führte – und weiter nachteilig ist, dass diese AB-Schäume beim Löscheinsatz von Bengalos nicht wirksam sind.

Der derzeitige Fokus vieler Entwicklungen ist stark auf den Schutz der Umwelt ausgerichtet und ökologische sowie nachhaltige Lösch- und Arbeitsmethoden werden befürwortet. Deshalb achten auch die Anwender von Feuerlöschmitteln nicht nur auf die Wirkungsweise eines Löschmittels, sondern auch auf dessen Einfluss auf Umwelt und Umgebung. Bei der Entwicklung von TRIDENT wurden deshalb die vorgenannten Faktoren berücksichtigt: es wurde ein Löschmittel entwickelt und hergestellt, welches seine einzigartige Löschwirkung bei geringstem Verbrauch einerseits mit einer hervorragenden Umweltverträglichkeit andererseits in Einklang bringt.

Die Brandklassen A und B können damit auch gelöscht werden. Das ist erst einmal noch nicht das Besondere – aber dass man auch die extrem heiße und damit sehr gefährlich brennende Pyrotechnik sowie auch brennende Personen löschen kann, das ist schon nahezu einzigartig. In Verbindung mit einem „offiziellen" Polizeilöscher können selbst Seenotfackeln und Rauchtöpfe in wenigen Sekunden sicher, nicht gefährdend und bleibend gelöscht werden. Gerade bei Polizeieinsätzen mit der realen Gefahr der Entzündung von Polizisten verwenden die Attentäter Brandsätze, die man kaum löschen kann; und dies führt dann leicht zu Behinderungen, Entstellungen oder ggf. sogar Toten. Doch wenn ein bestimmter Prozentsatz der Polizisten mit derartiger Löschtechnik ausgestattet ist und diese Personen ihre brennenden Kollegen schnell mit dem kleinen Löscher löschen, ist das Feuer dauerhaft gelöscht, noch bevor es zu bleibenden Problemen führt.

Die Profis der Feuerwehr verfügen über Zumischsysteme, um die direkte Zumischung bestimmter Löschzusätze wie Schäume, F-500 oder TRIDENT am Fahrzeug zu erzeugen; und darüber hinaus gibt es auch externe Zumischer, die aus einem Tank das fertige Gemisch saugen. Mit nahezu allen Abgabe-Armaturen kann das Mittel als Schwer-, Mittel- oder Lichtschaum ausgebracht werden, mit Schaum- oder Wasserwerfern, mit Hohlstrahlrohren, Mehrzweckstrahlrohren, Hochdrucksystem, CAFS („Compressed Air Foam Systems") oder einem Hydroschild. Sonderausrüstungen sind für Löscheinsätze nicht nötig.

Das Wirkungsprinzip von TRIDENT beruht auf der Herabsetzung der Oberflächenspannung des Wassers (das bewirkt ein deutlich effizienteres Löschen), einer sehr schnellen Hitzereduzierung und der Bildung eines lange stabilen und nicht umweltkritischen Schaumteppichs. Somit führt deutlich weniger Löschmittel zu einem deutlich höheren Löscherfolg.

Das vollständig wasserlösliche Mittel ist der WGK 1 zugeordnet, hat einen pH-Wert von 7,3, ist leicht und schnell biologisch abbaubar und verfügt über eine Dichte von ca. 1,01 g/cm^3 bei 20 °C. Es ist zehn Jahre haltbar/verwendbar und der Gefrierpunkt liegt bei –10 °C; Frostschädigungen treten nicht auf.

Somit ist es ein Löschmittel für nahezu alle Brände; es enthält keine umweltkritischen Stoffe (weder toxisch noch korrosiv) und bildet für brandattentatsgefährdete Personen wie Polizisten und Stadion-Sicherheitspersonal einen hohen Sicherheitsfaktor: Menschen lassen sich damit ebenso zuverlässig löschen wie Bengalos.

8.5 Beschädigte Li-Batterien schützen (Hans-Jochen Rodner, Klaus-Michael Pasewald)

Die Firma Genius-Group entwickelte im Jahr 2010 das PyroBubbles® getaufte Hohlglasgranulat und ließ es marken- sowie patentrechtlich schützen. Der Hauptbestandteil ist die als Glas bekannte Chemikalie Siliziumdioxid, welche lt. DIN EN 13501 sowie DIN 4102 der Baustoffklasse A1 (nicht brennbar) zuzuordnen ist. Die Schüttdichte der Kügelchen mit einer durchschnittlichen Korngröße von 0,5–5 mm liegt bei ca. 235 kg/m^3; es ist also sehr leicht und damit etwa viermal leichter als Wasser und achtmal leichter als Sand. Die hohe Effektivität als Löschmittel wurde in zahlreichen Versuchen und Demonstrationen unter Beweis gestellt und man kann es für die Brandklassen A, B, D und F verwenden (bestätigt durch die MPA Dresden nach DIN EN 3-7). Damit eignet es sich hervorragend zur Brandbekämpfung in Fällen, in denen konventionelle Löschmittel begrenzt oder gar nicht wirken oder sie große Schäden verursachen; die Kügelchen schwimmen auf der Oberfläche von Flüssigkeiten und löschen dadurch besonders effektiv. Des Weiteren ist das Brandlöschmittel elektrisch isolierend, was auch die Anwendbarkeit beim präventiven Brandschutz von Kabelschächten und Leitungsanlagen ermöglicht.

Während es bei A- und B-Bränden noch andere Löschmittel mit guten Eigenschaften gibt, eignen sich diese Lösch-Kügelchen besonders bei der Lagerung und beim Transport von Lithium-Ionen-Batterien (UN3480, UN3090). Sie löschen effektiver als Sand und sind auch noch deutlich leichter. Die Löschfähigkeit der elektrisch isolierenden Kügelchen beruht auf den Effekten des Erstickens und Kühlens, die Kügelchen absorbieren (= binden) auch auslaufende Elektrolyte und sind temperaturbeständig bis ca. 1.050 °C. Bei höheren Temperaturen beginnen sie zu schmelzen und bilden eine feste, geschlossene und thermisch isolierende Schicht um den Brandherd. Die Dämpfe des Brandguts werden – ebenso wie Flüssigkeiten – zu einem großen Prozentsatz gebunden, denn sie kondensieren am Granulat. Zündfähige Gemische von brennenden Flüssigkeiten werden durch die Sauerstoff-Verdrängung nicht gezündet. Aufgrund der hohen Wärmekapazität der Kügelchen wird derart viel Wärme aufgenommen und dem Feuer entzogen, sodass allein dieser Effekt in den meisten Fällen schon zu einem sofortigen Löschen führt; beschleunigt wird das durch den Stickeffekt. Bei sehr hohen Brandtemperaturen schmilzt das Granulat ab ca. 1.050 °C und kann dann noch deutlich mehr Wärmeenergie aufnehmen.

Abb. 30 PyroBubbles® sind sehr gut geeignet, um einen Li-Brand zu ersticken. (Friedl)

Man kann die Kügelchen also lose verwenden, etwa um eine brennende Li-Batterie zu löschen; oder man nimmt sie in gebundener Form als guten, leichten und feuerbeständigen Ersatz für Gipskartonplatten, aber auch zur Auskleidung von Transportbehältern für Li-Akkus, Bengalische Feuer oder Pyrotechnik.

Diese bei einem Löscheinsatz nicht benötigten und chemisch nicht veränderten Lösch-Kügelchen sind nach jedem Einsatz wiederaufzunehmen und somit wiederverwendbar. Sie sind umweltneutral, das heißt gewässerneutral und lebensmittelecht. Weiterhin ist es positiv, dass sie hydrophob sind und alterungsbeständig lange eingesetzt werden können (keine Austauschpflicht oder nachlassende Löschwirkung, auch nach vielen Jahren nicht).

Besonders effektiv zeigen sich PyroBubbles® bei der Brandbekämpfung von Thermit, Triethylaluminium, Silanverbindungen oder Öl sowie Alkoholen. Schwierig ist die Nutzung von Wasser als Löschmittel für Brände in Bibliotheken, Archiven, Museen oder elektrischen Anlagen. So entstehen durch das Löschen meist große Wasserschäden und es besteht zudem Lebensgefahr für die Einsatzkräfte durch die elektrische Spannung und das leitende Löschmittel. Bei der Verwendung von PyroBubbles® gibt es solche Wasserschäden nicht. Außerdem leiten PyroBubbles® keinen Strom und sind dadurch hervorragend zum sicheren Löschen von elektrischen Anlagen geeignet. PyroBubbles® schwimmen aufgrund ihrer geringen Dichte auf Flüssigkeiten auf und bilden eine schützende Schicht auf der Oberfläche von brennenden Flüssigkeiten wie Benzin, Öl, Kerosin oder Alkoholen. Durch die verschiedenen Korngrößen wird eine dichte Lagerung gewährleistet, was zudem Rückzündungen vermeidet. Schon bei geringen Schichtdicken wird die Brandlast so von dem in der Umgebung vorhandenen Sauerstoff isoliert. Die Löschwirkung beruht primär auf diesem Stickeffekt. Die sekundäre Löschwirkung ist der Kühleffekt durch die Fähigkeit, viel Wärmeenergie aufzunehmen und zu speichern.

Bei der Metallbrandbekämpfung mit Verbrennungstemperaturen von bis zu 3.000 °C wird zusätzlich die Schmelzenergie genutzt, um dem Brand Wärmeenergie zu entziehen; und durch die Bildung eines isolierenden Kokons um den Brandherd wird ein vollständiger Löscherfolg innerhalb kurzer Zeit erreicht.

Eine zuverlässige Energieversorgung ist elementar und gilt nicht ohne Grund als schützenswerte kritische Infrastruktur. Leitungs- und Anlagensysteme bilden nahezu in jedem Bereich die Grundlage für alle Wertschöpfungsprozesse, in denen Energie- und Datenkabelsysteme die Schlüsselkomponenten bilden. Damit etablierte sich der Brandschutz solcher Systeme als eine der wichtigsten Komponenten, um Betriebsunterbrechungen und Produktionsausfälle zu minimieren. Dazu haben sich in der Vergangenheit verschiedene Brandschutzsysteme etabliert. Themen wie Umweltverträglichkeit, die unkomplizierte nachträgliche Installation, aber auch der Kostendruck bei der Umsetzung sicherheitspolitischer Fragen sind aus der aktuellen Diskussion nicht mehr wegzudenken. Diese Lösch-Kügelchen stellen sich erfolgreich diesen Punkten und eignen sich hervorragend zum äußeren und inneren Brandschutz von Leitungs- und Anlagensystemen. Die Kabel in einer bestehenden Trasse können mit einer Stärke von ca. 30 mm mit den Kügelchen umhüllt werden; sie sind somit brandschutztechnisch von innen und außen geschützt. Bei einem Kurzschluss kann trotz der hohen Temperaturen (Lichtbogen 4.000–16.000 °C) und der brennenden Kabelisolierung durch den Inertisierungs- und Kühlungseffekt der Brand am Entstehungsort isoliert werden.

Damit werden der Ausfall des gesamten Anlagensystems und eine einhergehende umfangreiche Betriebsunterbrechung (Produktionsstillstand oder bspw. Ausfall des Nah- und Fernverkehrs) verhindert. Des Weiteren werden die Kabel auch vor äußeren Einwirkungen (Brandereignis in der unmittelbaren Umgebung, Brandsätze, Feuerwerkskörper etc.) optimal geschützt, was die Funktionsfähigkeit der Leitungen weiterhin aufrechterhält.

Kabelschächte, die bspw. kilometerweise im Schienenbau verwendet werden, können in einfachster Weise verfüllt werden. Die hohe Fließfähigkeit ermöglicht einfachstes Befüllen von Bestandssystemen, ohne dass die enthaltenen Kabel entfernt werden müssen. Die Verfüllung von Hohlräumen zum präventiven Schutz und gerade die Belegung von weiten Strecken lassen sich selbstverständlich auch bei Kabeltrassen, Kabelkanälen, Leitungsschächten (horizontal und vertikal), Serverböden und in Kabelkellern umsetzen.

Brände von Metallen gehören zur Brandklasse D. Hierunter fallen vor allem Magnesium, Aluminium, Natrium, Kalium, Lithium und metallische Legierungen. Eine gute Verarbeitungsqualität und ein geringes spezifisches Gewicht machen u.a. Magnesium als Leichtwerkstoff so attraktiv. Allerdings weisen auch Metalle, bspw. durch geringe massenspezifische Oberflächen in Form vom Spänen und Stäuben und der Verarbeitung bei hohen Temperaturen, ein hohes Brandrisiko auf. Bei Metallbränden sind Verbrennungstemperaturen von mehr als 3.000 °C schnell erreicht. Klassische Löschmittel wie Wasser oder Schaum sind hier nicht mehr anwendbar und ggf. tödlich. Ein schnelles Ausbreiten des Brands kann nur sehr bedingt durch große Mengen von Sand, Graugussspänen oder anderen Speziallöschmitteln verhindert werden. Auch führt der Einsatz von Metallbrandpulvern zu Korrosionsschäden von allen in der Nähe befindlichen Anlagen. Hier nutzen PyroBubbles® ihre besonderen Löschwirkungen, um einen Metallbrand zu kontrollieren und eine Brandausbreitung effektiv zu verhindern. Nach dem Schmelzen bilden die Kügelchen um den Brandherd eine geschlossene dünne Glasschicht. Bei diesem Phasenwechsel wird Wärmeenergie aufgenommen, wodurch die Temperaturen lokal sinken und die angrenzenden Kügelchen nicht mehr vollständig schmelzen. Sukzessive nehmen die Temperaturen und die Wärmeleitfähigkeit nach außen hin ab. Der Brand wird somit abgekapselt und gelöscht.

Die nicht geschmolzenen PyroBubbles® über dieser Schicht sind wieder verwendbar.

Die gesamte Löschmittelmenge ist stark vom Volumen des zu löschenden Magnesiums abhängig. Die Auflagenstärke der Schüttung sollte an der schwächsten Stelle so groß sein, dass eine Verpuffung vermieden wird. Die Nebenlöschwirkung ist das Abkühlen des heißen Metalls.

Lithium-Ionen-Batterien sind dank ihrer hohen Energiedichte Batterien in allgegenwärtiger Verwendung. Neben der Nutzung in haushaltsüblichen Elektrogeräten sind diese Batterien besonders im stark wachsenden Hybrid- und Elektrofahrzeugmarkt zu finden.

Die großen Vorteile von Lithium-Ionen-Batterien werden jedoch durch ihre mögliche Instabilität bei Beschädigungen, Kurzschlüssen, thermischen Belastungen und Alterungsprozessen begleitet. Ist dies der Fall, so können Lithium-Ionen-Batterien im günstigen Fall lediglich Auslaufen und ihr ätzendes und gesundheitsschädigendes Elektrolyt freisetzen, oder es kommt zur internen chemischen Zersetzung, die einen Zellbrand und Gasfreisetzung zur Folge hat. Dieser selbstbeschleunigende und wärmefreisetzende Prozess ist eine potenzielle Gefahrenquelle für Menschen und Umgebung. Bei diesem sogenannten *Thermal Runaway* sind Temperaturen von weit über 1.000 °C üblich und es kommt zum teilweise explosionsartigen Ausstoß von brennbaren und karzinogen Gasen. Damit besteht neben der Brandausbreitungsgefahr und des Trümmerwurfs auch die Personengefährdung durch toxische Gase.

Aus diesem Grund wurden Regularien geschaffen, welche den Transport von beschädigten, defekten und gefährlich reagierenden Lithium-Ionen-Batterien an Sicherheitsvorschriften knüpfen. Mit dem Sicherheitssystem PyroBubbles® – LIOGUARD® ist ein sicherer Umgang mit Lithium-Ionen-Batterien gewährleistet. Es besteht aus einem Spezialbehälter und dem Brandschutzmittel PyroBubbles®. Die Komponenten sind so aufeinander abgestimmt, dass selbst die bei einem thermischen Durchgehen einer Batterie freigesetzte Wärmeenergie zu keiner Gefährdung der unmittelbaren Umgebung führt. Die Temperaturen der Außenwände bleiben, selbst während und nach einem thermischen Durchgehen der Batterie, bei weit unter 100 °C. Die Wirkungsweise und Anwendbarkeit wurde durch zahlreiche Zulassungen und Festlegungen durch die zuständige Behörde (Bundesanstalt für Materialforschung und -Prüfung, BAM) bestätigt.

Besonders die immer öfter eingesetzten pyrotechnischen Gegenstände in Form von Bengalischen Feuern führen zu einer neuen Qualität der Gefahrwirkung. Obwohl deren Gebrauch in europäischen Stadien verboten ist, sorgen bestimmte Fangruppen regelmäßig für gefährliche Szenen in den Zuschauerbereichen und auf den Spielflächen. Dabei werden die bengalischen Feuer nicht nur auf den Rängen abgebrannt, sondern auch auf das Spielfeld geworfen. Die intensive Lichterscheinung kann bei direktem Blickkontakt zu massiven Blendwirkungen führen. Starker Rauch und Brandverletzungen sind keine Seltenheit.

Bengalische Feuer – „Bengalos“ – brennen mit Temperaturen von über 2.000 °C selbst unter Wasser weiter, da der für die Oxidation benötigte Sauerstoff in der Fackel selbst chemisch gebunden ist. Ein Löschen von bengalischen Feuern ist mit Wasser somit nicht möglich und Sand ist wegen möglicher explosionsfähiger Gasentwicklung und dem hohen Eigengewicht nicht geeignet. Auch sind die Überreste eines ausgebrannten derartigen pyrotechnischen Gegenstandes noch lange Zeit mit ca. 800 °C so heiß, dass auch sie erhebliche Verbrennungen verursachen können.

Der hochinnovative PyroBubbles® Bengalo Safe ist ein hoch effektives und leicht zu handhabendes Mittel zur schnellen, umfassenden und sicheren Gefahrenabwehr. Er besteht aus einem Schutzbehälter, der mit dem Löschmittel PyroBubbles® gefüllt ist. Eine bengalische Fackel z. B. wird aufgenommen und in den PyroBubbles®-Bengalo Safe gedrückt. Die Fackel wird durch das Löschmittel PyroBubbles® „erstickt“. Übrig bleibt lediglich ein ausgebrannter Restgegenstand, der verletzungsfrei sichergestellt ist.

Die Referenzen sind u. a. im Hamburger Sport-Verein, dem Kroatischen Fußballverband, 1. FC Union Berlin und dem Fußballklub Schalke 04 zu finden. Es wurde der Nachweis über die Wirksamkeit in der Löschung Bengalischer Feuer jeder Art gegenüber der Berliner Feuerwehr und Polizei erbracht. Auch die Bundesanstalt für Materialforschung und – Prüfung (BAM) nutzt den PyroBubbles® Bengalo Safe auf ihrem Testgelände.

8.6 Fluchtwege absichern (Liam Dogan)

Fluchtwege sind sicher und frei zu gestalten und zwar derart, dass sie für die gefährdeten Personen ohne fremde Hilfsmittel zur Flucht nutzbar sind. Berechtigte und besondere Ausnahmen gibt es lediglich für bestimmte Krankenhäuser, Altenheime, Pflegebereiche oder Justizvollzugsanstalten. Nun darf gefragt werden, was denn „frei“ bedeutet – ist ein Fußabstreifer ein Problem, ein Mülleimer oder ein Bild an der Wand? Beginnt es bei ausgelegten Flyern oder Polstermöbeln? Diese Frage wird nicht und nie eindeutig zu beantworten sein und es mag auch immer eine Einzelfallbetrachtung bei ähnlichen Situationen zu unterschiedlichen Meinungen von unterschiedlichen Fachleuten führen.

Klar ist aber, und da sind sich alle Seiten einig, dass ein schmorender, rauchender oder gar brennender Monitor so viele Rauchgase erzeugt, dass ein Fluchtweg (egal ob ein notwendiger Flur, ein notwendiger Treppenraum oder eine Ein-/Ausgangshalle) tödlich und damit nicht passierbar verrauchen kann.

Doch wie sieht es aus, wenn der gefährdende Gegenstand – und das kann ja auch ein dort abgestellter Behälter mit Batterien und Akkumulatoren sein – entsprechend abgesichert ist, etwa eingekoffert? Dann kann man das so betrachten, als ob sich diese Gefahr in einem eigenen Raum (hier: Raum-im-Raum) befindet.

8.6.1 Brandsichere Gehäuse für Monitore

Mittlerweile ist es eher üblich als die Ausnahme, dass in Eingangshallen, Fluren, Aufzugsvorräumen oder auch vor den Raumtüren größere oder auch ganz kleine Monitore hängen. Hierüber werden tagesaktuelle Informationen angezeigt, Wege zu Räumen erläutert oder – etwa über Monitore von der Größe eines Tablets – eben angezeigt, welche Person oder welche Abteilung sich hinter einer Tür befinden. Diese Monitore sind Brandlasten und ggf. deren Elektrik auch Zündquellen; und da notwendige Flure, Treppenräume und Ein-/Ausgangshallen freizuhalten sind, können auch sie zum Problem werden.

Die Industrie hat konstruktiv reagiert: Es gibt seit geraumer Zeit Brandschutzgehäuse für Displays und Monitore, wie man sie in notwendigen Fluren, Treppenräumen und eben auch Eingangshallen – wo oft überdimensional große Bildschirme hängen – platzieren kann. Somit ist die Gefahr zwar latent vorhanden, jedoch begrenzt und sie wird nicht real. Dass diese Gehäuse natürlich die im Normalfall entstehende Abwärme sicher abführen müssen, um einen ordnungsgemäßen Betrieb zu ermöglichen und nicht selbst einen Brand auszulösen, ist verständlich und schraubt die Anforderungen an die Entwickler nach oben. Brandschutzgehäuse für Displays und Monitore stellen demnach eine wesentliche Komponente des vorbeugenden Brandschutzes dar, insbesondere in Umgebungen, in denen Flucht- und Rettungswege betroffen sind. Die Einhaltung des EI-30-Standards gemäß DIN EN 13501-1 ist hierbei von entscheidender Bedeutung und muss durch Prüfungen bestätigt werden.

Diese soliden, am Markt angebotenen Brandschutzgehäuse sind im Aufbau und in den Eigenschaften umfassend geprüft, damit sie die Anforderungen aller Bauordnungen der deutschen Bundesländer erfüllen. Dadurch sind sie in jeder Region Deutschlands zugelassen und geeignet, um den Brandschutzanforderungen an sichere Fluchtwege gerecht zu werden.

Abb. 31 Brandsicheres Gehäuse für einen Bildschirm in einem notwendigen Fluchtweg. (L. Dogan)

Der Aufbau eines solchen Gehäuses ist darauf ausgelegt, im Brandfall die Ausbreitung von Feuer und auch von den tödlichen Rauchgasen zuverlässig zu verhindern und somit die Sicherheit von Personen zu gewährleisten – zum einen die der Fliehenden und zum anderen die der Feuerwehrleute. Die Gehäuse bestehen aus nicht brennbarem (A1 nach DIN 4102 und DIN EN 13 501) Brandschutzmaterial und verfügen über Brandschutzlaminate, die um die zusammengesetzten Platten an den Verschraubungen des Gehäuses angebracht sind. Diese Laminate gewährleisten durch wassergebundene Stoffe eine zähe, stabile und rauchdichte Versiegelung im Brandfall.

Durch die Einhaltung des EI-30-Standards, die Verwendung von A1-Brandschutzmaterial, die brandsichere Laminatausführung, EI-30-zertifiziertes Glas, feuer- und rauchresistente Kabeldurchführungen sowie eine geeignete Belüftung – die im Brand- und Rauchfall zuverlässig und automatisch schießt – stellen diese Brandschutzgehäuse eine verlässliche Lösung dar, um Elektrogeräte wie große Displays, aber auch Beamer (Projektoren) sicher einzuhausen, die Sicherheit von Personen zu gewährleisten und im Ernstfall effektiv auf einen möglichen Brand zu reagieren.

Die erste Generation von derartigen Brandschutzgehäusen zeichnete sich durch klobiges Design, schwere Materialien und Wanddicken von bis zu 50 mm Stärke aus. Doch diese Art von Gehäusen ist längst nicht mehr aktuell; heute gibt es optisch optimierte Lösungen mit dem gleichen Schutzniveau. Dadurch sind Brandschutzgehäuse nicht mehr auffallend unschön, sondern nicht mehr auffallend, schlank und leicht. Und mit einer halbierten Materialstärke von 25 mm sind sie dennoch in der Lage, den EI-30-Standard zu erfüllen, was bedeutet, dass sie für einen Zeitraum von 30 Minuten dem Feuer widerstehen können. Wer jetzt die Meinung vertritt, dass eine feuerbeständige Einhausung (F 90) besser wäre, da sie ein Feuer und dessen Rauch dreimal so lange zurückhält, dem sei gesagt, dass ein TV-Gerät oder auch ein Beamer eben nicht über 90 Minuten im Vollbrand sein kann. Brennt er und wird der Rauch zurückgehalten, ist der Sauerstoff schnell verbraucht und das Entstehungsfeuer dürfte nach Sekunden – und nicht erst nach 30 Minuten – erstickt sein.

Ein weiteres wichtiges Element ist das EI-30-zertifizierte Glas, welches im Brandfall nicht bricht. Dadurch wird verhindert, dass Flammen oder Rauch aus dem Gehäuse entweichen und somit Fluchtwege tödlich verrauchen.

Die Gehäuse können und dürfen in allen notwendigen Fluren, notwendigen Treppenräumen und natürlich auch in Eingangshallen montiert werden. Ein Brandschutzgehäuse nach DIN/EN 13501-1, stellt keine Brandlast dar und reduziert die Brandlast elektrischer Geräte außerhalb der Gehäuse auf null.

Für den Vorbau oder Einbau des Gehäuses an Nicht-EI-30-Wände oder auch höherwertige Wände soll eine hierfür geeignete Rückwand verwendet werden, die sicheren Brandschutz nach „hinten" bietet. Diese wird von einigen Herstellern mitgeliefert bzw. angeboten. Darüber hinaus muss immer eine Brandschutz-Kabeldurchführung integriert sein, die im Brandfall weder Rauch noch Feuer durchlässt und somit die Sicherheit gewährleistet.

Brandschutzgehäuse für Displays und Monitore sind äußerst vielseitig und können sowohl im Landscape- als auch im Porträtformat angebracht werden. Mit einer geeigneten Unterkonstruktion ist sogar eine Stelen-Version möglich, die eine flexible Installation und Anpassung an unterschiedliche räumliche Gegebenheiten ermöglicht. Wichtig ist zu beachten, dass die Gehäuse den Herstellerangaben entsprechend auf tragende Wände montiert werden.

Da aktivierte Displays ständig Wärme abgeben, ist es von essenzieller Bedeutung, eine geeignete Belüftung im Gehäuse zu integrieren, die ebenfalls den EI-30-Standard erfüllt. Diese Belüftung ermöglicht einen effizienten Wärmeaustausch, um einem potenziellen Brand vorzubeugen und die Lebensdauer des Displays nicht zu reduzieren. Im Rauch- und Brandfall muss die Belüftungseinheit jedoch vollständig verschlossen sein, um eine Ausbreitung von Feuer und Rauch auf die Umgebung zu verhindern. Manche Hersteller lösen dieses Problem, indem sie F-30 Schachtabschlüsse einbauen und das Gehäuse ohne Prüfung als F-30 deklarieren. Dabei vernachlässigen sie den Punkt einer weiteren Prüfung und somit der geprüften Sicherheit. Idealerweise haben die Hersteller einen Prüfbericht, in dem auch die Belüftung im Verbund geprüft wurde. Sollte dies nicht gegeben sein, so entspricht das Gehäuse nicht mehr der DIN/EN 13501-1 und es wäre ein Risiko, sie in Flucht- und Rettungswegen zu platzieren.

Es gibt jedoch Rauch- und Feuerabschottungsklappen, die dieser Anforderung gerecht werden; diese sind in Kombination mit den Gehäusen als feuerhemmend (F 30) zugelassen. Diese Einheiten sind somit in der Lage, Rauch und Feuer innerhalb eines Gehäuses zu halten. Die schmale Bauweise der Brandschutzklappe ermöglicht es, den Innenraum des Gehäuses höchst effektiv auszunutzen, sodass das Brandschutzgehäuse nicht unnötig groß wird. Die Klappe kann elektronisch über einen Rauchmelder und/oder über einen „Opferdraht", der bei einer Hitze von ca. 60 °C durchschmilzt, ausgelöst werden. Das kann als Stand der heutigen Technik angesehen werden, denn das Gehäuse wird schon bei Warmrauch dicht.

Obwohl Brandschutzgehäuse für Displays und Monitore eine äußerst sinnvolle Lösung für den vorbeugenden Brandschutz darstellen, wurden sie bis vor einigen Jahren nicht vollständig in die Praxis umgesetzt. Dennoch ist die Bedeutung dieser Lösungen für öffentliche Gebäude oder solche, die von vielen Menschen frequentiert werden, unbestreitbar. Denn gerade in solchen Bereichen ist ein effektiver Brandschutz von größter Wichtigkeit, um das Risiko von Bränden und deren Auswirkungen auf Leben und Sachwerte zu minimieren.

8.6.2 Brandschutzgehäuse für Lithium-Ionen-Akkus zur sicheren Lagerung

Lithium-Ionen-Akkus gelten als eine der weitverbreitetsten Energiequellen für eine Vielzahl elektronischer Geräte, von mobilen Endgeräten bis hin zu Elektrofahrzeugen und Solaranlagen. Die hohe Energiedichte und Leistungsfähigkeit dieser Akkus machen sie zu einer attraktiven Wahl für moderne Technologien. Jedoch sind Lithium-Ionen-Akkus auch bekannt für ihre spezifischen Brandeigenschaften, die besondere Herausforderungen im Brandschutz mit sich bringen: Sie können plötzlich und dabei extrem stark brennen und es ist riskant und unter Umständen auch schlechterdings nicht möglich, sie zu löschen.

Lithium-Ionen-Akkus können in bestimmten Situationen eine reale Entzündungsgefahr darstellen. Bei Beschädigung, Überladung oder Fehlfunktionen können sich Kurzschlüsse im Akku bilden, die zu einem thermischen Durchgehen führen können. Dieser Prozess kann schnell und unkontrolliert ablaufen, was dazu führt, dass hohe Temperaturen und Gase freigesetzt werden. Bei der Verbrennung von Lithium-Ionen-Akkus entstehen Gase wie Sauerstoff, Kohlenstoffdioxid und Wasserstoff. Diese Gase können die Flammenbildung unterstützen und zu einer schnellen Ausbreitung von Bränden führen. Besonders die Freisetzung von Wasserstoff und Sauerstoff ist kritisch, da sich diese vermischen und leicht entzünden lassen und dabei eine explosionsartige Verstärkung des Brandes verursachen.

Wichtig ist zu beachten, dass Brände, die durch Lithium-Ionen-Akkus verursacht werden, nicht einfach durch traditionelle Methoden gelöscht werden können. Wasser, das normalerweise zur Brandbekämpfung eingesetzt wird, kann in diesem Fall die Reaktion der Lithium-Ionen-Batterie beschleunigen und die Situation verschlimmern. Spezielle Löschmittel und Verfahren sind erforderlich, um mit solchen Bränden angemessen umzugehen. Die effektivste Lösung besteht darin, einen sauerstofflosen Raum zu erzeugen, beispielsweise in einem mit Wasser gefluteten Container oder einem luftdichten Gehäuse.

Angesichts dieser spezifischen Brandeigenschaften ist der vorbeugende Brandschutz für Lithium-Ionen-Akkus von entscheidender Bedeutung, um potenzielle Brände zu verhindern oder jedenfalls deren Auswirkungen zu minimieren. Brandschutzgehäuse bieten hier eine effektive Lösung, um den sicheren Betrieb und die Lagerung von Lithium-Ionen-Akkus zu gewährleisten und gleichzeitig mögliche Brandrisiken zu minimieren.

Abb. 32 Sicherer Aufbewahrungsbehälter für den Transport von Li-Akkus. (L. Dogan)

Über diverse Internetseiten können verschiedene Lösungen für Industrie und private Zwecke erworben werden. Hier wurde besonderes Augenmerk auf die Benutzbarkeit und Funktionalität gelegt. Ebenfalls werden Produkte angeboten, die ein gleichzeitiges Laden der Akkus ermöglichen und somit zusätzlichen Schutz bieten.

Brandschutzgehäuse für Akkus sind gemäß DIN EN 13501-1 geprüft; sie haben eine Feuerwiderstandsdauer von mindestens F/EI-60. Dass man hier deutlich höherwertiger ist als bei Monitoren, ist der Tatsache geschuldet, dass die Akkus – im Gegensatz zu TV-Geräten oder Beamern – extrem viel Energie gespeichert haben und somit auch deutlich länger brennen können.

Diese Prüfung gewährleistet, dass die Gehäuse den strengen Anforderungen bezüglich Brandsicherheit und Feuerbeständigkeit entsprechen. Ein F/EI-60-Brandschutz bedeutet, dass das Gehäuse für einen Zeitraum von 60 Minuten nach Einheitstemperaturkurve einem Feuer standhalten kann, bevor es durch Hitze oder Flammen beeinträchtigt wird.

Lithium-Ionen-Akkus können während eines Brands Temperaturen von weit über 1.000 °C erreichen. Daher ist es von entscheidender Bedeutung, dass das Brandschutzgehäuse eine entsprechende Schutzschicht bietet, um ein Durchdringen der hohen Temperaturen zu verhindern und somit die Integrität des Gehäuses und seiner Umgebung zu bewahren.

Besonders in privaten Haushalten, in denen elektrisch unterstützte Fahrräder (egal ob Pedelecs oder E-Räder), E-Scooter mit Lithium-Ionen-Akkus geladen werden, sind diese Brandschutzgehäuse unerlässlich. Wenn ein Akku im Haus Feuer fängt und Schäden verursacht, kann die Versicherung möglicherweise Probleme sehen bzw. machen, wenn keine angemessenen Brandschutzmaßnahmen ergriffen wurden. Ideal wäre also das Laden im Freien, was bei vielen Wohnungen jedoch nicht möglich ist. Das Laden in Garagen kann übrigens als Verstoß gegen die Garagenbauordnung eingestuft werden. Brandschutzgehäuse (egal ob in der Garage oder in der Wohnung) bieten hier eine sinnvolle und wirksame Lösung, um das Brandrisiko zu minimieren, die Schadenhöhe auf ein absolutes Minimum zu begrenzen und den Versicherungsschutz zu gewährleisten.

Insgesamt sind Brandschutzgehäuse für Akkus eine wichtige Investition, um die Sicherheit und den Brandschutz in verschiedenen Anwendungsbereichen zu gewährleisten. Mit ihrer Einhaltung der DIN EN 13501-1 Norm und ihrem Brandschutz bieten sie einen hochwertigen Schutz gegen Akku-Brände – insbesondere in Umgebungen, in denen Lithium-Ionen-Akkus verwendet werden. Durch den Einsatz dieser Gehäuse kann das Risiko von Bränden und möglichen Schäden effektiv reduziert werden, sodass sowohl Nutzer als auch Versicherungsgesellschaften zufrieden gestellt werden können.

Es gibt Schränke unterschiedlicher Größenordnung und auch aktive und passive: in den passiven Schränken werden Akkus lediglich gelagert, in den aktiven auch geladen – hier muss man also wieder feuer- und rauchresistente Durchführungen für die Stromleitungen haben.

8.6.3 Revisionstüren für Schaltkästen und Gaszugänge in Fluchtwegen

Gerade in Altbauten sind nicht selten die Stromverteilungen und Sicherungsschränke in den Treppenräumen und damit im ersten Fluchtweg (Hauptfluchtweg). Das ist schon lange nicht mehr Stand oder Regel der Technik, wird aber vielerorts noch geduldet. Wer für echten Brandschutz sorgen will oder muss, hat zwei Möglichkeiten: a) Verlegen der Anlagen (im Idealfall gleich in Kombination mit dem Verlegen neuer Leitungen) oder b) eine brandsichere Abkofferung an den Montageorten.

Die brandschutztechnische Sicherheit in Gebäuden ist ein integraler Bestandteil der architektonischen und baulichen Planung, wobei Brandschutz-Revisionstüren eine bedeutende Rolle spielen. Diese Türen sind speziell entworfen, um Schaltkästen und auch Gaszugänge zu schützen, und dies insbesondere in Fluchtwegen. Unterschiedliche Hersteller bieten verschiedene Lösungen für diese kritische Infrastruktur an, jedoch verfügen nur wenige Unternehmen über die Befähigung, solche Türen auch in individuell nötigen Sonderformen zu produzieren.

Die Normen DIN 4102 und EN 1634-1 stellen den Rahmen für die Konstruktion von Brandschutz-Revisionstüren dar. Insbesondere wird die Fähigkeit gefordert, einem Brand mindestens 60 Minuten (Feuerwiderstandsklasse F 60) standzuhalten, ohne dass Feuer oder Rauch übertragen werden. Hierfür nutzen Hersteller, wie auch bei den TV-Gehäusen in Fluchtwegen, innovative Materialien und Fertigungsverfahren. Dabei wird eine Materialstärke von mindestens 50 mm verwendet, um einen ausreichenden Brandschutz zu gewährleisten. Um die Türen zu öffnen, werden hochwertige Edelstahlscharniere verwendet, die sich auch im Brandfall nicht verformen. Zum Auf- und Abschließen der Türen werden hochwertige Edelstahlzylinderköpfe verwendet.

Ein wesentliches Merkmal ist die Verwendung von wassergebundenen Brandschutzlaminaten zur Abdichtung der Türen. Diese Laminate haben nicht nur eine ausgezeichnete Brandschutzwirkung, sondern verhindern auch den Austritt von kaltem Rauch. Kalter Rauch kann insbesondere in der Anfangsphase eines Brandes ein ernstes Gesundheitsrisiko darstellen und die Sicht in Fluchtwegen stark beeinträchtigen. Die Verwendung solcher Laminat-Dichtungen stellt also eine wesentliche Verbesserung der Sicherheit und Funktionalität der Türen dar.

Bei der Montage ist es wichtig, eine Ebene Wand zu haben, sodass die Rückwand der Revisionstür mit der vorhandenen Wand abschließt. Sollte ein Sicherungskasten herausstehen, so können Aufsatzrahmen verwendet werden, um die gewünschte Tiefe zu erreichen. Montiert wird die Revisionstür über mindestens vier Edelstahlschrauben, die in die Wand eingelassen werden.

Abb. 33 Brand- und rauchsichere Abkofferung von Sicherungskästen in notwendigen Fluren oder Treppenräumen. (L. Dogan)

Die Fähigkeit, Brandschutz-Revisionstüren in Sonderformen zu fertigen, ermöglicht eine bessere Anpassung an die spezifischen Anforderungen und Gegebenheiten der jeweiligen Einbauorte. Dies erweitert nicht nur die Anwendungsmöglichkeiten der Türen, sondern trägt auch dazu bei, ihre Effektivität in Bezug auf Brandschutz und Rauchvermeidung zu optimieren.

Es ist wichtig zu betonen, dass alle Brandschutz-Revisionstüren, unabhängig vom Hersteller, regelmäßig gewartet und geprüft werden müssen, um ihre volle Funktionsfähigkeit und die Einhaltung der Normen zu gewährleisten. In der Gesamtbetrachtung sind Brandschutz-Revisionstüren ein wesentlicher Bestandteil eines ganzheitlichen Brandschutzkonzepts. Sie schützen nicht nur Leben und Eigentum, sondern tragen auch dazu bei, die Gebäudesicherheit zu verbessern und zu gewährleisten. Dabei bieten die differenzierten Herstellungsverfahren und Materialzusammensetzungen zusätzliche Möglichkeiten zur Optimierung der Brandschutzmaßnahmen.

8.6.4 Brandschutzmöbel in Fluchtwegen

Brandschutz spielt eine zentrale Rolle in der Planung und Ausstattung von Gebäuden, insbesondere wenn es um Fluchtwege und Rettungswege geht. Möbel, die in solchen Bereichen positioniert sind, müssen strengen Anforderungen genügen. Üblicherweise sind Brandschutzmöbel nach der Brandschutzklassifizierung B gefertigt, was sie für Flucht- und Rettungswege nicht geeignet macht. Denn in diesen sensiblen Bereichen sind derartige Brandlasten nicht zulässig. Doch einige hochwertige Hersteller haben hierfür konstruktive Lösungen entworfen; So haben einige durchaus ergonomisch geformte Sitzmöglichkeiten aus Stahl oder Beton entwickelt, die die Brandschutzklassifizierung A1 erfüllen. Diese Materialien sind nicht brennbar und erfüllen daher die strengen Anforderungen für Fluchtwege. Allerdings sind sie weder dauerhaft bequem und nicht immer optisch ansprechend, was ihre Verwendung in vielen Kontexten einschränkt – für kurze Wartebereiche vor Räumen jedoch sind sie optimal (etwa bei Behörden); für die Flurzonen mit Aufenthaltsmöglichkeit in Altersresidenzen sind sie allerdings nicht geeignet.

Einige Unternehmen haben diesen Mangel an Bequemlichkeit, Funktionalität und Stil erkannt und revolutionieren den Markt für Brandschutzmöbel: diese sind aus A1-Materialien gefertigt, die an die individuellen Anforderungen und Wünsche der Kunden angepasst werden können. Besonders bemerkenswert ist dabei die Möglichkeit, tatsächliche Polsterungen nach A1 herzustellen – also nicht brennbar und nicht schwerentflammbar. Diese bestehen meist aus Glasfaser oder Steinwolle; beide sind als nicht brennbar klassifiziert. Dabei dienen mit Brandschutzplatten verkleidete Stahlunterkonstruktionen als Basis, denn so können stabile, bequeme und optisch ansprechende Sitzmöbel gefertigt werden.

Abb. 34 Brandsichere Möbel, geeignet und erlaubt zum Aufstellen in Fluchtwegen. (L. Dogan)

Brandschutzmöbel sollen nicht nur sicher in Richtung Arbeits- und Brandschutz, sondern auch komfortabel und darüber hinaus ästhetisch ansprechend sein. Sie ermöglichen es, Wartebereiche in öffentlichen Gebäuden vollständig mit Brandschutzmöbeln auszustatten, ohne die Brandlast in dem Fluchtweg oder dem notwendigen Treppenhaus zu erhöhen. Diese Entwicklung trägt zur Schaffung sicherer und gleichzeitig angenehmer Umgebungen bei, die den strengen Brandschutzanforderungen entsprechen: Gebäudeflächen lassen sich so optimal nutzen – und wenn man die Gefahr sieht (etwa durch Vorsatz, Vandalismus), dass die geforderte Fluchtwegbreite von z.B. 120 cm unterschritten oder ein Passieren unmöglich gemacht wird, so kann man dem durch mechanische Fixierung vorbeugen.

Durch diese Innovationen in den letzten wenigen Jahren wird ein wichtiger Beitrag zur Verbesserung der Brandschutzstandards in Gebäuden geleistet. Sie ermöglichen eine sichere, komfortable und optisch ansprechende Gestaltung von Flucht- und Rettungswegen, die eine zentrale Rolle in der Gebäudesicherheit spielen.

8.7 Feuerlöschanlagen für Hochhäuser (Günter Knopf)

Handfeuerlöscher sind in der Arbeitsstättenverordnung gefordert, respektive in der ihr nachfolgenden Arbeitsstättenregel A2.2; das heißt, sie sind für Unternehmen und nicht für private Bereiche gedacht. Es kann jedoch sein, dass besondere Bauordnungen auch Handfeuerlöscher fordern – da es 16 Hochhaus-Bauordnungen in den 16 Bundesländern gibt, kann sich also jeder hier informieren. Und es kann – unabhängig vom Bundesland – auch sein, dass der genehmigte Plan für ein Wohn-Hochhaus Handfeuerlöscher für bestimmte Bereiche vorsieht.

Aufgrund der wachsenden Bevölkerungszahlen in Ballungsgebieten wächst auch die Personenzahl in den Innenstädten; und dies wird durch die staatlich gewünschte sogenannte „Nachverdichtung" weiter befördert. Die somit immer höher werdenden Gebäude können die örtlichen Feuerwehren im Brandfall vor sehr große Herausforderungen stellen. Diesem Umstand geschuldet fordern die Hochhausrichtlinien für Bürohochhäuser (nicht: Wohnhochhäuser!) ab einer Gebäudehöhe von 60 m eine Sprinkleranlage; diese haben sich seit über 150 Jahren bewährt und haben deshalb nach wie vor eine Daseinsberechtigung. Ihr Aufbau und ihre Wirkungsweise wird in der einschlägigen technischen DIN EN 12845 Norm, der amerikanischen NFPA 13 Norm, aber auch in der versicherungsrelevanten VdS-Norm CEA 4001 beschrieben. Die Musterhochhausrichtlinie besagt: „Selbsttätige Feuerlöschanlagen mit gleichmäßig über die Fläche verteilten Sprühdüsen wie Sprinkleranlagen müssen vorhanden sein, wenn das Maß ... mehr als 60 m beträgt." Diese Richtlinie ist jedoch eine Empfehlung und somit nicht verbindlich; beispielsweise fordert die Landes-Bauordnung für Hochhäuser in Bayern weder Handfeuerlöscher noch Sprinkleranlagen für Wohngebäude dieser Dimension.

Die Forderung, ausschließlich Sprinkleranlagen für den Hochhausschutz einzusetzen, mag jahrzehntelang in Ermangelung alternativer Löschsysteme durchaus ihre Berechtigung gehabt haben. In der Zwischenzeit sind aber einige neue Systeme entwickelt worden, die mit viel weniger Löschmittel deutlich höhere Löscheffekte und somit wesentlich verbesserte Löschwirkungen erzielen. Entsprechend dem gesunkenen Bedarf minimieren sich ebenfalls die Rückhaltungen von kontaminierten Löschmitteln, was nicht nur im Interesse des Umweltschutzes ist, sondern widrigenfalls auch einen erheblichen Kostenfaktor bei den Entsorgungsbetrieben und in den Versicherungsbeiträgen bedeuten kann.

Hierzu muss man wissen, dass sowohl die Muster-Bauordnungen als auch die Landesbauordnungen für jedwede Art von Gebäuden nur einmal in vielleicht 20 Jahren (wenn überhaupt) angepasst werden. Somit ist klar, dass absolute gesetzliche Vorgaben nicht mehr der Entwicklung der Technik entsprechen und starre Vorgaben sinnlos einengen.

Durch die Musterhochhausrichtlinie aus dem Jahr 2008 ist es nun möglich, weitere Feuerlöschverfahren einzusetzen (Zitat 6.3.1.1):

> *„Hochhäuser müssen automatische Feuerlöschanlagen haben, die die Brandausbreitung in den Geschossen und den Brandüberschlag von Geschoss zu Geschoss ausreichend lang verhindern."*

Durch die nicht zwingend benannte Anwendung von Sprinkleranlagen können zusätzlich zu den bisherigen konventionellen Sprinkleranlagen heute noch vier weitere, also insgesamt bis zu fünf Hochhaus-Löschverfahren zur Anwendung kommen:

1. Wassernebel-Löschanlagen (Hochdruck)
2. Wassernebel-Löschanlagen (Niederdruck)
3. Druckluftschaum-Löschanlagen
4. Heißschaum-Löschanlagen

Wassernebelhoch- und Niederdrucksprinkleranlagen verbrauchen ca. 90 % weniger Wasser als konventionelle Sprinkleranlagen – und dies bei identischem Löscheffekt. Demzufolge fällt auch viel weniger kontaminiertes Wasser nach dem Löschvorgang an und Schäden an dem Gebäudekörper und in den Bereichen unterhalb sind minimiert. Zum bisher alleinigen Kühleffekt (Sprinkleranlage) kommt hier noch der Stickeffekt hinzu. Die feinversprühten Tropfen gehen mit der Hitze des Feuers eine Symbiose ein. Es entsteht ein Sauerstoff verdrängender Dampf, wodurch es zur umgehenden Flammenlöschung und Rauchpartikelbindung kommt. Physikalisch erklärt sich das so: Erwärmtes Wasser (Sprinkleranlage) nimmt ca. 10 % der Brandenergie auf, verdampftes Wasser (Wassernebelanlage) etwa 90 % der Brandenergie; die feinen Tröpfchen verdunsten und benötigen dafür viel mehr Energie als das lediglich vom Feuer erwärmte Sprinklerwasser. So wurde in das Bettenhochhaus eines weltweit bekannten Krankenhauses in Berlin (Charité) eine Wasserhochdruck-Anlage eingebaut und baurechtlich genehmigt.

Auch das Druckluftschaum-Löschverfahren wäre aufgrund seiner spezifischen Eigenschaften für die Löschung in besonderen Höhen geeignet. Hier wird in der Löschmittelzentrale ein fertiger Schaum mit 0,5 mm Schaumblasengröße erzeugt, welchen man tatsächlich bis zu 400 m vertikal befördern kann, ohne dass die Schaumkonsistenz zerstört wird oder es physikalische Probleme wie etwa beim Hochpumpen von Wasser gibt. Über offene Etagensektionsventile wird der Schaum in den brennenden Räumen automatisch auf den Brandherd aufgetragen und sein sehr hoher Oberflächenkühleffekt führt zur sofortigen Löschung. Diese Systeme werden recht erfolgreich auch in Verkehrstunneln oder Recyclinghallen angewendet und selbst im Freien, wie auf Hubschrauber-Landeplätzen oder auf Bohrinseln.

Wenn die bisherig beschriebenen Löschverfahren durch ihre besonderen Eigenschaften sicher anwendbar sind, so birgt das vor ca. 30 Jahren entwickelte Heißschaum-Feuerlöschverfahren weitere Vorteile, welches dieses Löschverfahren beinahe dazu prädestiniert, zukünftig in Hochhäusern eingesetzt zu werden. Bei einem Raumbrand werden alle auf der Ebene befindlichen Personen durch die Lautsprecheranlage automatisch gewarnt; anschließend erfolgt ein 1:1-Austausch der rauchhaltigen Luft zu rauchhaltigem Schaum – und dies ohne Druckerhöhung. Dabei wird aus 1 l mit lediglich 2 % Schaumkonzentrat ca. 650 l Heißschaum erzeugt. Es kommt zur sofortigen großvolumigen Löschung in den betreffenden Räumen, sodass der Brand nicht auf weitere Etagen übertragen werden kann.

Welches Löschverfahren jeweils zur Anwendung kommt, bestimmen u. a. die Spezifik des Bauwerks sowie die Höhe der Brandlasten – denn kein Löschverfahren ist immer und überall das richtige. So gibt es etwa eine Supermarktkette, die lieber preiswerte Gebäude ohne automatische Löschtechnik errichtet; denn einige wenige abgebrannte Gebäude sind aus ihrer Sicht, wirtschaftlich betrachtet, günstiger als alle Gebäude in Deutschland mit Löschanlagen zu versehen. Baurechtlich ist das übrigens auch akzeptabel, weil die beiden geforderten Fluchtmöglichkeiten baulich gegeben sind. Ob hier jedoch die Rabattierungen von Feuerversicherungen mit eingerechnet sind, ist fraglich.

9. Schlusswort des Herausgebers

„Nichts ist so beständig wie die Veränderung“ – dieser überall richtige und wichtige Lehrsatz gilt insbesondere für technische Weiterentwicklungen im 21. Jahrhundert. Es gibt großartige neue Ideen im Brandschutz; und da der Feind des Guten bekanntlich das Bessere ist, wird verständlich, warum gerade bei neuen Ideen diejenigen, die weniger gute Löschtechnik anbieten, dagegen sind. Das erste und wohl bekannteste Beispiel aus den Anfängen der industriellen Revolution ist der sogenannte Weberaufstand im 19. Jahrhundert: die Einführung des mechanischen Webstuhls machte viele Menschen arbeitslos, weil die neue Technik eben deutlich effizienter war. Die Weber stürmten die Fabriken und zerstörten die Webstühle, doch den Fortschritt konnten sie nicht aufhalten. Ihre Motive sind verständlich (und dies vor allem in einer Zeit ohne soziale Absicherung), doch die Zeit ging über sie hinweg. Ein Beispiel aus dem 20. Jahrhundert zeigt Gleiches: In Großbritannien wurden kohlebetriebene Dampflokomotiven durch wirtschaftlichere Techniken wie Diesel- und Elektroloks ersetzt und die Gewerkschaften setzten anfänglich noch durch, dass aus sozialen Gründen der nunmehr nicht länger benötigte Heizer (also der, der die Kohlen in den Brennraum eingibt) weiter bezahlt wurde und mitfahren durfte oder musste.

Solche Aktionen sind aus sozialer Sicht verständlich, rein menschlich betrachtet. Dass Technologiefeindlichkeit die Zukunft nicht aufhalten kann, ist aber ebenso verständlich, auch wenn das immer wieder geschieht; einige Beispiele sind mir im Bereich des Brand- und Einbruchschutzes bekannt und über nicht wenige wurde hier im Buch ja auch berichtet. Geschichte wiederholt sich manchmal also doch, denn die Natur von uns Menschen ist leider nicht immer – in Anlehnung an Goethe – edel, hilfreich und gut; sie kann auch egoistisch, rücksichtslos und kriminell sein.

Ich unterstelle, dass die Mehrheit der Konsumenten dieses Buchs bei Unternehmen arbeiten und für diese ein sicherheitstechnisches Optimum erzielen wollen. Das wünsche ich mir jedenfalls. Vertrauen Sie auf Bewährtes, aber haben Sie Ihren Finger am Puls der Zeit; bekommen Sie Trends mit und errichten Sie sichere Gebäude, die diese Einstufung auch in 30 und mehr Jahren immer noch verdienen werden. Und wenn jemand von einer Behörde dieses Buch lesen sollte, dann sei es bitte als ein Aufruf verstanden, Gesetze dahingehend zu modernisieren, dass mehrere Ziele gleichzeitig erfüllt sind und es Raum für Modifikationen gibt. Ein Land wie Deutschland, in dem nur ca. 1 % der Weltbevölkerung lebt, das aber über

50 % aller weltweit existierenden Steuergesetze kreiert hat, legt sich selbst die Schlinge um den Hals und blockiert Investitionen und Fortschritt.

Abb. 35 Erfolgreicher Brandlöschversuch an einem E-Auto mit dem Löschwasserzusatz F-500 EA. (Friedl)

Für uns Brandschützer steht der Mensch im Vordergrund und dann die Gebäude, deren Inhalte und das Vermeiden von Betriebsunterbrechungen. Nicht maximaler Brandschutz ist sinnvoll, sondern ein individuell optimaler Brandschutz. Einige meiner Klienten haben hier in Deutschland die Produktion eingestellt, um unter z. T. katastrophalen Bedingungen in anderen Ländern Europas die gleichen Produkte herzustellen mit den Folgen höherer Umweltverschmutzung, geringerem Arbeits- und Brandschutz und hier erzeugter Arbeitslosigkeit; diese Produkte werden jetzt importiert. Wir müssen also die Kosten gering und die Gebäude sicher halten.